U1017755

高等职业教育土木建筑大类新形态教材（职业本科适用）

建筑工程测量

陶肖静　谢燕红◎主　编

王铭欣　商华艳　栾奎峰◎副主编

朱小利◎主　审

中国轻工业出版社

图书在版编目（CIP）数据

建筑工程测量 / 陶肖静，谢燕红主编. --北京：中国轻工业出版社，2025. 7. --ISBN 978-7-5184-5293-4

Ⅰ. TU198

中国国家版本馆 CIP 数据核字第 20240PS175 号

责任编辑：赵雅慧

策划编辑：赵雅慧　　责任终审：李建华　　封面设计：锋尚设计

版式设计：致诚图文　　责任校对：吴大朋　　责任监印：张京华

出版发行：中国轻工业出版社(北京鲁谷东街 5 号，邮编：100040)

印　　刷：三河市万龙印装有限公司

经　　销：各地新华书店

版　　次：2025 年 7 月第 1 版第 1 次印刷

开　　本：787×1092　1/16　印张：13.5

字　　数：360 千字

书　　号：ISBN 978-7-5184-5293-4　定价：59.00 元

邮购电话：010-85119873

发行电话：010-85119832　010-85119912

网　　址：http://www.chlip.com.cn

Email：club@chlip.com.cn

241896J2X101ZBW

前言

PPT

“1+X”测绘地理信息数据获取与处理职业技能等级标准

全国职业院校技能大赛——地理空间信息采集与处理赛项

2024 年全国大学生测绘学科创新创业智能大赛一号通知附件

本教材作为土木建筑类专业基础课程教材，紧密对接国家职业标准，以综合职业能力培养为目标，通过校企合作，结合企业真实工作场景和工作流程，以典型工作任务为载体，培养学生系统解决复杂问题的意识和能力，将任务分为知识点和技能点，贯穿“以学生为中心”的教学理念。在编写过程中，笔者始终贯彻“立德树人”的基本任务，以“润物无声”的方式将思政教育与专业知识有机融合，旨在促进学生德智体美劳全面发展。

近年来，测量技术的发展日新月异，在数字城市建设的背景下，土木建筑行业对测量工作提出了更高的要求，包括测量效率的提升、测量手段的改革、数据采集与处理的方式等。本教材针对岗位要求，对传统的微倾式水准仪、经纬仪相关内容进行了删减，增加了无人机航测和三维激光扫描技术等新技术相关内容，确保内容与时俱进。

本教材采用现行国家标准，相关术语主要依据《工程测量基本术语标准》（GB/T 50228—2011），相关要求则依据《建筑施工测量标准》（JGJ/T 408—2017）和《工程测量标准》（GB 50026—2020）。结合“岗课赛证”融通的人才培养模式，对照现场测量工程师的职业要求，结合全国职业院校技能大赛——地理空间信息采集与处理赛项以及全国大学生测绘学科创新创业智能大赛的比赛规定，将相关知识点融入教材中。在每个项目最后设置“链接执考”，涵盖了对现场测量工程师和“1+X”证书的考核要点。同时，通过典型工作任务将理论与实践紧密结合，使学生能够更好地将二者融会贯通，培养学生系统化地解决问题的能力，使其具备全局意识，全面提高其综合职业能力。

本教材配套省级“建筑工程测量”精品在线开放课程，线上教学资源丰富，为自主学习提供了立体化资源。此外，采用案例引入的形式开启每个新项目，所选案例涵盖测量的发展历史、大国工程、工程合规、测量新技术等内容，旨在潜移默化地培养学生正确的世界观、价值观、人生观，实现思政教育与专业知识的有机融合，提高学生的文化自信。

本教材可作为土木建筑大类专业教学用书，也可作为企业岗位技能培训教材或土建工程技术人员的参考用书。

本教材由上海中侨职业技术大学陶肖静、谢燕红担任主编，上海中侨职业技术大学王铭欣、山东省计量科学研究院商华艳、上海图遥信息科技有限公司栾奎峰担任副主编，上海中侨职业技术大学朱小利担任主审。编写人员分工如下：陶肖静负责编写项目一、项目三、项目四、项目八和项目九并负责统稿工作，谢燕红负责编写项目二、项目五和项目六，商华艳负责编写项目七，王铭欣负责所有项目的绝大部分绘图工作，栾奎峰负责校对工作以及项目七至项目九的案例补充等工作。

本教材为校企合作教材，部分内容由山东省计量科学研究院、上海图遥信息科技有限公司、广州南方测绘科技股份有限公司等提供；同时，本教材得到了上海交通大学周拥军老师的指导与帮助，在此一并表示诚挚的谢意。

由于编者水平有限，疏漏之处在所难免，敬请广大读者批评指正。

陶肖静

2025 年 3 月

目录

项目一　测量基础知识

思维导图

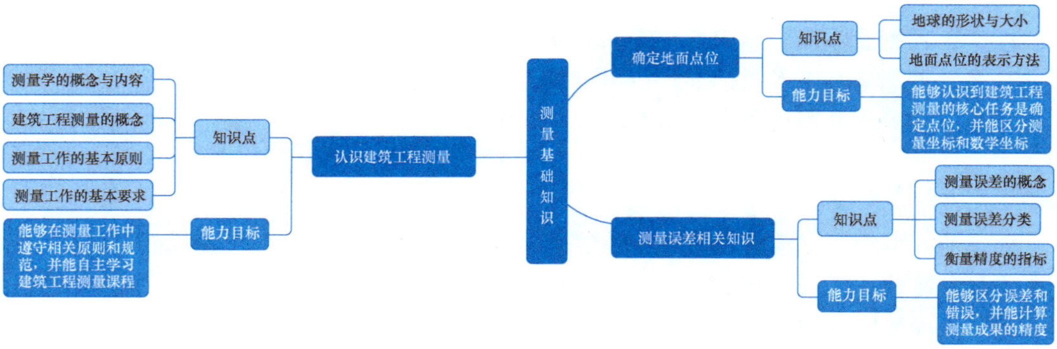

知识目标

1. 了解建筑工程测量的概念与任务。
2. 理解地面点位确定的原理。
3. 了解测量工作的基本原则。
4. 熟悉测量误差的基础知识。

能力目标

1. 能够在测量工作中遵守相关原则和规范，并能自主学习建筑工程测量课程。
2. 能够认识到建筑工程测量的核心任务是确定点位，并能区分测量坐标和数学坐标。
3. 能够区分误差和错误，并能计算测量成果的精度。

素养目标

1. 掌握并遵守建筑工程测量的基本技能和相应的法规、规范，具有规范意识。
2. 明确测量实践中应贯彻的相关职业道德和行业规范，确保测量工作的准确性和公正性。

学习重点

1. 大地水准面、铅垂线的作用。
2. 地面点位的确定。
3. 绝对高程、相对高程、高差的概念。

4. 误差基本计算与运用。

学习难点

1. 高斯平面直角坐标系。
2. 测量工作的基本原则。
3. 误差基本计算与运用。

延伸阅读

1. 《工程测量标准》（GB 50026—2020）。
2. 《工程测量基本术语标准》（GB/T 50228—2011）。
3. 《工程测量通用规范》（GB 55018—2021）。

案例引入

公元前 6 世纪，古希腊思想家、科学家、哲学家泰勒斯（Thales）最先在地球表面进行了测量和定位。约公元前 2 世纪，古希腊天文学家喜帕恰斯（Hipparchus）提出用经纬网在地球表面确定地物的位置，并发明了极投影和正投影。

在我国，康熙四十七年至五十七年（1708—1718），康熙皇帝任命白晋、雷孝思、杜德美等人率领一批测绘人员开展全国性的三角测量，完成《皇舆全览图》的测绘工作，走在世界各国的前列。在这次测绘工作中，规定每 200 里合地球经线 1°，每里 1800 尺（约 576m），即每尺长度等于经线的（1/100）″，这种以地球的形体来定尺度的方法在世界上是最早的。此外，这次测绘还发现了经线 1°的长距不等。乾隆二十五年至三十五年（1760—1770），蒋友仁等利用中国学者明安图、何国宗等在新疆测量的成果和已有的地图、资料，编绘了《乾隆内府舆图》。

引导问题 1：如何表示地面一点的位置？

引导问题 2：测量和定位工作主要做什么？

引导问题 3：案例中，导致“经线 1°的长距不等”的原因是什么？

引导问题 4：建筑工程测量和工程建设有什么关系？

任务一
认识建筑工程测量

知识点

一、测量学的概念与内容

测量学是研究地球的形状、大小以及确定地面点位置的科学，是研究地球及其表面和其外层空间中各种自然形态、人造物体的地理空间信息采集、处理、管理、更新和利用的科学与技术。测量学的工作内容可以分为测定和测设两大类。

1. 测定

测定是指用恰当的测量仪器和测量方法，对地球表面的地物（指人工构筑和自然形成的物体，如房屋、道路、桥梁、河流、湖泊及树木等）和地貌（指地表的形状、高低起伏，如山头、山谷、山脊、悬崖峭壁等）的位置进行实地测量，并按照一定的比例尺缩绘成图的过程。

2. 测设

测设是指用恰当的测量仪器和测量方法，将规划、设计在图上的建筑物、构筑物标定到实地，作为施工依据的过程。

二、建筑工程测量的概念

建筑工程测量是工程测量的一个组成部分，是研究建筑工程在勘测、设计、施工和运营管理阶段所进行的各种测量工作的理论、技术和方法的学科。

三、测量工作的基本原则

无论是地形测绘还是建筑物的施工放样，其最基本的问题都是确定地面点的位置。在测量过程中，为了避免误差的积累或降低误差对测量结果的影响，保证测量区域内所测点位具有满足要求的精度，首先要选择若干对整体具有控制作用的点作为控制点，如图 1-1 中 A、B、C、D、E、F 点。用较精密的仪器和严密的测量方法，测定这些控制点的平面位置和高程，然后根据控制点进行碎部测量和

图 1-1　测量工程示意

测设工作，测绘出的地形图如图 1-2 所示。这种“从整体到局部”“先控制后碎部”“由高级到低级”的方法是测量工作的一个重要原则，它可以减少误差的积累，并能同时在几个控制点上进行测量，提高测量工作的效率。

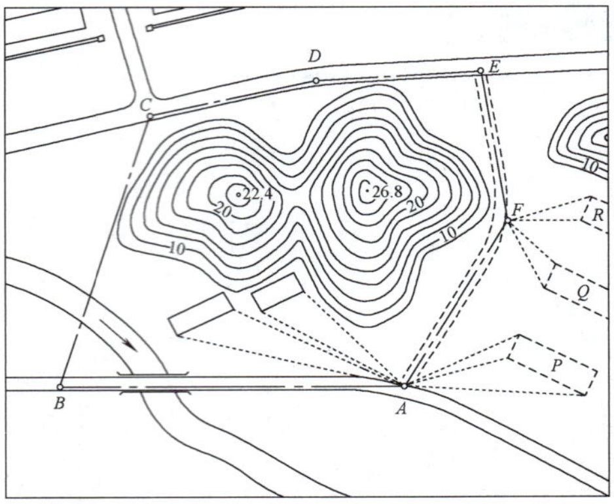

图 1-2　测绘出的地形图

四、测量工作的基本要求

1. 爱护仪器

测量仪器是测量工作中必不可少的工具，测量工作者应秉持爱护仪器的理念。无论是贵重的仪器还是细小的零件，都是测量工作中不可缺少的部分，任何损坏或遗失，都会造成自身利益的损失，还将影响工作进度和结果。

2. 步步检校

测量工作是一项非常细致的工作，并且其中的一系列环节都是依次紧密相连的，一旦某一处发生错误，将直接影响最后整个测量的成果。因此，无论是测还是算，必须做到随时随地有严格的校核措施，发现错误或不符合精度要求的观测数据应及时查明原因并重测，将损失降到最低。否则，返工量较大，代价也会更大。

3. 按规施测

无论是操作仪器还是实施测量，都要严格按照操作规程和施测步骤，并根据最新规范执行，这不仅是对仪器的爱护，还是保证测量质量的前提。

4. 记录规范

测量记录是外业工作的成果，是评定观测质量、使用观测成果的基本依据。测量人员必须坚持严肃认真的科学态度，实事求是地做好记录工作。要求做到内容真实、完整，书写清楚、整洁。一般用铅笔记录，若记录错误，不能用橡皮擦除，而应用铅笔划掉（表示数据无效），再将正确的数据写在旁边，以保持记录的原始性，严禁随意涂改或伪造数据。

5. 保护标志

测量标志是测量工作的重要依据，应做好标志的设置工作，并应妥善保护。

6. 团结合作

测量工作并非个人能够单独完成的任务，而是以队、组等形式集体进行的工作，成员间既要合理分工，又要紧密配合。

任务二
确定地面点位

知识点

一、地球的形状与大小

地球是一个南北极稍扁、赤道略鼓（长半轴 $a=6378245$m，短半轴 $b=6356863$m）、平均半径约为 6371000m 的球体。地球表面上海洋面积约占 71%，陆地面积约占 29%。地球自然表面呈现复杂的起伏形态，其中，地表上最高的珠穆朗玛峰高达 8848.86m，最深的马里亚纳海沟深达 11034m。测量工作在地球表面进行，当测区面积不大时，可将地球看作圆球，为了便于建立模型和计算，通常用参考椭球体表示地球，如图 1-3 所示。

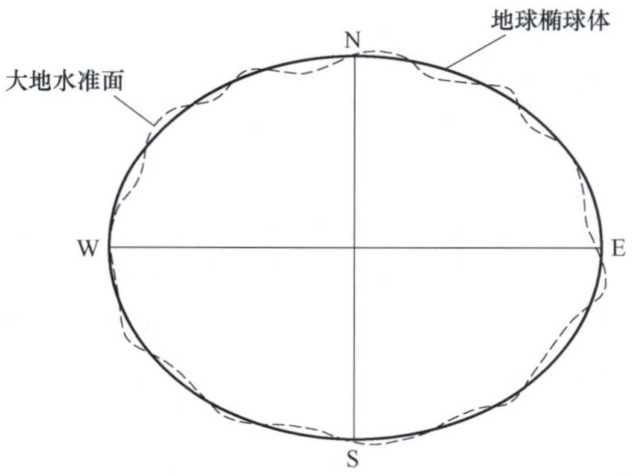

图 1-3　地球自然表面与椭球体

二、地面点位的表示方法

在建筑工程测量中，确定地面点的空间位置与数学上确定点的空间位置方法类似，均采用三维坐标。地面点位通常用该点球面坐标或平面坐标和该点到基准面铅垂方向的距离（高程）表示。

（一）球面坐标

地理坐标系

测量时，通常将自然地面上的点投影到参考椭球面上，用经度、纬度和该点到基准面的高程表示地面点空间位置。这种用经纬度表示点位的方法称为地理坐标表示法，如图 1-4 所示。地理坐标又因采用的基准面、基准线不同而分为天文地理坐标和大地地理坐标。

若将地面上的点沿法线方向投影到参考椭球面上，则可以得到该点在参考椭球面的位置以及该点到参考椭球面的大地高 H。地面上任意一点与地轴组成的平面称为子午面，子午面与球面的交线称为子午线或经线。通过英国格林尼治天文台的子午面称为首子午面，相应的子午线称为首子午线或本初子午线，首子午线上点的经度为 0°。通过某点的子午面与首子午面所成的二面角称为大地经度，通常用符号 L 表示；自首子午面向东或向西计算，取值范围为 0°~180°。首子午面以东为东经，以西为西经，同一子午线上各点的经度

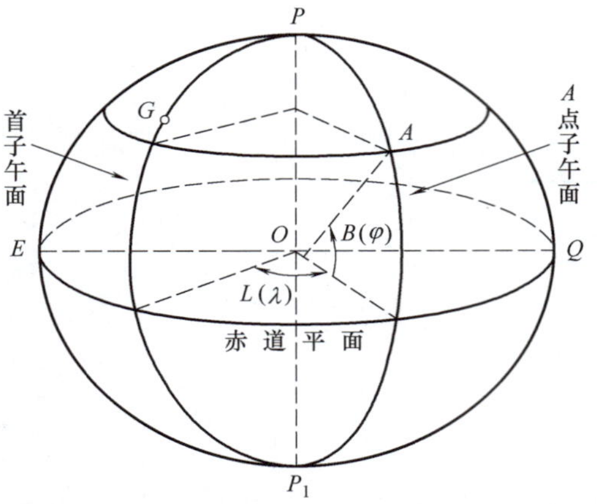

图 1-4　地理坐标表示法

相同。垂直于地轴的平面与参考椭球面的交线称为纬线，垂直于地轴并通过地心与参考椭球面相交的纬线称为赤道。纬度用某点的铅垂线与赤道平面之间的夹角表示，通常用符号 B 表示；自赤道起向南或向北计算，取值范围为 0°～90°。我国位于东半球、北半球，所以地理坐标是东经和北纬。

同理，若将地面上的点沿铅垂线的方向投影到大地水准面上，则可以得到该点在大地水准面的球面位置以及该点沿铅垂线方向到大地水准面的高程 h。同样地，以通过英国格林尼治天文台的子午线为 0° 经线，类似地得到天文经度 λ、天文纬度 φ。

综上所述，将空间点沿法线方向投影到参考椭球面上得到该点的大地地理坐标（L，B，H），沿铅垂线方向投影到大地水准面上得到该点的天文地理坐标（λ，φ，h），二者均将空间点通过两个角元素和一个高度元素表示，但这两套坐标系的几何意义和测绘含义有明显区别。例如，在 GNSS（Global Navigation Satellite System，全球导航卫星系统）测量中得到的高程是到参考椭球面的大地高，而传统水准测量得到的是以大地水准面为基准面的高程，二者不能混淆。此外，在许多应用中，由于人们仅关注点的位置，因此只给出该点的经纬度，但经纬度并非平面坐标，而是椭球面坐标，它和高度维共同构成了一个三维空间。

为了满足我国建设地理空间信息框架以及各行业的需求，我国建立了 2000 国家大地坐标系。该坐标系的原点为包括海洋和大气的整个地球的质量中心，其采用的地球椭球几何参数如下：长半轴 $a=6378137\text{m}$，扁率 $f=1/298.257222101$。该坐标系于 2008 年 7 月 1 日全面启用，并于 2018 年 7 月 1 日实现了全面使用 2000 国家大地坐标系的阶段目标。

（二）平面坐标

将球面上的地理坐标按一定的数学法则归算到平面上，在平面上进行数据运算，相较于在椭球面上运算方便得多。根据投影方法的不同，所建立的坐标系可分为高斯平面直角坐标系和独立平面直角坐标系。

1. 高斯平面直角坐标系

利用高斯投影法（即采用等角投影原理）建立的平面直角坐标系称为高斯平面直角坐标系。在广大区域内确定点的平面位置，一般采用该坐标系。

高斯投影法将地球划分成若干带，然后将每带投影到平面上。分带时既要控制长度的变形，又要使带数不致过多以减少换带计算的工作量。我国通常按经差 6°或 3°分为 6°带或 3°带。6°带是指从首子午线起，每隔经度 6°划分一带，将整个地球划分成 60 个带。如图 1-5 所示，带号从首子午线起自西向东编号，0°～6°为第 1 带，6°～12°为第 2 带……位于各带中央的子午线称为中央子午线，第 1 带中央子午线的经度为 3°。设任意带中央子

午线的经度为 λ_0，其值可按式（1-1）计算。

$$\lambda_0=6°\times N-3° \tag{1-1}$$

式中　N——6°带的带号。

已知某点大地经度 L，该点所属的 6°带的带号可按式（1-2）计算。

$$N=\frac{1}{6}L(\text{取整})+1 \tag{1-2}$$

在高斯投影中，除中央子午线以外，球面上其余的曲线在投影后都会产生长度变形，且变形程度随距离中央子午线的远近递增，变形两侧对称。当要求投影变形更小时，可采用 3°带。

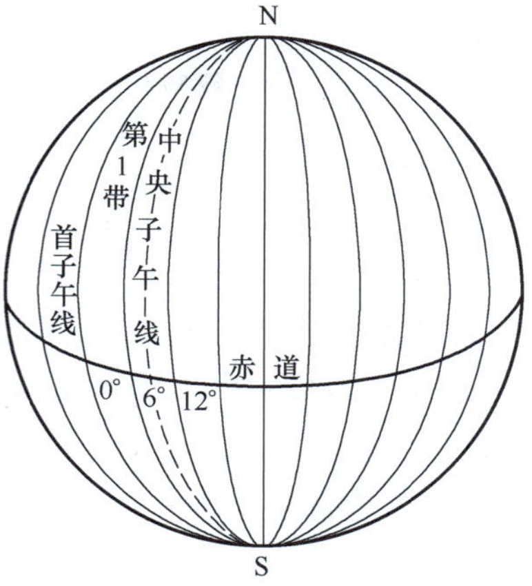

图 1-5　高斯平面直角坐标系的 6°带

如图 1-6 所示，3°带是指从东经 1°30′开始，每隔经度 3°划分一带，将整个地球划分成 120 带。各带中央子午线的经度 λ_0'可按式（1-3）计算。

$$\lambda_0'=3°\times n \tag{1-3}$$

式中　n——3°带的带号。

已知某点大地经度 L，该点所属的 3°带的带号可按式（1-4）计算。

$$n=\frac{1}{3}L(\text{四舍五入}) \tag{1-4}$$

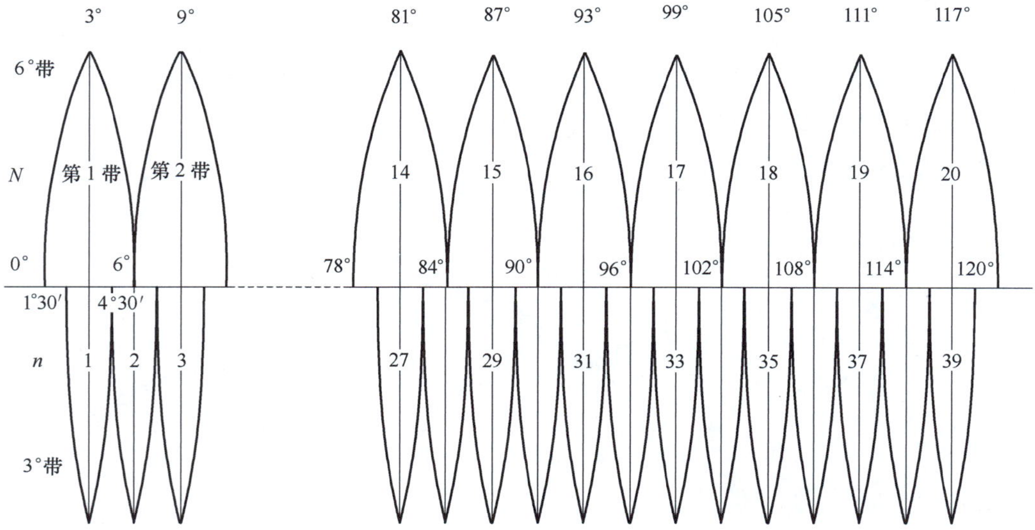

图 1-6　高斯平面直角坐标系 6°带与 3°带的关系

在高斯平面直角坐标系中，规定中央子午线的投影为高斯平面直角坐标系的纵轴 x 轴，赤道的投影为高斯平面直角坐标系的横轴 y 轴，两坐标的交点为坐标原点 O，并令 x 轴向北为正，y 轴向东为正。

我国位于北半球，x 坐标均为正值，y 坐标则有正有负。为了方便计算。我国高斯平面直角坐标系的表示方法如下：先将自然值的横坐标 y 加上 500000m，再在新的横坐标 y

之前标以两位数的带号。

［例］ 已知国家高斯平面点 P（3032566.39，20648785.57），请指出其所在的带号及自然坐标。

［解］

① 带号为 20。

② 自然坐标：$x=3032566.39$，$y=148785.57$。

2. 独立平面直角坐标系

《城市测量规范》（CJJ/T 8—2011）规定，面积小于 25km^2 的城镇，可不经投影，采用假定平面直角坐标系统在平面上直接进行计算。

在实际测量中，为方便计算，一般将坐标原点选在测区的西南角，使测区内的点位坐标均为正值（第一象限）。规定该测区的子午线投影为 x 轴，向北为正；与之垂直的为 y 轴，向东为正，象限顺时针编号，便建立了该测区的独立平面直角坐标系。

（三）高程

测量的基准线是铅垂线，即地球的重力方向线。测量的基准面是水准面。水准面是指地球上自由静止的水面，它是一个曲面。水准面有无穷多个，其中，设想一个静止的海平面向陆地延伸，包围整个地球形成的闭合曲面，称为大地水准面。各国一般有各自的大地水准面，我国将青岛验潮站多年观测测得的黄海平均海平面及其延伸所形成的闭合曲面作为大地水准面。

目前，我国采用青岛水准原点和根据青岛验潮站 1952 年至 1979 年的验潮数据确定的黄海平均海平面所定义的高程基准，称为“1985 国家高程基准”。水准原点设在青岛观象山，其高程为 72.260m。

图 1-7 所示为高程和高差。

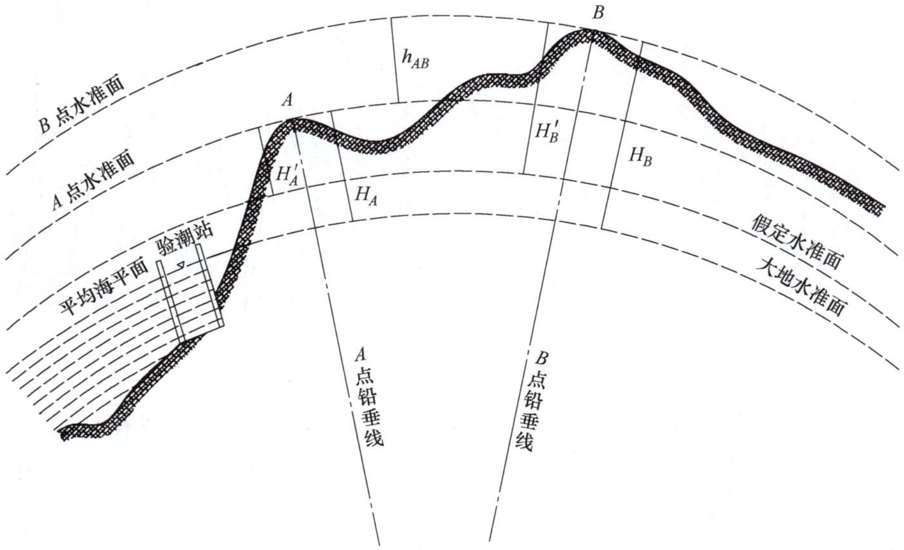

图 1-7　高程和高差

1. 绝对高程

地面点到大地水准面的铅垂距离称为该点的绝对高程，简称高程，也称海拔，用 H 表示。在图 1-7 中，H_A、H_B 分别表示 A 点和 B 点的绝对高程。

2. 相对高程

地面点到假定水准面的铅垂距离称为该点的相对高程，用 H'表示。在图 1-7 中，H'_A、H'_B分别表示 A 点和 B 点的相对高程。

在建筑工程中，为了设计、施工、计算方便，通常以建筑物室内一层地面为高程起算面，该高程起算面相对高程为±0.000m。

3. 高差

同一高程系统中两点间的高程之差称为高差，用 h 表示。高差有方向和正负之分。

在图 1-7 中，A、B 两点之间的高差可按式（1-5）计算。

$$h_{AB}=H_B-H_A \quad 或 \quad h_{AB}=H'_B-H'_A \tag{1-5}$$

当 h_{AB} 为正时，B 点比 A 点高；h_{AB} 为负时，B 点比 A 点低。根据高差的定义，h_{AB} 和 h_{BA} 的关系可按式（1-6）计算。

$$h_{AB}=-h_{BA} \tag{1-6}$$

任务三
测量误差相关知识

知识点

一、测量误差的概念

在一定的外界条件下对某量进行多次观测，无论观测仪器多么精密，观测进行得多么仔细，观测结果之间总是存在一些差异。例如，对同一段距离重复丈量若干次，量得的长度总会不完全相等；对一个已知内角和等于 180°的平面三角形各内角进行多次测量，各次观测角所得的内角和通常不等于理论值 180°。由此可见，某量的各观测值之间或观测值与理论值之间往往存在一定的差异，这种差异说明了观测中存在误差。测量误差的产生是不可避免的。

测量误差产生的原因包括三个方面：仪器误差、人为误差、外界条件影响。

① 仪器误差。由于仪器精度的局限性产生的误差以及轴系残余误差等。

② 人为误差。由于判断力和分辨力的限制、经验缺乏等产生的误差。

③ 外界条件影响。观测时所处的外界条件，如温度、风力、大气折光等都是随时变化的，这些因素都会造成一定的测量误差。

二、测量误差分类

测量误差按其性质和来源可分为系统误差和偶然误差两类。

1. 系统误差

在相同条件下多次重复测量同一被测参量时，系统误差的大小和符号保持不变或者按一定规律变化。系统误差可能来源于测量工具本身性能的不完善或操作不当以及环境条件（温度、湿度、风力、气压）的变化等。通常采用适当的校正仪器、观测值加改正数来消除或减弱系统误差的影响。

2. 偶然误差

在相同的观测条件下，对某量进行一系列观测，如果误差的符号和大小都不相同，从表面看没有任何规律性，这种误差称为偶然误差，也称随机误差。偶然误差是由许多无法精确估计的因素综合造成的，如人的分辨能力、仪器的极限精度、天气的无常变化以及环境的干扰等。

偶然误差不可避免，但在一定条件下的大量偶然误差在实践中发现具有统计学规律。例如，在相同的观测条件下，对358个三角形的内角进行观测。三角形内角之和的真值为180°，观测值为三个内角之和（$\alpha_i+\beta_i+\gamma_i$），因此其真误差（三角形闭合差）可按式（1-7）计算。

$$\Delta_i=180°-(\alpha_i+\beta_i+\gamma_i) \tag{1-7}$$

如图1-8所示，将观测数据统计结果绘制成频率直方图，据此分析三角形内角和真误差 Δ_i 的分布规律。

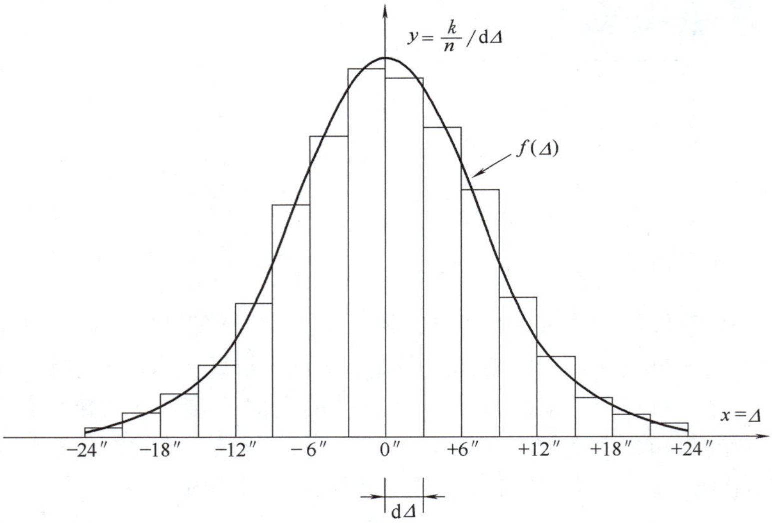

图1-8 真误差的频率直方图

由图1-8可知，偶然误差具有以下四个特性：

① 有限性。在有限次观测中，偶然误差不超过一定数值。

② 聚集性。绝对值较小的误差比绝对值较大的误差出现的频率高。

③ 对称性。绝对值相等的正负误差频率大致相等。

④ 抵偿性。当观测次数无限增大时，由于正负误差相互抵消，偶然误差的平均值趋近于零。

为了减少偶然误差，提高观测成果的质量，通常要进行多余观测。多余观测值即观测值的个数多于必要的观测值个数。例如，丈量某边的长度时，只要丈量一次就可确定出长度值，而实际测量时，常常往返各测一次，则有一次多余观测，此时可以取两次观测的平均值作为长度值，以提高观测精度；测一平面三角形的三个内角，则有一个角的观测值多余，可以将三个内角之和与180°的差值分解到三个内角中进行改正，以提高内角观测的精度。

三、衡量精度的指标

测量的最终目标一是要测出物理量的结果，二是要保证测量的结果符合一定的精度。在实际测量问题中，无须分析误差的分布情况，但需要有相应的数字特征能够反映误差分布的离散程度，以衡量观测成果的精度，即需要有衡量精度的指标。在测量中，衡量精度的指标有中误差、容许误差和相对误差。

1. 中误差

设在相同的观测条件下，对某量进行 n 次重复观测，其观测值为 l_1，l_2，…，l_n，相应的真误差为 Δ_1，Δ_2，…，Δ_n。则观测值的中误差 m 可按式（1-8）计算。

$$m=\pm\sqrt{\frac{[\Delta\Delta]}{n}} \tag{1-8}$$

其中，$[\Delta\Delta]$ 为真误差的平方和，$[\Delta\Delta]=\Delta_1^2+\Delta_2^2+\cdots+\Delta_n^2$。

中误差绝对值大小反映了该组观测精度的高低。中误差绝对值越小，相应的观测精度越高；反之，精度越低。

［例］　设有两组观测值，各组均为等精度观测，它们的真误差分别如下：

第一组：+3″，−2″，−3″，0″，+2″，−4″，−1″

第二组：0″，−1″，−8″，+5″，0″，−3″，+2″

试比较两组观测值的观测精度。

［解］

$$m_1=\pm\sqrt{\frac{(+3'')^2+(-2'')^2+(-3'')^2+(0'')^2+(+2'')^2+(-4'')^2+(-1'')^2}{7}}$$

$$=\pm 2.5''$$

$$m_2=\pm\sqrt{\frac{(0'')^2+(-1'')^2+(-8'')^2+(+5'')^2+(0'')^2+(-3'')^2+(+2'')^2}{7}}$$

$$=\pm 3.8''$$

比较 m_1 和 m_2 可知，第一组的中误差绝对值小，因此第一组的观测精度比第二组高。

2. 容许误差

在一定的观测条件下，测量误差的绝对值不应超过的限值称为容许误差，又称极限误差，用 $\Delta_{容}$ 或 $\Delta_{限}$ 表示。超出容许误差的观测值被认为是有错误的或有系统误差存在，应该舍去重测。《工程测量标准》（GB 50026—2020）中规定，工程测量应以中误差作为衡量测绘精度的标准，并应以二倍中误差作为容许误差。

3. 相对误差

对于某些观测值，有时用中误差不能完全表达观测结果的优劣。例如，用钢尺分别丈量两段距离，其结果分别为1000m 和 200m，观测值的中误差均为0.020m。虽然两者的中误差相同，但就单位长度而言，两者的精度并不相等。相对误差是中误差的绝对值与观测值的比，通常以分子为 1 的分数表示，可按式（1-9）计算。

$$K=\frac{|m|}{L} \text{ 或 } K=\frac{1}{L/|m|} \tag{1-9}$$

式中　K——相对误差；

m——中误差；

L——观测值。

由式（1-9）可知，上述丈量的两段距离的相对误差分别为 $K_1=\frac{0.020}{1000}=\frac{1}{50000}$，$K_2=\frac{0.020}{200}=\frac{1}{10000}$，说明前者的相对精度比后者高。相对误差无量纲，而真误差、中误差、容许误差有量纲。

相对误差主要用于衡量边长或距离的精度，现有的测量规范也是用相对误差来规定距离应达到的精度。

实训注意事项

项目测试

班级：　　　　　　学号：　　　　　　组别：　　　　　　姓名：

一、名词解释

1. 测定　2. 测设　3. 大地水准面　4. 铅垂线　5. 绝对高程（海拔）　6. 相对高程　7. 高差

二、单选题

1. 在测量直角坐标系中，纵轴为（　　）。

A. x 轴，向东为正　　B. y 轴，向东为正

C. x 轴，向北为正　　D. y 轴，向北为正

2. 确定地面点的空间位置，就是确定该点的（　　）。

A. 平面位置和高程　　B. 方位角和高程

C. 已知坐标和方位角　　D. 未知坐标和高程

3. 大地水准面处处与铅垂线（　　）。

A. 平行　　B. 重合

C. 正交　　D. 以上都不是

4. 我国目前采用的高程基准是（　　）。

A. 1954 北京坐标系　　B. 黄海高程系统

C. 1980 西安大地坐标系　　D. 1985 国家高程基准

5. 地面一点 A 到假定水准面的铅垂距离称为（　　）。

A. 绝对高程　　B. 高差

C. 海拔　　D. 相对高程

6. 某段距离的平均值为 100m，其往返较差为+20mm，则相对误差为（　　）。

A. 1/10000　　B. 1/2000

C. 1/5000　　D. 1/500

三、简答题

1. 测定与测设有何区别?
2. 铅垂线、大地水准面是什么？它们在测量中的作用是什么?
3. 为何选择大地水准面和铅垂线作为测量工作的基准面和基准线?
4. 绝对高程、相对高程、高差、标高是什么?
5. 测量学中的平面直角坐标系与数学中的平面直角坐标系有何不同?
6. 测量工作的基本内容是什么?
7. 测量工作应遵循的基本原则是什么?

四、计算题

1. 已知 $H_A=36.735\text{m}$，$H_B=48.386\text{m}$，求 h_{BA}。
2. 已知 $H_A=54.632\text{m}$，$H_B=63.239\text{m}$，求 h_{AB}。

链接执考

一、判断题

1. 在高斯投影中，所有的子午线都发生了长度变形。(　　)
2. 我国城市坐标系采用高斯正形投影平面直角坐标系。(　　)
3. 6°带和 3°带的中央子午线是完全重合的。(　　)
4. 高斯投影是一种等面积投影方式。(　　)
5. 在测量中，观测的精度是指观测值的数学期望与其真值接近的程度。(　　)
6. 在测量工作中，即使测区的范围较大，也可以将水准面当作水平面来测量。(　　)
7. 地面点的高程通常是指该点到参考椭球面的垂直距离。(　　)
8. 在高斯投影中，中央子午线的投影为一直线，赤道的投影也为一直线。(　　)
9. 地面上两点间的高差因所选定的高程基准面不同而异。(　　)
10. 测量工作中应外业和内业相结合，“步步检核”，保证测定无错误。(　　)
11. 由于地球内部分布不均匀，使铅垂线方向变化无规律性，因而使大地水准面成为一个不规则的复杂曲面。(　　)
12. 在外业工作中，必须先进行精度较高的控制测量，建立控制网以控制测区的全局，再进行一些精度较低的碎部测量，测出控制点周围的局部区域。(　　)

二、单选题

1. 测设的三项基本工作是（　　）。

A. 测设已知的高差、测设已知的水平角、测设已知的距离

B. 测设已知的角度、测设已知的距离、测设已知的高差

C. 测设已知的高程、测设已知的水平角、测设已知的水平距离

D. 测设已知的边长、测设已知的高程、测设已知的角度

2. 根据高斯投影的原则，我国领土 6°带是指（　　）。

A. 第 8 带至第 15 带　　B. 第 10 带至第 20 带

C. 第 13 带至第 23 带　　D. 第 15 带至第 23 带

3. 地面点的空间位置用（　　）表示。

A. 地理坐标　　B. 平面直角坐标

C. 坐标和高程　　D. 空间坐标系

4. 绝对高程的起算面是（　　）。

A. 水平面　　B. 大地水准面

C. 假定水准面　　D. 横断面

5. 测量使用的高斯平面直角坐标系与数学使用的笛卡尔坐标系的区别是（　　）。

A. X 轴与 Y 轴互换，第一象限相同，象限逆时针编号

B. X 轴与 Y 轴互换，第一象限相同，象限顺时针编号

C. X 轴与 Y 轴不变，第一象限相同，象限顺时针编号

D. X 轴与 Y 轴互换，第一象限不同，象限顺时针编号

6. 地面某点的经度为东经 85°32′，该点应在 3°带的第（　　）带。

A. 28　　B. 29

C. 27　　D. 30

7. 在高斯投影中，离中央子午线越远，变形（　　）。

A. 越大　　B. 越小

C. 不变　　D. 北半球越大，南半球越小

三、计算题

地面上某点 A（x，y）在高斯平面直角坐标系（6°带）的坐标为 $x=3430152\text{m}$，$y=20637680\text{m}$。

请根据上述条件，回答下列问题。

（1）根据已知条件，点 A 位于（　　）投影带。

A. 第 3 带　　B. 第 15 带

C. 第 34 带　　D. 第 20 带

（2）根据已知条件，中央子午线经度应为（　　）。

A. 10°　　B. 115°

C. 116°　　D. 117°

项目二　水准测量

思维导图

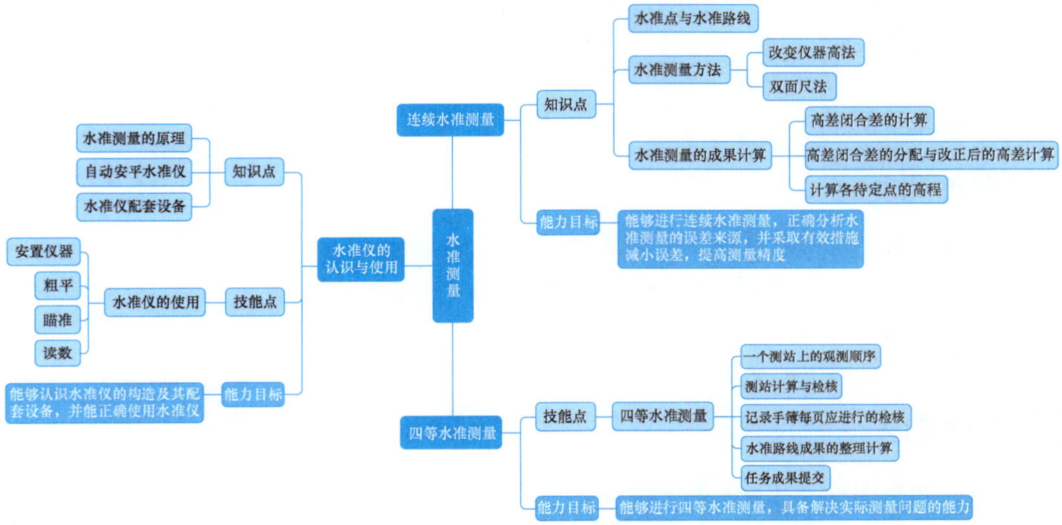

知识目标

1. 理解水准测量的基本理论、基本知识。
2. 了解水准仪的构造和测量原理。
3. 掌握水准测量的方法。

能力目标

1. 具备熟练使用水准仪进行水准测量的能力，包括仪器的安置、观测、记录和计算等步骤。

2. 能够正确分析水准测量的误差来源，并采取有效措施减小误差，提高测量精度。

3. 具备解决实际测量问题的能力，能够针对不同测量任务选择合适的测量方法和仪器。

素养目标

1. 培养在水准测量过程中一丝不苟、精益求精的工作态度，注重细节，确保测量结果的准确性。

2. 培养吃苦耐劳的精神，能够适应各种测量环境。

3. 培养团队协作精神，能够与他人有效沟通、分工合作，共同完成测量任务。

4. 始终树立安全意识，严格遵守安全操作规程，确保人身安全和仪器安全。

学习重点

1. 水准测量原理。
2. 水准仪的使用。
3. 一般水准测量的外业与内业工作。

学习难点

1. 水准仪的构造。
2. 水准路线的布置。
3. 四等水准测量。

延伸阅读

1. 《国家三、四等水准测量规范》（GB/T 12898—2009）。
2. 《国家一、二等水准测量规范》（GB/T 12897—2006）。
3. 《城市测量规范》（CJJ/T 8—2011）。
4. 《水准测量电子记录规定》（CH/T 2006—1999）。

案例引入

2020 年珠穆朗玛峰（以下简称珠峰）高程测量是中国对珠峰展开的第四次大规模测绘和科考活动。此次测量不仅为了获取珠峰的最新高度数据，也是中尼两国友谊的永恒象征，并推进了双方在气候变化、生态环境保护等方面的合作。测量登山队于 2000 年 5 月 6 日出发，经历了三次冲顶，最终在 5 月 27 日凌晨 2 时许，8 名攻顶队员成功从北坡登上珠峰峰顶。在峰顶，队员们竖立起测量觇标，使用 GNSS 接收机通过北斗卫星进行高精度定位测量，同时利用雪深雷达探测仪探测了峰顶雪深，并使用重力仪进行了重力测量。攻顶队员在珠峰周边海拔 5200～6000m 的 6 个交会点同步开展了峰顶交会测量和 GNSS 联测，以获取珠峰高程测量数据。

此次测量的难度极大，攻顶队员在低于-20℃的顶峰温度下，克服重重困难，成功完成测量任务。值得一提的是，在第三次冲顶过程中，队员行至北坡海拔 7500m 的“大风口”，受狭管效应影响，风速约为相同高度大风的两倍以上，但他们仍然坚持完成了任务。经过一系列精确的测量和计算，2020 年 12 月 8 日，中国、尼泊尔两国向全世界正式宣布，珠峰的最新高程为 8848.86m。这一数据达到了历史最高测量精度，不仅展示了中国在测绘科技方面的进步，也为全球地理科学研究提供了重要的参考依据。

引导问题 1：我国为什么要进行珠峰测量？

引导问题 2：通过本项目的学习，我们可以为珠峰测量提供哪些支持？

引导问题 3：工程测量员需要具备哪些能力及素质？

任务一
水准仪的认识与使用

知识点

一、水准测量的原理

水准测量的原理基于水准仪可以提供一条水平视线，通过读取两地面点上水准尺的读数，测出两点之间的高差，然后根据已知点高程推算未知点的高程。

如图 2-1 所示，若已知 A 点的高程为 H_A，求 B 点的高程。在图 2-1 中，A 点为后视点，A 点尺上的读数 a 称为后视读数；B 点为前视点，B 点尺上的读数 b 称为前视读数，则 A 点与 B 点之间的高差 $h_{AB}=a-b$。根据高差的概念，可以得出 B 点的高程 H_B，H_B 可按式（2-1）计算。

$$H_B=H_A+h_{AB} \tag{2-1}$$

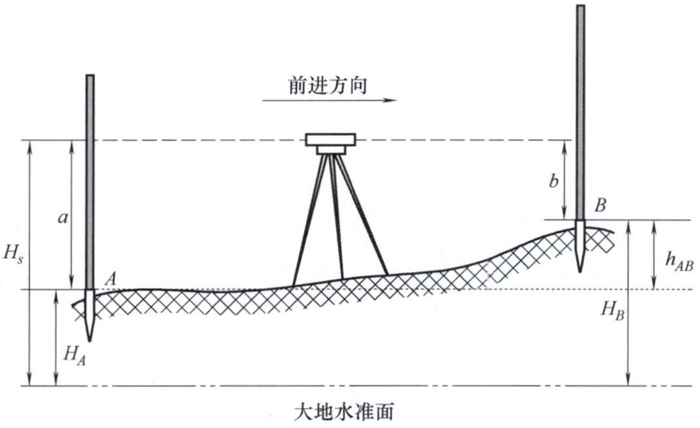

图 2-1　水准测量的原理

二、自动安平水准仪

自动安平水准仪是一种用圆水准器粗平，然后借助一种“补偿器”的特别装置，使视线自动处于水平状态，直接获取视线水平时的读数的仪器。由于无须精平，使用自动安平水准仪不仅可以缩短水准测量的观测时间，而且对于施工场地地面的微小震动、松软土地的仪器下沉以及大风吹刮等原因引起的视线微小倾斜能够迅速自动安平仪器，从而提高了水准测量的观测精度。图 2-2 所示为自动安平水准仪的构造示意图，请查阅相关资料后在方框中填入其各部位名称。

自动安平水准仪的构造

图 2-2　自动安平水准仪的构造

1. 望远镜

望远镜是用来精确瞄准远处目标并读数的设备，根据目镜端观测到的物体成像情况，望远镜可分为正像望远镜和倒像望远镜。图 2-3（a）所示为望远镜的结构，主要由物镜、物镜调焦螺旋、物镜调焦透镜、十字丝分划板、目镜及目镜调焦螺旋等组成。物镜中心与十字丝分划板中心的连线 CC' 称为望远镜视准轴，视准轴的延长线即视线。

十字丝分划板的结构如图 2-3（b）所示，它由直径约 10mm 的光学玻璃圆片上刻出三根横丝和一根竖丝，竖丝用于瞄准目标，横丝用于读数。中间的长横丝称为中丝，用于读取水准尺上的分划读数；上、下两根较短的横丝分别称为上丝、下丝（统称视距丝），用于测定水准仪到水准尺的距离。

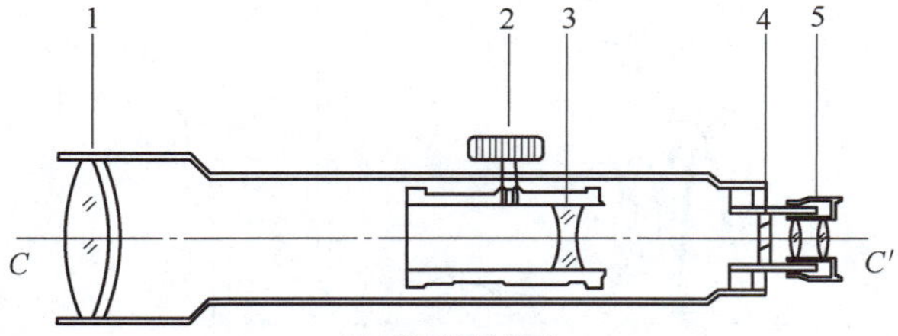

(a) 望远镜的结构

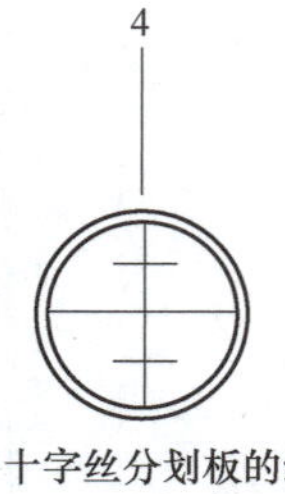

(b) 十字丝分划板的结构

1—物镜；2—物镜调焦螺旋；3—物镜调焦透镜；4—十字丝分划板；5—目镜及目镜调焦螺旋。

图 2-3　水准仪的望远镜

望远镜的成像原理如图 2-4 所示，其所瞄准的目标 AB 经过物镜的作用形成一倒立缩小的实像 ab。物镜与十字丝分划板之间的距离固定不变，调节物镜调焦螺旋即可带动物镜调焦透镜在望远镜筒内前后移动，从而使不同距离的目标成像都能和十字丝平面重合。调节目镜调焦螺旋可使十字丝成像清晰。通过目镜便可看到同时放大了的目标影像 $a'b'$，十字丝此时也被放大，$a'b'$ 对观测者眼睛的视角为 β，不通过望远镜的目标 AB 的视角为 α。β 相对于 α 的放大倍数即望远镜的放大率。DS3 水准仪的望远镜放大倍数为 28 倍。

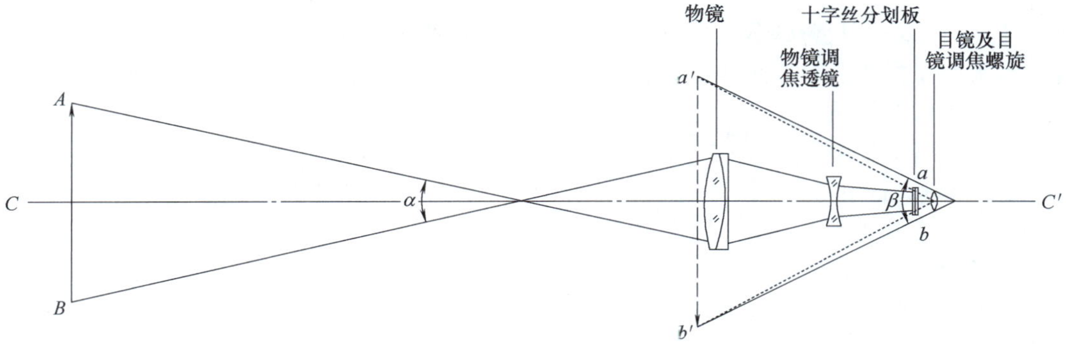

图 2-4　望远镜的成像原理

2. 水准器

水准器是用来指示视线是否水平或仪器竖轴是否竖直的装置。水准器有圆水准器和管水准器两种，其中，自动安平水准仪只配有圆水准器，可以用来指示竖轴是否竖直。

圆水准器用于粗略整平仪器，如图 2-5 所示。圆水准器将一圆柱形的玻璃盒装在金属框内，顶面内壁磨成球面，盒内装有酒精或乙醚并形成气泡，顶面中央刻有小圆圈，其圆心 O 称为圆水准器的零点，过零点 O 的法线 ZZ'称为圆水准轴。由于圆水准轴与水准仪的旋转轴（竖轴）平行，所以当圆水准器气泡居中时，圆水准轴处于竖直（铅垂）位置，表示水准仪的竖轴也大致处于竖直位置。

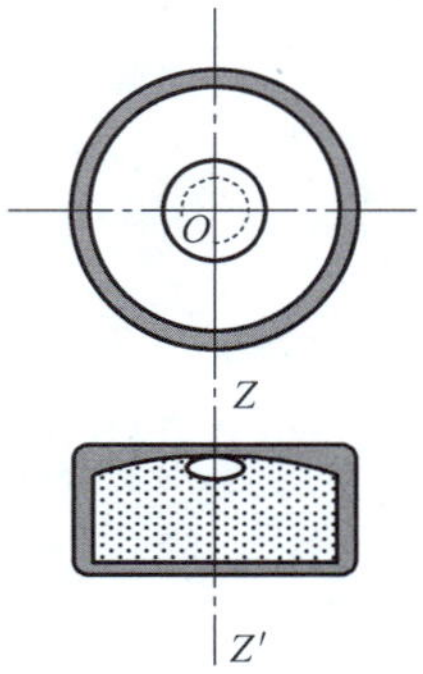

图 2-5　圆水准器

3. 基座

基座的作用是支撑仪器的上部并与三脚架连接，它主要由轴座、脚螺旋、底板和三角压板构成。脚螺旋的作用是整平仪器，通过转动脚螺旋，可使圆水准器气泡居中。

三、水准仪配套设备

1. 三脚架

三脚架如图 2-6（a）所示，它是用于安置水准仪的设备。三脚架的顶面是一个带有连接螺旋的平面，平面底部外侧利用三个中心对称分布的铰连接三个支架，支架可通过固定螺旋自由伸缩。三脚架主要有木质脚架和铝合金脚架。

2. 水准尺

水准尺是水准测量的主要工具之一，用优质干燥的木材、铝合金或铝合金等材料制成，长度有 2m、3m、5m 等。双面水准尺和塔尺是常用的两种水准尺。

双面水准尺如图 2-6（b）所示，多用于三、四等水准测量，其长度有 2m 和 3m 两种。双面水准尺的两面均有刻划，一面为黑白相间，称为黑面尺（也称主尺）；另一面为红白相间，称为红面尺（也称辅尺）。两面的刻划均为 1cm，并在 dm 处注字。双面水准尺在使用过程中，两根尺为一对，两根尺的黑面分划均从 0 开始；红面分划则不同，一根尺从 4. 687m 开始，另一根尺从 4. 787m 开始，这里的 4. 687m 和 4. 787m 称为尺常数或零点差。水准仪的水平视线在同一根双面水准尺上的黑、红面读数差理论上应等于双面水准尺的尺常数，若产生误差，则误差应在一定的范围内，如四等水准测量中黑、红面的读数差不得大于 3mm。尺常数的主要作用是便于检核水准测量时的读数。双面水准尺上一般装有圆水准器，读数时，保持圆水准器的气泡居中，使双面水准尺处于垂直竖立的状态，可减小读数引起的误差。

塔尺因形状呈塔形而得名，一般由三节尺管套接而成，长度可达 5m，最小刻划为 1cm 或 0.5cm，m 和 dm 处均注有数字。塔尺可以伸缩，便于携带，但连接处易产生长度误差，一般用于精度要求不高的水准测量。

3. 尺垫

尺垫由铸铁制成，一般呈三角形，如图 2-6（c）所示。尺垫下方有三个尖脚，可以安置在任何不平的地面上，若置于土面上，则需要将其踩实，并将三个尖脚扎入土中，使其稳定。尺垫上方有一凸起的半球，球顶用来竖立水准尺，保证尺底的高程在测量过程中不会改变。为了减小观测过程中立尺点的下沉与后视转前视时转点不统一造成的误差，在连续水准测量的转点处，须放置尺垫，已知高程点和待求高程点上不能放置尺垫。

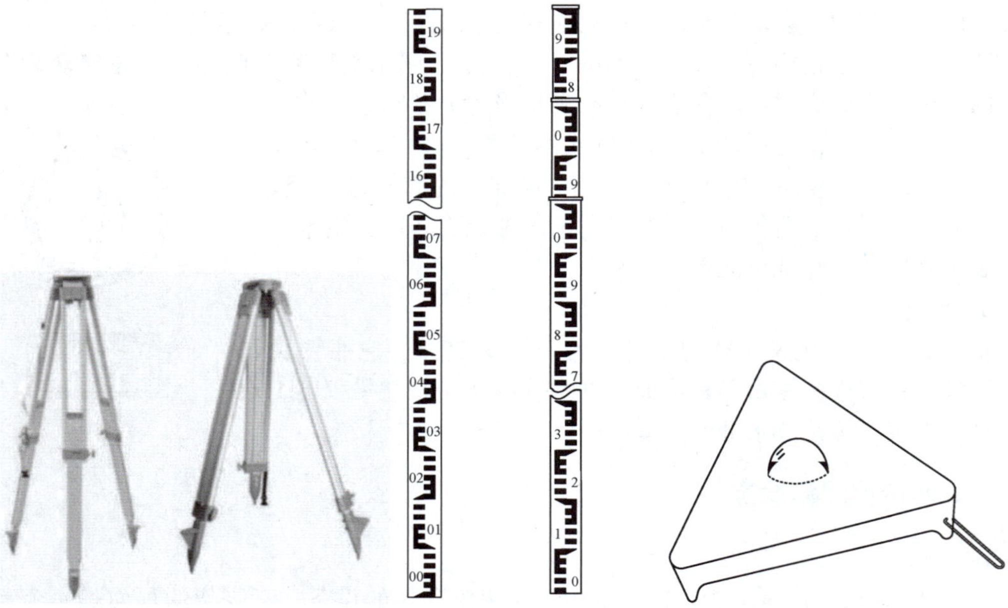

(a) 三脚架　(b) 双面水准尺　(c) 尺垫

图 2-6　水准仪配套设备

电子水准仪

技能点

水准仪的使用

自动安平水准仪的基本操作步骤如下：安置仪器→粗平→瞄准→读数。

1. 安置仪器

将三脚架三条架腿上的伸缩制动螺旋拧松，调整三脚架的高度，使其大致和观测者的胸颈部平齐，拧紧三个伸缩制动螺旋。张开三脚架，将三个脚尖踩实，使三脚架与地面紧密接触，调整伸缩制动螺旋，保持架头大致水平，然后从仪器箱中取出测量仪器，放到三脚架头上，一手握住仪器，一手将三脚架上的连接螺旋转入仪器基座的中心螺孔内，使仪器与三脚架连接牢固。

2. 粗平

粗平是借助圆水准器的气泡居中，使仪器竖轴大致铅垂，从而使得视准轴粗略水平。如图 2-7（a）所示，首先选定 1、2 两个脚螺旋（可看成左右方向），双手同时操作两个脚螺旋，使气泡运动到 1、2 两个脚螺旋的大致中垂线上，如图 2-7（b）所示；然后用左手按图 2-7（b）中箭头方向旋转脚螺旋 3（可看成上下方向），使气泡居中。在粗平的过程中，气泡的运动规律如下：气泡的移动方向与左手大拇指运动的方向一致。

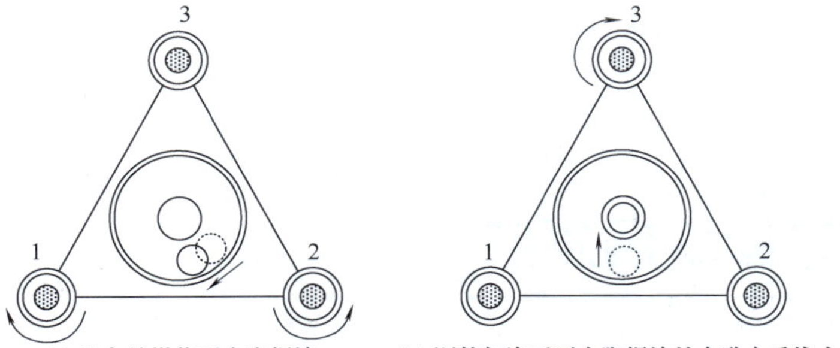

(a) 选定并操作两个脚螺旋　(b) 调整气泡至两个脚螺旋的大致中垂线上

图 2-7　圆水准器气泡调整过程

3. 瞄准

照准水准尺读数如图 2-8 所示。首先转动目镜调焦螺旋使十字丝最清晰；然后转动望远镜，用望远镜筒上的瞄准器初步瞄准水准尺；接着从望远镜中观察，并转动物镜调焦螺旋进行对光，使水准尺的刻划清晰；最后转动微动螺旋，使竖丝对准平分水准尺。此时可检查水准尺在左右方向是否有倾斜，若有倾斜，则应通知立尺者纠正。

如图 2-9 所示，当眼睛在目镜端上下微微移动时，若发现十字丝与目标像有相对运动，这种现象称为视差，视差产生的原因是目标成像的平面和十字丝平面不重合。由于视差的存在会影响读数的正确性，所以必须加以消除。先转动目镜调焦螺旋，使十字丝最清晰；然后转动物镜调焦螺旋，使目标像最清晰；眼睛上下移动，如果没有发现目标和十字丝之间有相对移动，则视差已消除，否则重复该操作，直至视差完全消除。

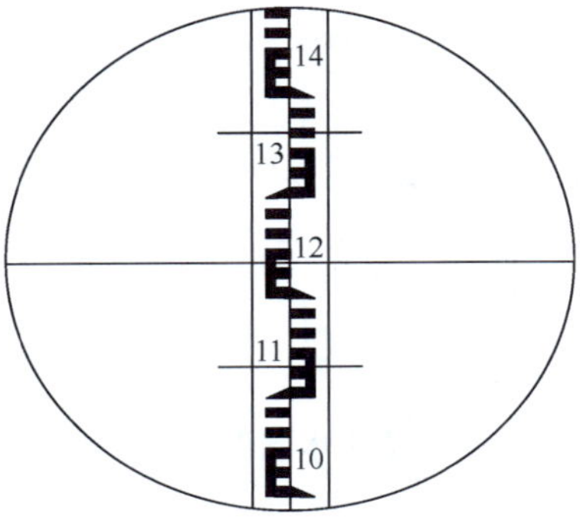

图 2-8　照准水准尺读数

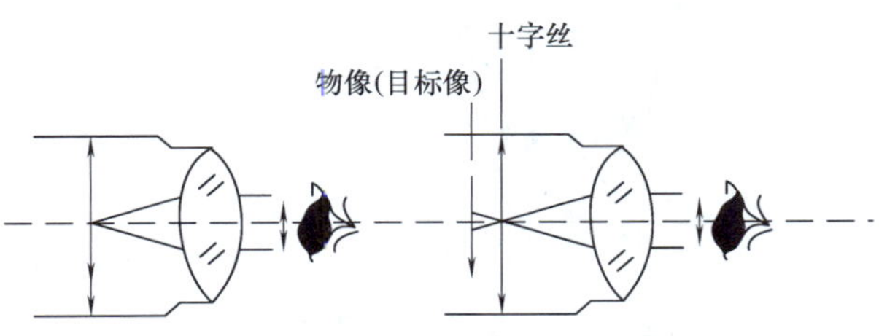

(a) 无视差现象　(b) 有视差现象

图 2-9　视差产生的原因

4. 读数

瞄准后，用十字丝中横丝在水准尺上按从小到大的方向读数，读取米、分米、厘米、毫米（估读数）四位数字。图 2-8 所示水准尺的中丝读数为 1.237m，其中末位 7 是估读的毫米数，也可读记为 1237mm。

水准仪的检校

任务二
连续水准测量

知识点

一、水准点与水准路线

1. 水准点

事先埋设标志在地面上，用水准测量方法测定的高程控制点称为水准点（Bench Mark），简记为 BM。水准测量等级分为一、二、三、四等与图根水准，其中，一、二等为精密水准测量，三、四等为普通水准测量。水准点有永久性和临时性两种。

国家等级水准点是永久性水准点，如图 2-10 所示，一般用石料或钢筋混凝土制成，深埋到地面冻结线以下。标石顶部嵌有不锈钢或其他不易锈蚀的材料制成的半球形标志，标志最高处（球顶）作为高程起算基准。有些水准点也可设置在稳定的墙脚上，称为墙上水准点，如图 2-11 所示。

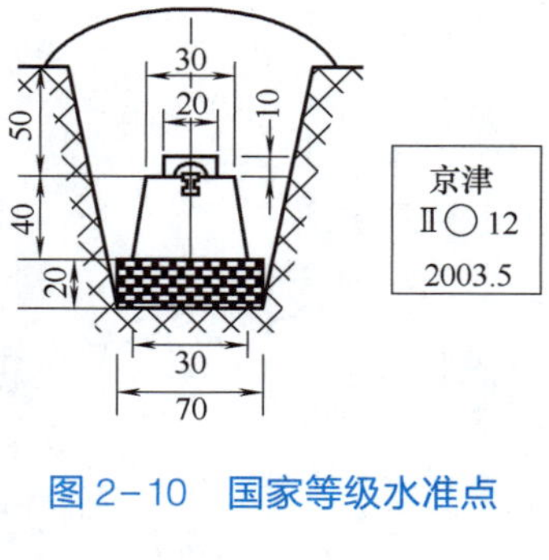

图 2-10　国家等级水准点

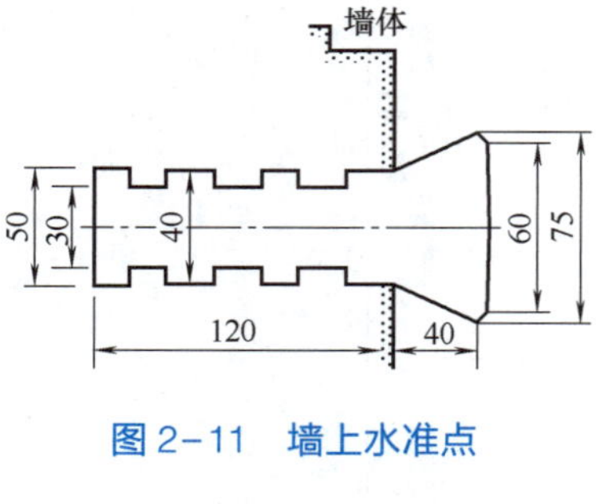

图 2-11　墙上水准点

建筑工地上的永久性水准点一般用混凝土或钢筋混凝土制成，如图 2-12（a）所示。

临时性水准点可用地面上凸出的坚硬岩石或用木桩打入地下，桩顶钉以半球形铁钉，如图 2-12（b）所示。

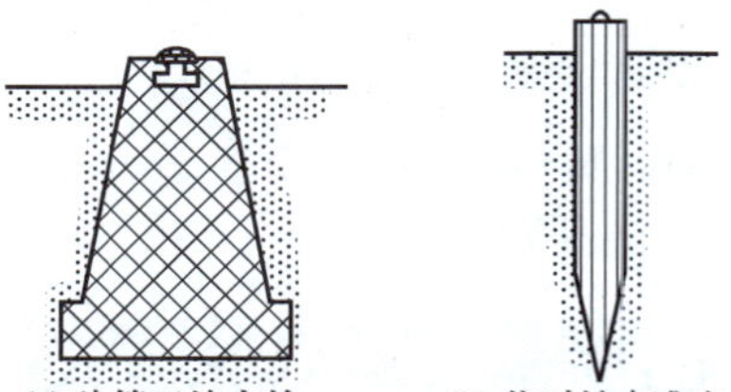

图 2-12　一般水准点

2. 水准路线

在两个水准点之间进行水准测量所经过的路线称为水准路线，两个水准点之间的一段路线称为测段。根据测区的情况不同，水准路线可布设成闭合水准路线、附合水准路线和支水准路线。

（1）闭合水准路线

从一个已知高程的水准点 BM*A* 开始，沿各待测高程点 1、2、3、4 等进行水准测量，最后又回到原水准点 BM*A* 的环形路线，称为闭合水准路线，如图 2-13（a）所示。

（2）附合水准路线

从一个已知高程的水准点 BM*A* 开始，沿各待测高程点 1、2、3 等进行水准测量，最后附合至另一个已知水准点 BM*B* 上所构成的水准路线，称为附合水准路线，如图 2-13（b）所示。

（3）支水准路线

从一个已知高程的水准点 BM*A* 开始，沿各待测高程点 1、2 等进行水准测量，这种既不闭合又不附合的水准路线，称为支水准路线，如图 2-13（c）所示。

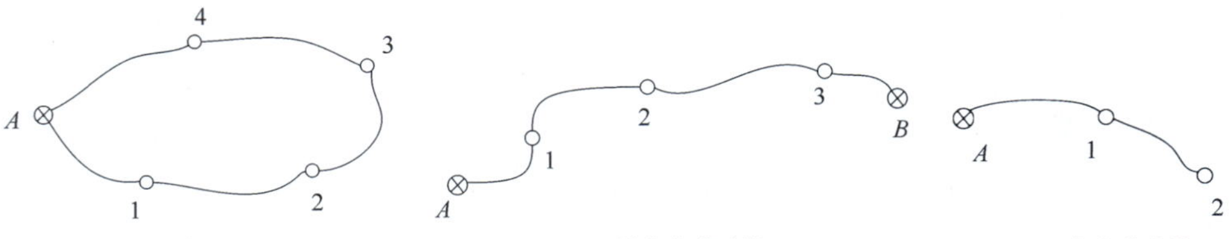

图 2-13　水准路线

二、水准测量方法

单站水准测量如图 2-14 所示。在实际水准测量中，*A*、*B* 两点间相距较远或者两点高差较大，安置一次水准仪不能测定两点之间的高差，需要连续多次安置仪器才能测出两点间的高差（每安置一次仪器称为一个测站）。如图 2-15 所示，沿 *A*、*B* 两点间的水准路线增设若干个必要的临时立尺点（TP1、TP2 等），这些点称为转点，其作用为传递高程。转点上须放置尺垫，将 *A*、*B* 两点间高差分为若干段高差之和。根据水准测量的原理依次连续测定相邻各点间高差，求和即可得到 A、B 两点间的高差。首先在 A 点和转点 TP1 大致中间处安置水准仪，分别在 A 点和 TP1 立水准尺，分别读取读数 a_1、b_1，即可求得 h_1（$h_1=a_1-b_1$）；同法可以测出 h_2（$h_2=a_2-b_2$），h_3（$h_3=a_3-b_3$），…，h_n（$h_n=a_n-b_n$）。显然，每安置一次仪器便可测得一个高差，则总高差 h_{AB} 可按式（2-2）计算。

$$h_{AB}=h_1+h_2+\cdots+h_n=\sum h_i=\sum a-\sum b \tag{2-2}$$

根据式（2-2）可求出 B 点的高程。

图 2-14　单站水准测量

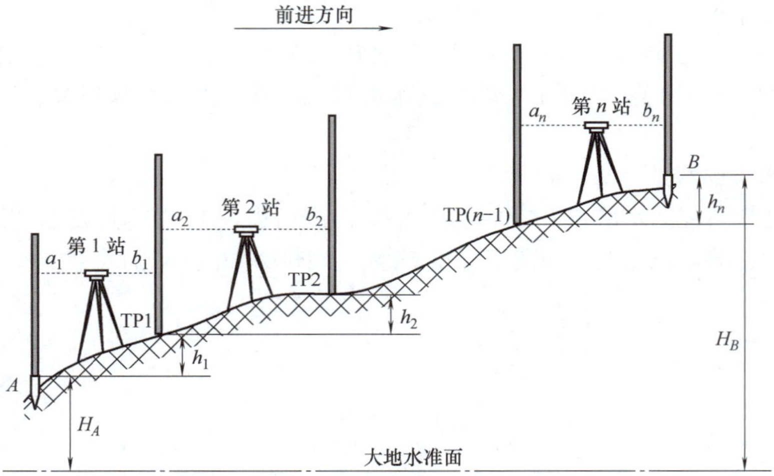

图 2-15　连续水准测量

在进行连续水准测量时，若其中任何一个后视或前视读数有错误，都会影响高差的正确性。因此，对于每一个测站而言，为了校核每次水准尺读数有无差错，可采用改变仪器高法或双面尺法进行测站检核。

1. 改变仪器高法

如图 2-16 所示，同一个测站用两次仪器高法测得两次高差并相互比较进行检核。测得第一次高差后，改变仪器高度 10cm 以上，重新安置水准仪，再测一次高差。两次高差之差在±5mm 以内时，取其平均值作为最后结果，否则应重测。表 2-1 所示为采用两次仪器高法进行连续水准测量的水准测量记录表。

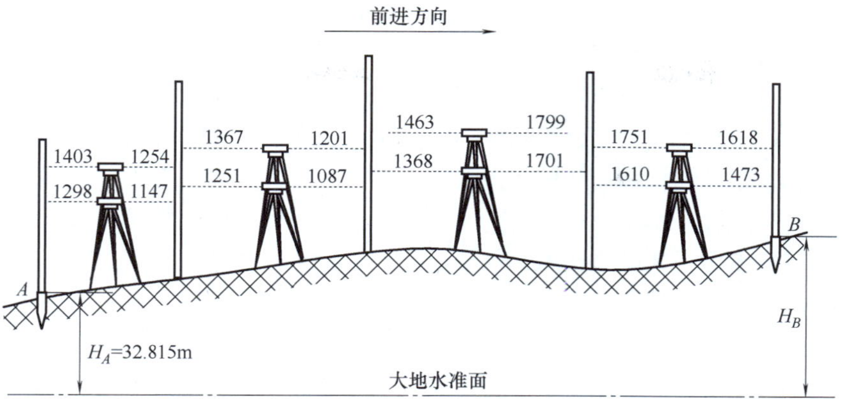

图 2-16　两次仪器高法水准测量

表 2-1　　　　水准测量记录表（两次仪器高法）

测站	点号	水准尺读数/mm		高差 h_i/m	平均高差 $\overline{h_i}$/m	高程 H/m
		后视	前视			
1	BMA	1403	—	—	+0. 150	32. 815
		1298				
	TP1	—	1254	0. 149		—
			1147	0. 151		
2	TP1	1251	—	—	+0. 165	—
		1367				
	TP2	—	1087	0. 164		—
			1201	0. 166		
3	TP2	1463	—	—	−0. 334	—
		1368				
	TP3	—	1799	−0. 336		—
			1701	−0. 333		
4	TP3	1751	—	—	+0. 135	—
		1610				
	BMB	—	1618	0. 133		—
			1473	0. 137		
计算检核	Σ	11917	11687	0. 230	+0. 116	32. 931
	验证： ① Σ后视−Σ前视 = $\sum h_i$ ② $\sum \overline{h_i}=\frac{\sum h_i}{2}$ 若①和②成立，则 B 点的高程为：$H_B=H_A+\sum \overline{h_i}$					—

2. 双面尺法

保持仪器高度不变，分别读取后尺和前尺的黑面中丝读数 a_1、b_1，则黑面测得的高差

为 $h_1=a_1-b_1$；再分别读取前尺和后尺的红面中丝读数 b_1' 、a_1' ，则红面测得的高差为 $h_1'=a_1'-b_1'$。若 a_1 与 a_1' 、b_1 与 b_1' 的差值与尺常数之差不超过±3mm，且 h 与 h_1'的差值不超过±5mm（两把水准尺黑面有相同的起点，若用两把不同起点的红面水准尺，则须考虑两把红面水准尺本身 100m 注记零点差的影响），则取平均值作为观测高差。

双面尺法的具体观测顺序如下：

① 瞄准后尺黑面→精平→读数。

② 瞄准前尺黑面→精平→读数。

③ 瞄准前尺红面→精平→读数。

④ 瞄准后尺红面→精平→读数。

上述观测顺序简称为“后—前—前—后”或“黑—黑—红—红”。

三、水准测量的成果计算

在水准测量的施测过程中，测站检核只能检核一个测站上是否存在错误或误差是否超限；而对于整条水准路线，必须进行成果检核，计算高差闭合差并进行高差闭合差的分配，最后计算各待定点的高程。

1. 高差闭合差的计算

在水准测量中，由于测量误差的影响，导致高差的实测值和理论值不符，其差值称为高差闭合差，用 f_h 表示。

（1）闭合水准路线

闭合水准路线高差总和的理论值应为 0，即 $\sum h_{理}=0$。由于测量过程中存在误差，闭合水准路线的实测高差总和 $\sum h_{测}$ 不等于 0，其高差闭合差可按式（2-3）计算。

$$f_h=\sum h_{测}-\sum h_{理}=\sum h_{测} \tag{2-3}$$

（2）附合水准路线

附合水准路线的终点、起点高程之差为高差理论值，即 $\sum h_{理}=H_{终}-H_{起}$。附合水准路线的高差闭合差可按式（2-4）计算。

$$f_h=\sum h_{测}-\sum h_{理}=\sum h_{测}-(H_{终}-H_{起}) \tag{2-4}$$

（3）支水准路线

支水准路线的往返测高差代数和在理论上应等于 0。然而，由于测量误差的存在，往返测的实测高差代数和不等于 0，其闭合差可按式（2-5）计算。

$$f_h=\sum h_{往}+\sum h_{返} \tag{2-5}$$

若高差闭合差在规定的范围内，则认为精度合格，成果可用。否则，应返工重测，直至符合要求为止。高差闭合差的允许值为 $f_{h允}$，普通水准测量高差闭合差允许值可按式（2-6）计算。

$$f_{h允}=\pm 40\sqrt{L}\quad(\text{mm}) \tag{2-6}$$

式中　L——水准路线长度。

在山地或丘陵地区，当每千米水准路线中安置水准仪的测站数超过 16 站时，高差闭合差允许值可按式（2-7）计算。

$$f_{h允}=\pm 12\sqrt{n}\quad(\text{mm}) \tag{2-7}$$

式中　n——水准路线中的测站数。

2. 高差闭合差的分配与改正后的高差计算

当$|f_h|<|f_{h允}|$时，说明观测结果合格，可进行高差闭合差的分配。对于支水准路线，高差闭合差的分配是对往返测高差的绝对值取平均值，符号和往测高差的符号保持一致。对于闭合或附合水准路线，高差闭合差的分配是按与路线长度或测站数成正比的原则，将高差闭合差反符号进行分配，分配给各测段观测高差的改正数可按式（2-8）计算。

$$V_i=-\frac{f_h}{L}\cdot L_i(\text{或 } V_i=-\frac{f_h}{n}\cdot n_i) \tag{2-8}$$

式中　L——水准路线总长度，km；

L_i——第 i 测段的路线长度，km；

n——水准路线总测站数；

n_i——第 i 测段的测站数；

V_i——分配给第 i 测段观测高差 h_i 上的改正数，mm。

高差闭合差分配后应进行校核计算，若计算无误，则改正后的高差可按式（2-9）计算。

$$h_i'=h_i+V_i \tag{2-9}$$

式中　h_i——第 i 测段的高差；

h_i'——第 i 测段改正后的高差。

3. 计算各待定点的高程

根据已知水准点高程和各测段改正后的高差，可推算各点的高程，作为水准测量的最后成果。推算到最后一点高程值应与闭合或附合水准路线的已知水准点高程值完全一致。

图 2-17 所示为一附合水准路线示意图。其中，A、B 为已知水准点，$H_A=58.856$m，$H_B=61.782$m，点 1、2、3 为待测水准点，各测段高差、测站数、距离见图 2-17，试求点 1、2、3 的高程。

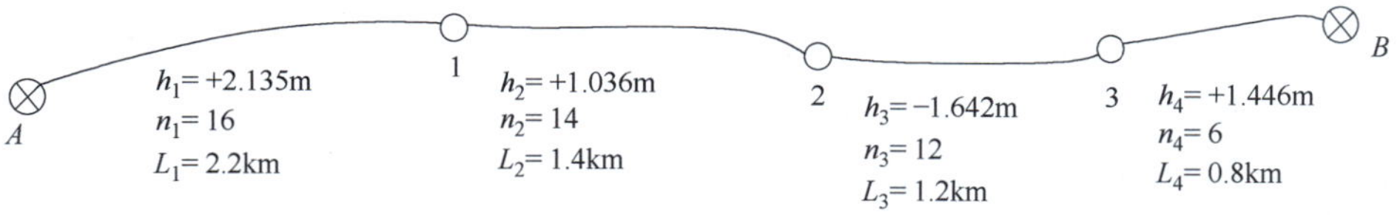

图 2-17　附合水准路线示意图

高差闭合差的调整及高程、高差计算如表 2-2 所示。

表 2-2　附合水准路线成果计算表

测段	点名	距离/km	测站数	实测高差/m	改正数/m	改正后高差/m	高程/m	备注
(1)	(2)	(3)	(4)	(5)	(6)	(7)	(8)	
	BMA						58.856	
1		2.2	16	+2.135	−0.019	2.116		
	1						60.972	
2		1.4	14	+1.036	−0.012	1.024		—
	2						61.996	
3		1.2	12	−1.642	−0.011	−1.653		
	3						60.343	

续表

测段	点名	距离/km	测站数	实测高差/m	改正数/m	改正后高差/m	高程/m	备注
4	3	0.8	6	+1.446	-0.007	1.439	60.343	—
	BMB						61.782	
Σ		5.6	48	2.975	-0.049	2.926		

辅助计算：

$f_h=\sum h_{测}-\sum h_{理}=\sum h_{测}-(H_B-H_A)=2.975-(61.782-58.856)=0.049\text{m}=49\text{mm}$

$f_{h允}=\pm40\sqrt{L}=\pm40\sqrt{5.6}=\pm95(\text{mm})$　　　$|f_h|<|f_{h允}|$

注：本表中的计算结果是按距离分配闭合差的结果。

任务三 四等水准测量

四等水准测量竞赛

四等水准测量除用于国家高程控制网的加密外，还可用于各种工程的高程控制，是高程控制测量的基本方法，其工作程序与普通水准测量基本一致，只是在具体观测技术要求和计算方面有所不同。

技能点

四等水准测量

观测时，应选择在通视良好、望远镜成像清晰、稳定的情况下进行。将两个水准尺编号，第一个水准尺放在后视点上，第二个放在前视点上，每个测站共读 8 个读数。读完数后，前视点水准尺不动，后视点水准尺移动到下一站，变成前视点上的水准尺，再读本测站读数，以此类推。相关记录见表 2-3。

表 2-3　四等水准测量记录、计算表（双面尺法）

测站编号	后尺 下丝	前尺 下丝	方向及尺号	标尺读数/m		(K+黑-红)/mm	高差中数/m	计算标高/m
	后尺 上丝	前尺 上丝		黑面	红面			
	后视距/m	前视距/m						
	前后视距差 d	累积差 Σd						
	(1)	(4)	后	(3)	(8)	(14)	—	后视 C052 306.093
	(2)	(5)	前	(6)	(7)	(13)	—	
	(9)	(10)	后-前	(15)	(16)	(17)	(18)	
	(11)	(12)	—	—	—	—	—	
1	1.952	1.231	后 4687	1.701	6.389	-1	—	306.8145
	1.450	0.727	前 4787	0.979	5.768	-2	—	
	50.2	50.4	后-前	0.722	0.621	1	0.7215	
	-0.2	-0.2	—	—	—	—	—	

续表

测站编号	后尺 下丝	前尺 下丝	方向及尺号	标尺读数/m		(K+黑−红)/mm	高差中数/m	计算标高/m
	后尺 上丝	前尺 上丝		黑面	红面			
	后视距/m	前视距/m						
	前后视距差 d	累积差 $\sum d$						
2	2.728	2.198	后 4787	2.525	7.312	0	—	307.3495
	2.322	1.783	前 4687	1.990	6.677	0	—	
	40.6	41.5	后−前	0.535	0.635	0	0.5350	
	−0.9	−1.1	—	—	—	—	—	
3	3.046	0.703	后 4687	2.946	7.633	0	—	309.6890
	2.847	0.510	前 4787	0.606	5.394	−1	—	
	19.9	19.3	后−前	2.340	2.239	1	2.3395	
	0.6	−0.5	—	—	—	—	—	
4	1.455	1.066	后 4787	1.379	6.168	−2	—	310.0775
	1.303	0.917	前 4687	0.991	5.679	−1	—	
	15.2	14.9	后−前	0.388	0.489	−1	0.3885	
	0.3	−0.2	—	—	—	—	—	
5	0.895	1.963	后 4687	0.645	5.333	−1	—	309.0115
	0.396	1.460	前 4787	1.711	6.499	−1	—	
	49.9	50.3	后−前	−1.066	−1.166	0	−1.0660	
	−0.4	−0.6	—	—	—	—	—	
6	1.331	2.334	后 4787	1.132	5.919	0	—	308.0095
	0.933	1.935	前 4687	2.134	6.821	0	—	
	39.8	39.9	后−前	−1.002	−0.902	0	−1.0020	
	−0.1	−0.7	—	—	—	—	—	
7	1.097	2.516	后 4687	0.934	5.621	0	—	306.5965
	0.771	2.178	前 4787	2.347	7.134	0	—	
	32.6	33.8	后−前	−1.413	−1.513	0	−1.4130	
	−1.2	−1.9	—	—	—	—	—	
8	0.419	2.840	后 4787	0.369	5.156	0	—	304.1735
	0.320	2.744	前 4687	2.792	7.479	0	—	
	9.9	9.6	后−前	−2.423	−2.323	0	−2.4230	
	0.3	−1.6	—	—	—	—	—	
每页检查		前后视距差累计/m	−1.6		高差中数合计/m		−1.9195	
		前后视距离累计/m	517.8		高差中数累计/m		−1.9195	

测量：　　　记录：　　　计算：　　　监理工程师：　　　日期：

1. 一个测站上的观测顺序

后视黑面，读取上、下、中丝读数，记入（1）、（2）、（3）处；前视黑面，读取上、下、中丝读数，记入（4）、（5）、（6）处；前视红面，读取中丝读数，记入（7）处；后视红面，读取中丝读数，记入（8）处。

以上（1）至（8）表示观测与记录顺序。这种观测顺序称为“后—前—前—后”，也可以记为“黑—黑—红—红”，其优点是可以大大减弱仪器下沉误差的影响且三、四等水准测量均适用。四等水准测量测站观测顺序也可以为“后—后—前—前”或“黑—红—黑—红”。

2. 测站计算与检核

在每一个测站，应进行相应计算和检核工作。

（1）视距的计算与检核

后视距离：(9)=[(1)-(2)]×100

前视距离：(10)=[(4)-(5)]×100

后、前视距差：(11)=(9)-(10)

后、前视距累积差：本站（12)=后一站(12)+本站(11)

注意，后、前视距差四等水准测量时不得超过5m。

（2）同一水准尺黑、红面中丝读数的计算与检核

同一水准尺的尺常数K（4687或4787）与黑面中丝读数之和，应等于该尺红面中丝读数，若不等时，其差值为：

后视尺：(13)=K前+(6)-(7)

前视尺：(14)=K后+(3)-(8)

注意，(13)、(14）在四等水准测量时，其值不得超过3mm。

（3）高差的计算与检核

黑面所测高差：(15)=(3)-(6)

红面所测高差：(16)=(8)-(7)

黑、红面所测高差之差：(17)=(15)-(16)±0.100=(14)-(13)

注意，该高差之差在四等水准测量中不得超过5mm。

平均高差：(18)=[(15)+(16)±0.100]/2

3. 记录手簿每页应进行的检核

（1）视距的检核

后视距总和减前视距总和应等于末站视距累积差，即：

$$\Sigma(9)-\Sigma(10)=\text{末站}(12)$$

检核无误后，算出总视距，即：

$$\text{总视距}=\Sigma(9)+\Sigma(10)$$

（2）高差的检核

黑、红面后视总和减去黑、红面前视总和应等于黑、红面高差总和，还应等于平均高差总和的两倍。

测站数为偶数时：

$$\Sigma[(3)+(8)]-\Sigma[(6)+(7)]=\Sigma[(15)+(16)]=2\Sigma(18)$$

测站数为奇数时：

$$\Sigma[(3)+(8)]-\Sigma[(6)+(7)]=\Sigma[(15)+(16)]=2\Sigma(18)\pm0.100$$

在实际测量中，为抵消水准尺的磨损误差，常常将测站数布设为偶数。

4. 水准路线成果的整理计算

外业测量完成，经检验合格无误后，按照前述方法，进行高差闭合差的调整和高程的计算。

5. 任务成果提交

实训后，应提交任务成果。

典型任务描述

小王来到工地从事现场测量员的工作，目前面临一个测量任务，需要对某建筑工地进行高程测量，以确定某点 A 的高程。已知水准路线起点的水准点 B 的高程为 H_B = 100.000m，A、B 两点间的高差 h_{AB} 需要通过水准测量确定。

测量员小王从工程项目部领取任务书和施工图纸等资料后，首先查看了施工现场，并与工程项目部相关人员沟通，明确测量内容，确定需要在项目周边建立施工用高程控制点；然后准备测量仪器、工具与材料，按照施工图纸实施水准测量，并在现场布设测量路线，确定测量点位；随后进行测量作业，作业过程中应采集测量数据并填写测量记录表，计算整理测量成果；接着检查整理施工测量现场，复核现场布设点位及其高程；最后将高程测量记录表和测量成果交付工程项目部。

在施工测量过程中，应遵守《工程测量标准》（GB 50026—2020）等规范和标准，施工测量完工后按合同和《工程测量标准》（GB 50026—2020）进行检查验收。

专题实训

下面通过三个实训，更好地了解测量员小王的工作内容。

实训 1　水准仪的认识与使用

1. 实训目的

认识水准仪，掌握使用水准仪进行水准测量的方法。

2. 仪器设备

每组配备水准仪 1 台、水准尺 1 对、记录板 1 个。

3. 实训任务

每人须完成一个测站的水准仪粗平、读数和计算任务。

4. 实训步骤

（1）认识水准仪的构造

认识望远镜、圆水准器、微动手轮、托板、基座等构造。

（2）使用水准仪的操作步骤

安置仪器→粗平→瞄准→读数。

5. 实训报告

进行实训报告，将相应测量数据填入水准仪认识观测记录表中，如表 2-4 所示。

表 2-4　　水准仪认识观测记录表

班级：　　组别：　　观测员：　　记录员：　　日期：

测站	点号	后视读数/m	前视读数/m	高差/mm		高程/m
				+	−	
1						132. 815
2						
3						
4						
5						
计算检核	Σ					

6. 实训总结与反馈

实训 2　连续水准测量（双面尺法）

1. 实训目的

① 掌握连续水准测量的观测、记录、计算和校核方法。

② 熟悉水准路线的布设形式。

2. 仪器设备

每组配备水准仪 1 台、水准尺 1 对、记录板 1 个。

3. 实训任务

① 进行闭合水准路线测量（至少观测四个测站）。

② 观测精度满足要求后，根据观测结果进行水准路线高差闭合差的调整和高程计算。

4. 实训步骤

从指定水准点出发，按普通水准测量的要求施测一条闭合水准路线，每人轮流观测两站，然后计算高差闭合差和高差闭合差的允许值。若高差闭合差在允许范围内，则对其进行调整，最后算出各测站改正后高差。若高差闭合差超限，则应返工重测。

5. 实训报告

进行实训报告，将相应测量数据填入闭合水准路线成果计算表中，如表 2-5 所示。

表 2-5　　闭合水准路线成果计算表

班级：　　组别：　　观测员：　　记录员：　　日期：

测站	点号	水准尺读数/m		高差/mm	平均高差/mm	改正后高差/mm	高程/m
		后视	前视				
计算检核	Σ						

6. 实训总结与反馈

实训 3　四等水准测量

1. 实训目的

① 掌握四等水准测量的观测、记录、计算及检核方法。

② 熟悉四等水准测量的主要技术要求，掌握水准路线的布设及闭合差的计算。

2. 仪器设备

每组配备水准仪 1 台、双面水准尺 1 对、尺垫 1 对、记录板 1 个。

3. 实训任务

① 用四等水准测量的方法观测一条闭合水准路线。

② 进行高差闭合差的调整与高程计算。

4. 实训步骤

（1）观测

选择一条闭合水准路线，按下列顺序进行逐站观测：

① 照准后视尺黑面，精平后，读取下、上、中丝读数，记入表中；照准后视尺红面，

读取中丝读数，记入表中。

② 照准前视尺，重新精平，读取黑面尺下、上、中丝读数，再读取红面中丝读数，记入表中。

以上观测顺序简称“后—后—前—前”。

(2) 记录

将观测数据记入表中相应栏内，并及时算出前后视距及前后视距差、视距累积差、红黑面读数差、红黑面高差及其差值。每项计算均有限差要求，当符合限差要求后，方可迁站，直至测完全程。

(3) 内业计算

① 计算线路总长度。

② 根据各站的高差中数，计算高差闭合差。

③ 当高差闭合差符合限差要求时，进行闭合差的调整并计算各待定点的高程。

5. 实训报告

进行实训报告，将相应测量数据填入四等水准测量记录、计算表，如表 2-6 所示。

表 2-6　　四等水准测量记录、计算表

班级：　　组别：　　观测员：　　记录员：　　日期：

<table>
<tr><td rowspan="4">测站</td><td rowspan="4">点号</td><td rowspan="2">后尺</td><td>下丝</td><td rowspan="2">前尺</td><td>下丝</td><td rowspan="4">方向及尺号</td><td colspan="2">标尺读数/m</td><td rowspan="4">(K+黑-红)/mm</td><td rowspan="4">高差中数/m</td><td rowspan="4">备注</td></tr>
<tr><td>上丝</td><td>上丝</td><td rowspan="3">黑面</td><td rowspan="3">红面</td></tr>
<tr><td colspan="2">后视距/m</td><td colspan="2">前视距/m</td></tr>
<tr><td colspan="2">前后视距差 d</td><td colspan="2">累积差 $\sum d$</td></tr>
<tr><td rowspan="4"></td><td rowspan="4"></td><td colspan="2"></td><td colspan="2"></td><td>后</td><td></td><td></td><td></td><td rowspan="4"></td><td rowspan="4"></td></tr>
<tr><td colspan="2"></td><td colspan="2"></td><td>前</td><td></td><td></td><td></td></tr>
<tr><td colspan="2"></td><td colspan="2"></td><td>后-前</td><td></td><td></td><td></td></tr>
<tr><td colspan="2"></td><td colspan="2"></td><td>—</td><td></td><td></td><td></td></tr>
<tr><td rowspan="4"></td><td rowspan="4"></td><td colspan="2"></td><td colspan="2"></td><td>后</td><td></td><td></td><td></td><td rowspan="4"></td><td rowspan="4"></td></tr>
<tr><td colspan="2"></td><td colspan="2"></td><td>前</td><td></td><td></td><td></td></tr>
<tr><td colspan="2"></td><td colspan="2"></td><td>后-前</td><td></td><td></td><td></td></tr>
<tr><td colspan="2"></td><td colspan="2"></td><td>—</td><td></td><td></td><td></td></tr>
<tr><td rowspan="4"></td><td rowspan="4"></td><td colspan="2"></td><td colspan="2"></td><td>后</td><td></td><td></td><td></td><td rowspan="4"></td><td rowspan="4"></td></tr>
<tr><td colspan="2"></td><td colspan="2"></td><td>前</td><td></td><td></td><td></td></tr>
<tr><td colspan="2"></td><td colspan="2"></td><td>后-前</td><td></td><td></td><td></td></tr>
<tr><td colspan="2"></td><td colspan="2"></td><td>—</td><td></td><td></td><td></td></tr>
<tr><td rowspan="4"></td><td rowspan="4"></td><td colspan="2"></td><td colspan="2"></td><td>后</td><td></td><td></td><td></td><td rowspan="4"></td><td rowspan="4"></td></tr>
<tr><td colspan="2"></td><td colspan="2"></td><td>前</td><td></td><td></td><td></td></tr>
<tr><td colspan="2"></td><td colspan="2"></td><td>后-前</td><td></td><td></td><td></td></tr>
<tr><td colspan="2"></td><td colspan="2"></td><td>—</td><td></td><td></td><td></td></tr>
<tr><td rowspan="4"></td><td rowspan="4"></td><td colspan="2"></td><td colspan="2"></td><td>后</td><td></td><td></td><td></td><td rowspan="4"></td><td rowspan="4"></td></tr>
<tr><td colspan="2"></td><td colspan="2"></td><td>前</td><td></td><td></td><td></td></tr>
<tr><td colspan="2"></td><td colspan="2"></td><td>后-前</td><td></td><td></td><td></td></tr>
<tr><td colspan="2"></td><td colspan="2"></td><td>—</td><td></td><td></td><td></td></tr>
</table>

6. **实训总结与反馈**

项目测试

班级：　　　　　　　学号：　　　　　　　组别：　　　　　　　姓名：

一、单选题

1. 水准测量利用（　　）原理测定地面两点间的高差。

A. 三角函数　　　　B. 几何水准　　　　C. 电磁波测距　　　　D. 光学投影

2. 水准测量所使用的仪器是（　　）。

A. 经纬仪　　　　B. 全站仪　　　　C. 水准仪　　　　D. 测距仪

二、填空题

1. 水准测量所使用的工具包括水准尺和________。

2. 水准仪的主要组成部分有望远镜、水准器和________。

3. 水准测量的精度主要取决于水准仪的精度、水准尺的精度以及________的操作水平。

4. 在水准测量中，当水准仪的圆水准器气泡居中时，表示________。

三、判断题

1. 水准尺不是水准测量的主要工具。（　　）

2. 水准仪的望远镜放大率越高，观测的精度就越高。（　　）

3. 水准测量的误差主要来源于仪器误差、外界条件的影响和观测误差。（　　）

4. 在水准测量中，气泡居中是确保视准轴水平的关键步骤。（　　）

链接执考

一、判断题

1. 国家三、四等水准测量所采用的双面水准尺的黑面尺和红面尺的尺端注记，通常是一样的。（　　）

2. 在水准测量中，每一个测站水准仪视距丝、中丝的读数应在水准管气泡居中时读取。（　　）

3. 在水准测量中，在中转点要使用尺垫，而在水准点上不使用尺垫。（　　）

4. 水准尺前倾时，则水准尺读数大；水准尺后倾时，则水准尺读数小。（　　）

5. 在水准测量中，同一测站上若 A 点水准尺读数比 B 点水准尺读数大，说明 A 点比 B 点低。（　　）

6. 采用往返测法，两次测得的高差，符号（+，-）应相反，往返高差的代数和应等于0。(　　)

7. 将测得的终点对起点的高差与已知终点对起点的高差进行比较，其差值为高差闭合差，若高差闭合差小于允许偏差，则其精度合格。(　　)

8. 水准仪视线的高程等于地面点的高程加上此点水准尺上的读数。(　　)

9. 水准测量利用水准仪所提供的水平视线直接测出地面上两点之间的高差，然后根据其中一点的已知高程推算出另一点的高程。(　　)

二、单选题

1. 在水准测量中，设 *A* 点为后视点，*B* 点为前视点，*A* 点的高程是 46.013m。若后视读数为 1.125m，前视读数为 1.228m，则 *B* 点的高程是（　　）。

A. 45.910m　　B. 46.138m　　C. 46.116m　　D. 47.241m

2. 转动水准仪目镜对光螺旋的目的是（　　）。

A. 看清十字丝　　B. 消除视差　　C. 看清物像　　D. 提高精度

3. 在水准测量时，尺垫应放置在（　　）。

A. 水准点上　　B. 转点上

C. 土质松软的水准点上　　D. 需要立尺的所有点上

4. 在水准测量中，同一测点的后尺读数大于前尺读数时，说明后尺点（　　）。

A. 高于前尺点　　B. 低于前尺点　　C. 高于测站点　　D. 等于前尺点

5. 在水准测量中，转点的作用是传递（　　）。

A. 方向　　B. 高程　　C. 距离　　D. 方差

6. 采用水准仪测量时，产生视差的原因是（　　）。

A. 仪器校正不完善　　B. 物像有十字丝面未重合

C. 十字丝分划板位置不正确　　D. 目标晃动

7. 下列选项不属于水准测量误差主要来源的是（　　）。

A. 仪器和标尺升沉误差

B. 仪器本身误差

C. 外界条件影响产生的误差

D. 由于测量人员测量技术欠缺导致的误差

8. 自动安平水准仪，(　　)。

A. 既没有圆水准器，也没有管水准器　　B. 没有圆水准器

C. 既有圆水准器，也有管水准器　　D. 没有管水准器

9. 四等水准测量的观测顺序为（　　）。

A. 后—前—前—后　　B. 后—前

C. 后—后—前—前　　D. 前—后

10. 自动安平水准仪精平时用的是（　　）。

A. 自动补偿装置　　B. 长水准管器　　C. 圆水准器　　D. 微倾螺旋

三、多选题

1. 在水准测量时，若水准尺倾斜，则其读数值（　　）。

A. 当水准尺向前或向后倾斜时增大

B. 当水准尺向左或向右倾斜时减少

C. 总是增大

D. 总是减少

E. 不论水准尺怎样倾斜都是错误的

2. 在水准测量时，下列选项属于测量员应遵守的要点的是（　　）。

A. 应力求前、后视的视线等长

B. 不准用手扶仪器或脚架，也不准两脚跨在一条脚架腿上观测

C. 搬动仪器时，无论迁移的距离远近，无论地面是否平坦，均不允许用手握住仪器下部的基座或脚架

D. 立尺点要先放置尺垫，立尺必须力求竖直，不得前后、左右歪斜

E. 用单面尺时，立尺人要经常检查尺子接头的卡口是否卡好，防止上节单面下滑

3. 水准测量的误差来源有（　　）。

A. 水准管气泡居中的误差　　B. 在水准尺上的估读误差

C. 水准尺竖立不直的误差　　D. 仪器和尺子的升沉误差

E. 水准管灵敏度较低的误差

4. 精密水准仪主要用于（　　）。

A. 国家一等水准测量　　B. 国家二等水准测量

C. 国家三等水准测量　　D. 国家四等水准测量

E. 高等级工程测量

5. 三、四等水准测量观测工作应在（　　）情况下进行。

A. 粗糙　　B. 黑暗　　C. 通视良好

D. 稳定　　E. 成像清晰

四、计算题

1. 某测量员采用水准仪测定 A、B 两点间高差，测得 A 点高程为 $H_A = 12.658\text{m}$，A 尺上读数为 1526mm，B 尺上读数为 1182mm。请根据已知条件，回答下列问题。

（1）A、B 两点间高差 h_{AB} 等于（　　）。

A. +0.344m　　B. −0.344m　　C. +344m　　D. −344m

（2）B 点高程 H_B 等于（　　）。

A. 12.314m　　B. 13.002m　　C. 11.82m　　D. 11.476m

2. 某测量人员在 A、B 两点间进行往返水准测量，已知测得 $H_A = 8.475\text{m}$，$\sum h_{往} = 0.028\text{mm}$，$\sum h_{返} = -0.018\text{mm}$，若 A、B 两点间的路线长为 3km，请求出改正后的 B 点高程。

3. 某测量员进行水准测量时，四等水准测量中的一个测站观测的数据如表 2-7 所示。请试着依表进行计算并检核，求出高差中数。

表 2-7　　观测数据

测站	后尺读数/mm	前尺读数/mm	方向与尺号	标尺读数/mm		(K+黑-红)/mm	高差中数/mm
				黑面	红面		
1	2121	2196	后	1934	6621		
	1747	1821	前	2008	6796		

4. 图 2-18 所示为一附合水准路线，A、B 为已知水准点，$H_A=65.376\text{m}$，$H_B=68.623\text{m}$，点 1、2、3 为待测水准点，各测段高差、测站数、距离如图中所示。试求点 1、2、3 的高程并完成表 2-8 中附合水准路线成果计算。

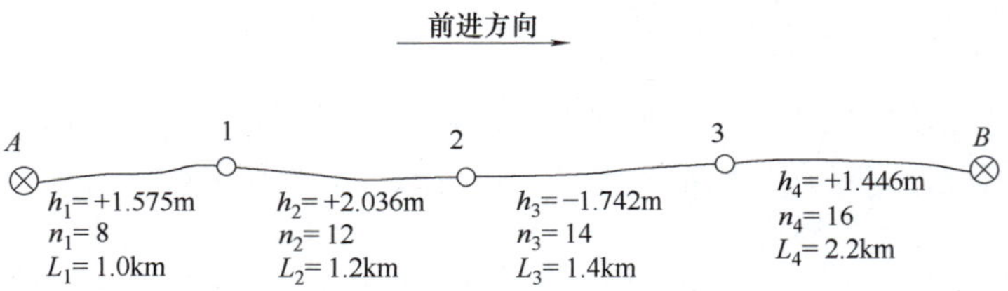

图 2-18　附和水准路线

表 2-8　　附合水准路线成果计算表

测段	点名	距离/km	测站数	实测高差/m	改正数/m	改正后高差/m	高程/m	备注
(1)	(2)	(3)	(4)	(5)	(6)	(7)	(8)	
1	A	1.0	8	+1.575			65.376	
	1							
2		1.2	12	+2.036				
	2							
3		1.4	14	-1.742				
	3							
4		2.2	16	+1.446				
	B						68.623	
Σ		5.8	50	3.315	-0.068	3.247		

辅助计算：

注：本表中的计算结果是按距离分配闭合差的结果。

项目三　全站仪测量

思维导图

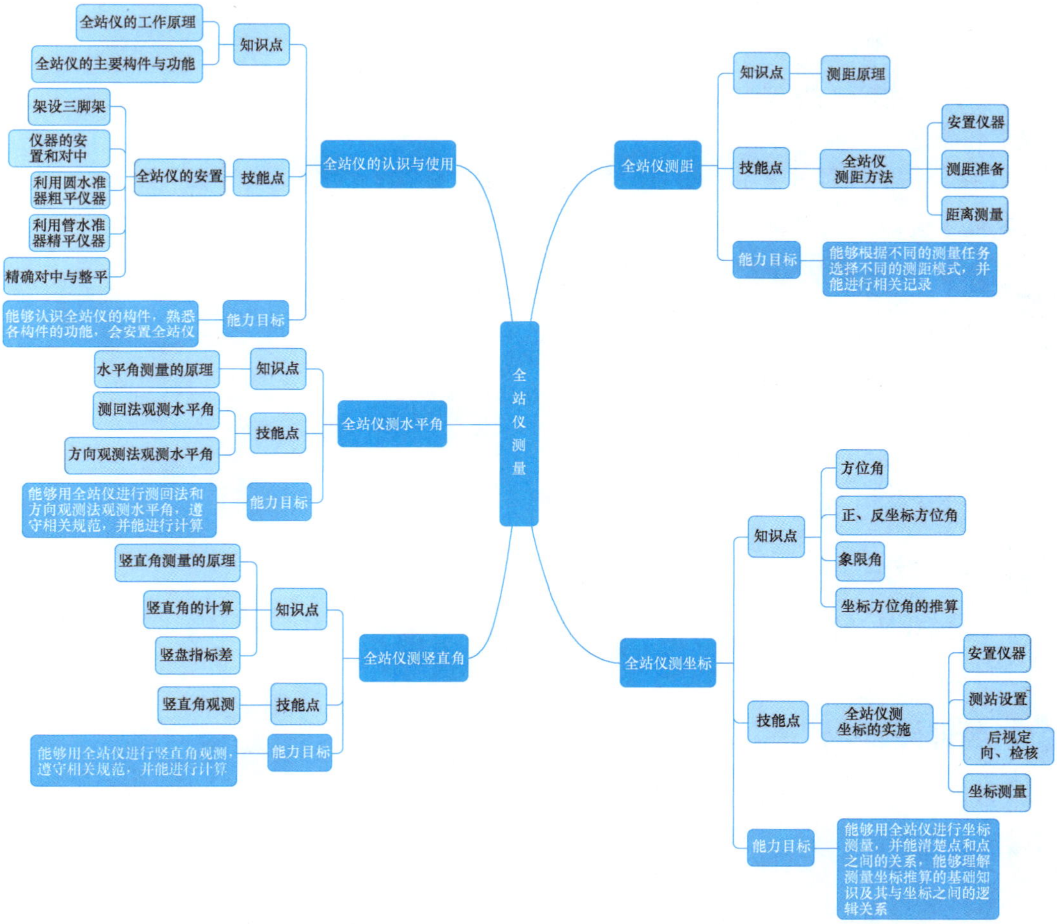

知识目标

1. 理解角度测量的原理。
2. 掌握水平角的测量方法及计算。
3. 掌握竖直角的测量方法及计算。
4. 了解全站仪的测距原理。
5. 熟悉用全站仪测坐标的方法。

能力目标

1. 能够认识全站仪的构件，熟悉各构件的功能，会安置全站仪。

2. 能够用全站仪进行测回法和方向观测法观测水平角，能够用全站仪观测竖直角，可以遵守相关规范，并能进行计算。

3. 能够根据不同的测量任务选择不同的测距模式，并能进行相关记录。

4. 能够用全站仪进行坐标测量，并能清楚点和点之间的关系，能够理解测量坐标推算的基础知识及其与坐标之间的逻辑关系。

素养目标

1. 熟悉并遵守全站仪测量技术要求的规范，包括仪器的精度要求、稳定性要求、操作规范和数据处理要求等。

2. 在全站仪测量过程中，增强安全意识，遵守安全操作规程。

3. 培养独立思考和解决问题的能力，提高测量工作的效率和准确性。

4. 能够与其他团队成员有效沟通，协同完成测量任务。

学习重点

1. 水平角和竖直角的测量原理。

2. 全站仪的操作、使用。

3. 水平角和竖直角的测量方法及计算。

4. 全站仪测坐标。

学习难点

1. 全站仪的构造。

2. 竖直角的测量与计算。

延伸阅读

《城市测量规范》（CJJ/T 8—2011）。

案例引入

全站仪是人们在角度测量自动化的过程中应运而生的，各类电子经纬仪在各种测绘作业中起着巨大的作用。

全站仪的发展经历了从组合式（光电测距仪与光学经纬仪组合或光电测距仪与电子经纬仪组合）到整体式（将光电测距仪的光波发射接收系统的光轴和经纬仪的视准轴组合为同轴的整体式）等阶段。最初速测仪的距离测量是通过光学方法实现的，这种速测仪称为“光学速测仪”。实际上，“光学速测仪”就是指带有视距丝的经纬仪被测点的平面位置由方向测量及光学视距确定，而高程则由三角测量方法确定。带有视距丝的光学速测仪，因其操作快速、简便，而在短距离（100m 以内）、低精度（1/200、1/500）的测量（如碎部点测定）中具有一定的优势，从而得到了广泛的应用。

电子测距技术的出现大大地推动了速测仪的发展。用电磁波测距仪代替光学视距经纬仪，使得测程更大、测量时间更短、精度更高。人们通常将利用电磁波测距仪进行距离测定的速测仪统称为电子速测仪。

随着电子测角技术的出现，电子速测仪的概念又相应地发生了变化。根据测角方法的不同可分为半站型电子速测仪和全站型电子速测仪。半站型电子速测仪是指用光学方法测角的电子速测仪，也称为“测距经纬仪”。这种速测仪出现较早，并且进行了不断的改进，可将光学角度读数通过键盘输入测距仪，对斜距进行化算，最后得出平距高差、方向角和坐标差，这些结果都可自动地传输到外部存储器中。全站型电子速测仪则是由电子测角、电子测距、电子计算和数据存储单元等组成的三维坐标测量系统，其测量结果能自动显示，并能与外围设备交换信息。由于全站型电子速测仪较完善地实现了测量和处理过程的电子化和一体化，因此人们通常称之为全站型电子速测仪，简称全站仪。

20 世纪 80 年代末，鉴于电子测角系统和电子测距系统的发展不平衡，人们将全站仪分为两大类：积木式和整体式。

20 世纪 90 年代以来，全站仪主要发展为整体式类型。全站仪总是朝着自动化、智能化的方向发展，且发展迅猛。目前，全站仪的类别和品牌繁多，如瑞士的徕卡、日本的拓普康、日本的索佳、美国的天宝；国产品牌主要有南方测绘、博飞、苏州一光、中海达等。如今，全站仪仍精益求精，其中，最智能的全站仪可以自动识别目标，独自完成瞄准、测量的工作，这类全站仪又称为测量机器人。

引导问题 1：为什么要进行角度测量？

引导问题 2：全站仪的精度与稳定性和哪些因素有关？

引导问题 3：如何提高测量结果的精度？

引导问题 4：如何降低测角和测距过程中产生的误差？

任务一
全站仪的认识与使用

知识点

一、全站仪的工作原理

全站仪的工作原理如图 3-1 所示。图中左侧为全站仪的三大功能相对独立的光电系统：测角部分相当于电子经纬仪，可以测定水平角和竖直角；测距部分相当于测距仪，其原理同光电测距仪；传感部分可以感受到被测角度或距离的信息，并能将这些信息按一定规律转化为电信号输出，例如用于仪器纵轴倾斜改正的双轴补偿器等。上述三大光电系统的数据都将在中央处理器中进行运算、存储，同时，中央处理器还能够调度、支配三大光电系统的工作。中央处理器中的数据通过输入输出部分与全站仪外观可见的显示屏、键盘、数据通信接口相联系。具体而言，由键盘给出指令，通过输入输出部分到达中央处理器，由中央处理器调配工作，所获得的数据经过中央处理器后，回到输入输出部分，并在显示屏上呈现。数据通信接口可以实现磁卡、磁盘、微机等外部设备与全站仪之间的批量数据交换功能。电源用于提供电动力，全站仪的每一个部分每一个功能的实现都离不开电源。

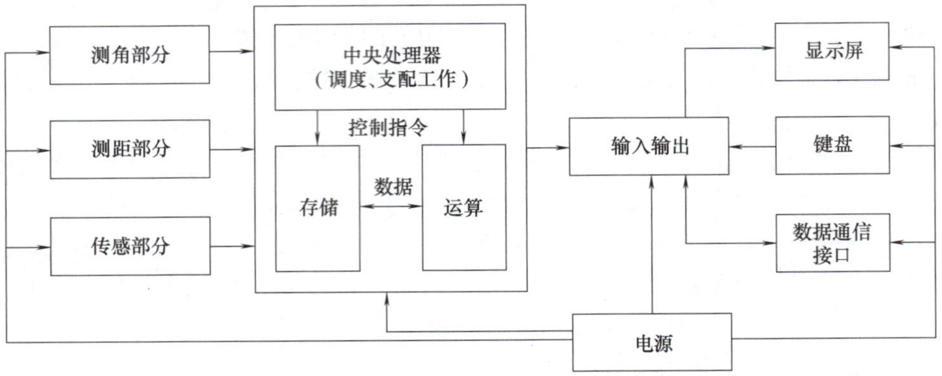

图 3-1　全站仪的工作原理

二、全站仪的主要构件与功能

图 3-2 所示为南方测绘生产的型号为 A1 系列的全站仪的组成部件，请查阅相关资料后在方框中填入其各部位名称。

全站仪的组成部件

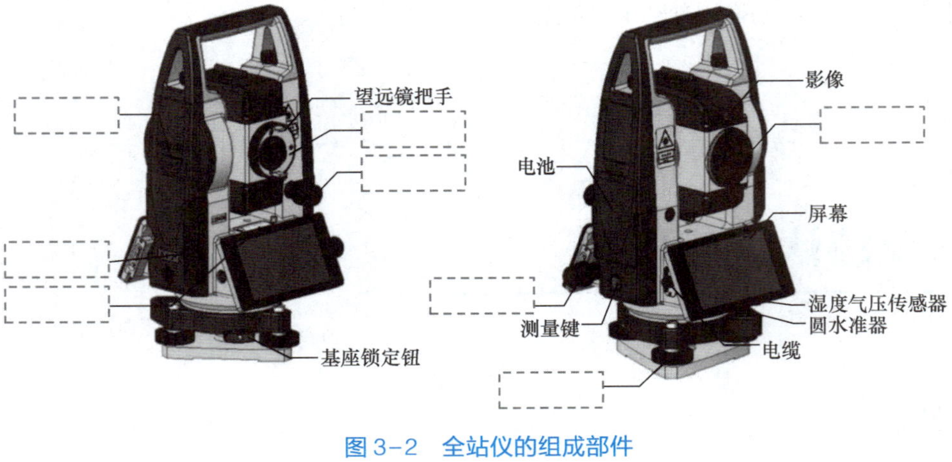

图 3-2　全站仪的组成部件

1. 望远镜

全站仪的望远镜中，瞄准目标用的视准轴和发射、接收调制光的测距主光轴完全同轴，瞄准目标后可以同时测定角度和距离。在自动全站仪中，还有同轴自动识别装置，能够自动搜索并照准棱镜进行测量。

2. 自动补偿器

在全站仪测量过程中，由于水准管轴不垂直于竖轴，或安置仪器时水准管气泡未严格居中，都会带来竖轴误差，并且该误差不能通过盘左盘右取平均值的方法消除。因此，在一些精度较高的电子经纬仪和全站仪中，安置了自动补偿器。对于竖直度盘，能够形成竖盘指标差；对于水平度盘，竖轴倾斜能够引起横轴倾斜，从而影响水平方向的度盘读数。自动补偿器可以修正纵向轴（视准轴在水平面上的投影）和横向轴（横轴在水平面上的投影）两个方向的倾斜误差，因而也被称为双轴倾斜补偿器。

下面以双轴液体补偿器为例，说明全站仪自动补偿器的工作原理。如图3-3所示，从发光二极管发出的光线经过反射棱镜发射到液体，经过反射后，到成像透镜，被光电接收装置接收。光电接收装置一方面将光信号转化成电信号，一方面探测光落点的位置。

当竖轴倾斜时，光落点的位置会发生相应的变化，其变化量可以分解成纵向轴和横向轴两个方向，位置变化信息可以传到中央处理器，对所测的水平角和竖直角加以自动改正。

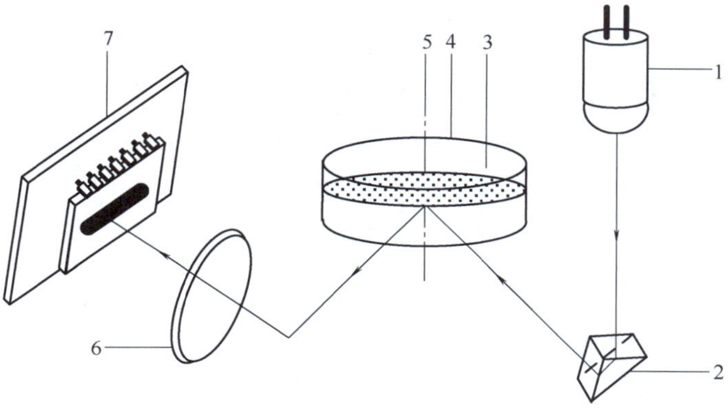

1—发光二极管；2—反射棱镜；3—反射液面；4—液体补偿器；5—仪器竖轴；6—成像透镜；7—接收二极管阵列。

图3-3　全站仪自动补偿器的工作原理

3. 基座

基座的作用是固定安置仪器照准部和整平仪器。竖轴套插入基座孔后，顶紧螺杆旋钮，照准部就被固定在基座上。三个脚螺旋可以在一定范围内升降以使仪器处于水平状态。

技能点

全站仪的安置

1. 架设三脚架

将三脚架伸到适当高度并打开，使三脚架顶面近似水平，且大致位于测站点的正上方。将三脚架腿支撑在地面上，固定架腿上的螺栓，并将三脚架踩实。

2. 仪器的安置和对中

将仪器小心地安置到三脚架上，一手扶仪器，一手拧紧中心连接螺旋，双手握住其中两条三脚架的架腿，使得激光点和测站点重合。

3. 利用圆水准器粗平仪器

调整三脚架三条腿的长度，使全站仪圆水准器气泡居中。

4. 利用管水准器精平仪器

① 松开水平制动螺旋，转动仪器，使管水准器平行于某一对脚螺旋的连线。通过旋转该对脚螺旋，使管水准器气泡居中。

② 将仪器旋转 90°，使其垂直于上述①中脚螺旋的连线。旋转第三个脚螺旋，使管水准器气泡居中。

5. 精确对中与整平

观察激光束，看其是否和目标对中，如果有微小的偏移，则将全站仪底部的连接螺旋松开一半，移动基座，精确对中。若偏移量较大，则重复步骤 2~4，直至仪器对中整平。

任务二
全站仪测水平角

知识点

水平角测量的原理

地面上某点到两目标方向线的铅垂投影在水平面上所形成的角度称为水平角，其取值范围为 0°~360°。如图 3-4 所示，A、O、B 为地面上任意三点，将此三点沿铅垂线方向投影到同一水平面 H 上，得到 A'、O'、B'三个点，水平面上 $O'A'$和 $O'B'$之间的夹角 β 即地面上 OA 和 OB 两方向之间的水平角。

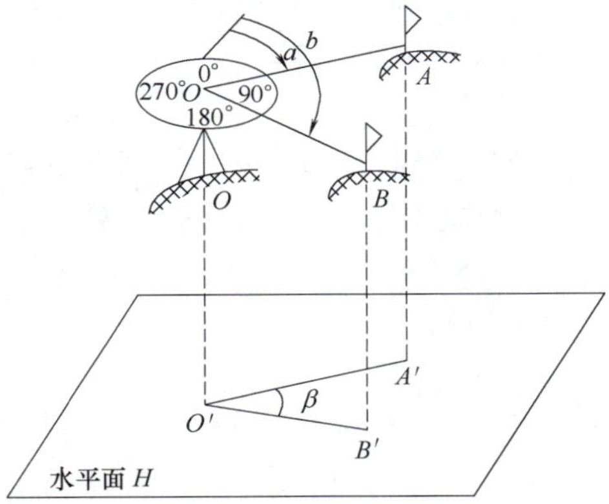

图 3-4　水平角测量原理

为了测出水平角的大小，在 O 点的铅垂线上水平放置一个度盘，铅垂线方向穿过度盘中心，带有水平度盘仪器的望远镜可以左右转动，也可以上下转动（如经纬仪、全站仪等）。瞄准目标 A 时，度盘的读数为 a；瞄准目标 B 时，度盘的读数为 b。若度盘注记的增加方向是顺时针方向，则水平角可按式（3-1）计算。

$$\beta = b - a \tag{3-1}$$

技能点

一、测回法观测水平角

如图 3-5 所示，欲测定∠AOB 的大小 β，在 O 点安置全站仪，在 A 点和 B 点设置瞄准标志，具体施测的步骤如下：

① 在全站仪盘左位置（竖盘在望远镜左边，又称正镜）瞄准左侧目标 A，读得水平度盘读数 $a_{左}$。

② 瞄准右侧目标 B，读得水平度盘读数 $b_{左}$，则盘左位置测得的上半测回水平角 $\beta_{左}$ 可按式（3-2）计算。

$$\beta_{左}=b_{左}-a_{左} \tag{3-2}$$

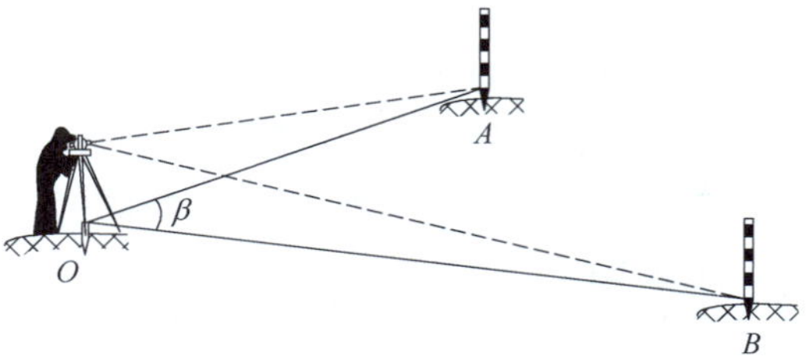

图 3-5　测回法观测水平角

③ 倒转望远镜成盘右位置（竖盘在望远镜右边，又称倒镜），瞄准右侧目标 B，读得水平度盘读数 $b_{右}$。

④ 瞄准左侧目标 A，读得水平度盘读数 $a_{右}$，则盘右位置测得的下半测回水平角 $\beta_{右}$ 可按式（3-3）计算。

$$\beta_{右}=b_{右}-a_{右} \tag{3-3}$$

记录计算时应注意，由于水平度盘是顺时针刻划注记的，所以在计算水平角时，总是用右目标的读数减去左目标的读数，如果不够减，则应在右目标的读数上加上 360°，再减去左目标的读数，绝不可以倒过来减。

上述观测步骤可以总结为“盘左顺时针，盘右逆时针”。用盘左、盘右两个位置观测水平角时，可以消除部分仪器误差的影响，同时可以检核观测中有无错误。对于 6″级仪器，$\beta_{左}$和$\beta_{右}$的差值不大于 40″；对于 2″级仪器，其差值不大于 12″。上、下两个半测回合称一个测回，一测回水平角观测值即为盘左、盘右角值的平均值，可按式（3-4）计算。

$$\beta=\frac{1}{2}(\beta_{左}+\beta_{右}) \tag{3-4}$$

表 3-1 所示为测回法观测水平角的观测手簿，观测数据应记录在手簿中。

表 3-1　　测回法观测手簿

日期：　　仪器：　　观测：

天气：　　地点：　　记录：

测站	竖盘位置	目标	水平度盘读数	半测回角值	一测回角值	各测回平均值
O	左	A	0°00′00″	87°44′36″	87°44′33″	87°44′36″
		B	87°44′36″			
	右	A	180°00′40″	87°44′30″		
		B	267°45′10″			
	左	A	90°00′30″	87°44′36″	87°44′38″	
		B	177°45′06″			
	右	A	270°00′36″	87°44′40″		
		B	357°45′16″			

当测角精度要求较高时，可以观测多个测回，取其平均值作为最后结果。为减少度盘刻划不均匀带来的误差，各测回应按 180°/n（n 为测回数）配置度盘。例如，观测三个测

回，第一测回起始方向读数度盘位置应为稍大于 0°00′00″的位置，第二测回方向读数度盘位置应为稍大于 60°00′00″的位置，第三测回方向读数度盘位置应为稍大于 90°00′00″的位置。

二、方向观测法观测水平角

方向观测法又称全圆观测法，一般适用于测站上方向观测数在三个或三个以上的情况，两个方向的情况一般采用测回法。

以图 3-6 为例，方向观测法观测水平角的具体施测步骤如下：

① 在测站点 O 安置经纬仪，在 A、B、C、D 观测目标处竖立观测标志。

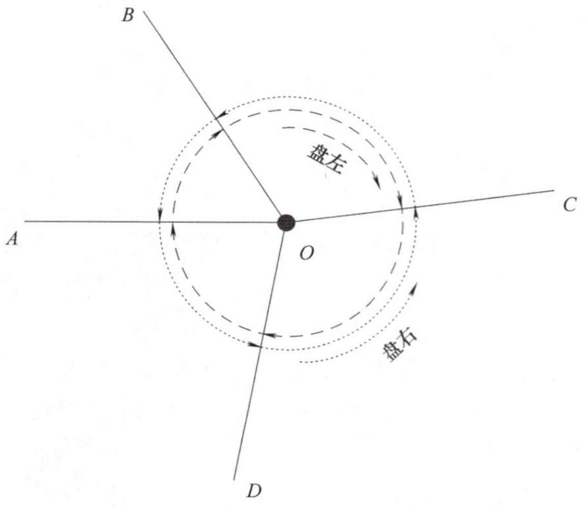

图 3-6　方向观测法观测水平角

② 盘左位置。瞄准方向 A，将水平度盘读数安置在稍大于 0°00′00″的位置，读取水平度盘读数，记入相应表格；松开制动螺旋，依次瞄准 B、C、D 目标，分别记录相应的读数；为了检核，再次瞄准 A，称为上半测回归零，读取水平度盘读数。零方向 A 的两次读数之差的绝对值称为半测回归零差，若其在允许范围内则取其平均值，否则应重测。该步骤称为上半测回。

③ 盘右位置。逆时针方向依次瞄准目标 A、D、C、B、A，并将水平度盘读数由下向上记入记录表，此为下半测回。

若需要观测多个测回，则各测回起始方向仍按 $180°/n$ 配置度盘。

表 3-2 所示为方向观测法观测水平角的观测手簿。

表 3-2　方向观测法观测手簿

日期：　　仪器：　　观测：

天气：　　地点：　　记录：

测站	测回数	目标	水平度盘读数		2C	平均读数	归零方向值	各测回归零方向平均值
			盘左	盘右				
O	1	A	0°00′23″	180°00′17″	+6″	(0°00′22″) 0°00′20″	0°00′00″	0°00′00″
		B	69°25′18″	249°25′16″	+2″	69°25′17″	69°24′55″	69°24′54″
		C	178°13′44″	358°13′46″	−2″	178°13′45″	178°13′23″	178°13′24″
		D	280°50′32″	100°50′28″	+4″	280°50′30″	280°50′08″	280°50′11″
		A	0°00′26″	180°00′22″	+4″	0°00′24″		
	2	A	90°01′08″	270°01′04″	+4″	(90°01′04″) 90°01′06″	0°00′00″	
		B	159°25′53″	339°26′01″	−8″	159°25′57″	69°24′53″	
		C	268°14′30″	88°14′30″	0″	268°14′30″	178°13′26″	
		D	370°51′19″	190°51′17″	+2″	370°51′18″	280°50′14″	
		A	90°01′04″	270°01′02″	+2″	90°01′03″		

在一个测回中，同一方向水平度盘的盘左读数与盘右读数之差理论值应为 180°，但由于存在误差，其理论值并不严格等于 180°，此误差称为 2*C*（两倍视准轴误差），可按式（3-5）计算。

$$2C=R_{左}-(R_{右}\pm180°) \tag{3-5}$$

式中　*R*——任一方向的方向观测值。

若一个测回两个方向 2*C* 值互差不超过表 3-3 所示的规定，则对于每一个方向，其方向观测值取盘左、盘右水平方向值的平均值，即按式（3-6）计算。

$$R=\frac{1}{2}[R_{左}+(R_{右}\pm180°)] \tag{3-6}$$

若 2*C* 值互差超限，则应检查原因并重测。

将各方向的平均读数减去起始方向的平均读数（表 3-2 中括号内的数值），可得各方向的“归零方向值”，起始方向归零后的方向值为 0°00′00″。多测回观测时，同一方向值各测回互差若符合表 3-3 所示的规定，则取各测回归零方向值的平均值，作为该方向的最后结果。

表 3-3　方向观测法的技术要求

仪器精度等级	半测回归零差/″	一测回内 2*C* 互差/″	同一方向值各测回较差/″
2″级仪器	12	18	12
6″级仪器	18	—	24

任务三
全站仪测竖直角

知识点

一、竖直角测量的原理

在同一竖直面内，目标视线方向与水平线的夹角称为竖直角，也称垂直角或高度角，通常用 α 表示。如图 3-7 所示，当视线方向位于水平线之上时，称为仰角，角值为正；当视线方向位于水平线之下时，称为俯角，角值为负。竖直角的取值范围为 $-90°\sim+90°$，当竖直角为 0°时，说明视线方向水平。

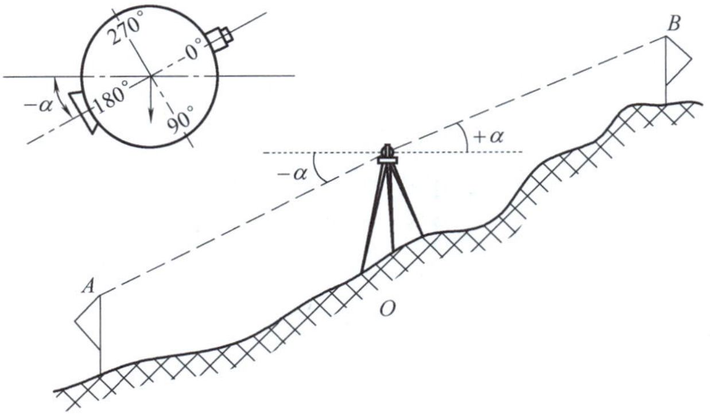

图 3-7　竖直角测量原理

视线与向上的铅垂线之间的夹角 z 称为天顶距，其取值范围为 0°~180°。若竖直度盘的注记顺时针增大，则竖盘位于左边时，竖直角与天顶距之间的关系可按式（3-7）计算。

$$\alpha=90°-z \tag{3-7}$$

竖直角的角值也应是两个方向在度盘上的读数之差，但其中一个是水平方向。因此，观测竖直角时，只要瞄准目标，读出竖盘读数，即可算出竖直角的值。

二、竖直角的计算

全站仪上的竖直度盘（简称竖盘）固定在望远镜横轴的一端，其面与横轴垂直。在瞄准目标时，竖盘随着望远镜的转动而转动，但竖盘的读数指标与垂直补偿器连在一起，不随望远镜转动。通过使竖盘水准管气泡居中，可保证读数指标位于正确位置。

由于全站仪中有内置的垂直补偿器，在地球重力的作用下，可使竖盘读数指标线自动安置到铅垂线位置。

竖盘上的刻度有顺时针和逆时针两种注记形式。下面以顺时针的注记形式为例，说明竖直角的计算。如图 3-8（a）所示，当视线水平时，读数指标指向 90°，此时读数 L 为 90°，竖直角 α 为 0°，当望远镜向上（或向下）瞄准目标时，竖盘也随之转动相同的角度，由图 3-8（b）可知，此时读数变小，竖直角为视线水平时度盘读数与瞄准目标时度盘读数之差。同理，由图 3-9 可以推算出盘右的情况。

竖直角可按式（3-8）和式（3-9）计算。

$$\alpha_{左}=90°-L \tag{3-8}$$

式中　L——盘左瞄准目标时的竖盘读数。

$$\alpha_{右}=R-270° \tag{3-9}$$

式中　R——盘右瞄准目标时的竖盘读数。

对式（3-8）和式（3-9）取平均值可得一个测回竖直角，即按式（3-10）和式（3-11）计算。

$$\alpha=\frac{1}{2}(\alpha_{左}+\alpha_{右}) \tag{3-10}$$

$$\alpha=\frac{1}{2}(R-L-180°) \tag{3-11}$$

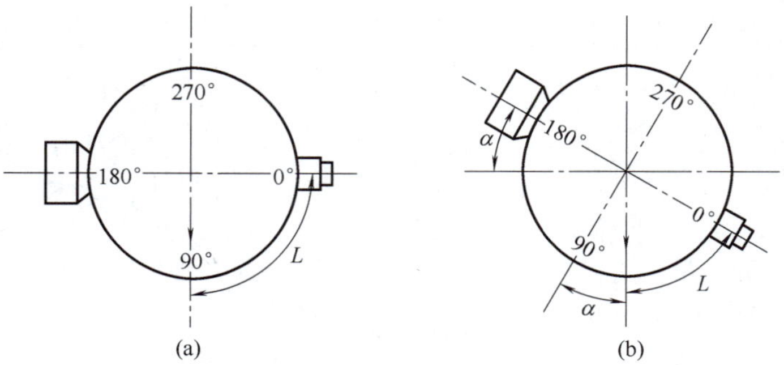

图 3-8　顺时针注记的竖盘形式（盘左）

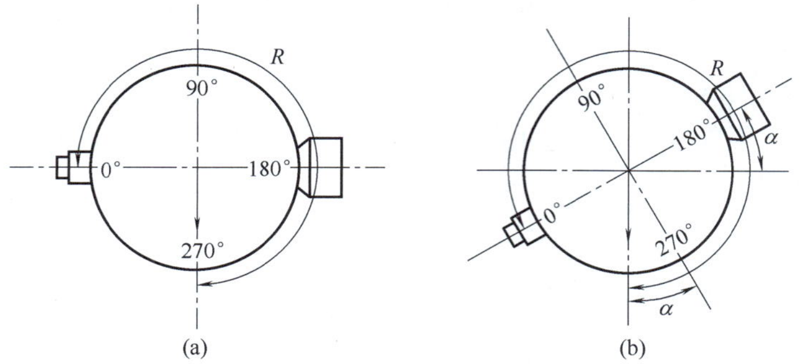

图 3-9　顺时针注记的竖盘形式（盘右）

三、竖盘指标差

在理想状态下，视线水平时，对于顺时针注记的度盘，竖盘读数应为 90°或 270°，而实际上这个条件往往不能满足，竖盘指标不是恰好指在 90°或 270°，而是偏了一个微小的角度 x，该角度称为竖盘指标差。如图 3-10 和图 3-11 所示，竖盘指标的偏移方向与竖盘注记增加的方向一致时，x 值为正，反之为负。

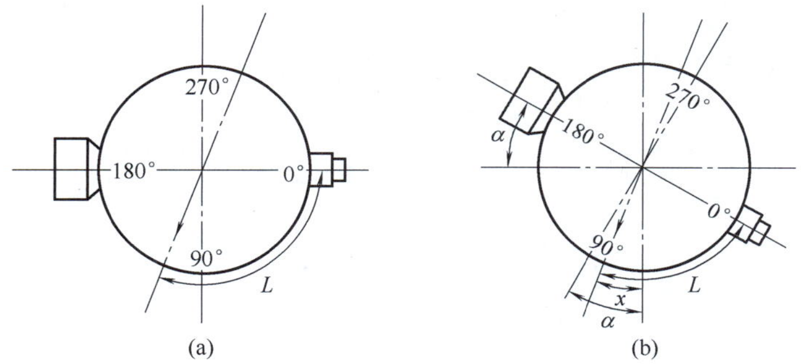

图 3-10　竖盘指标差（盘左）

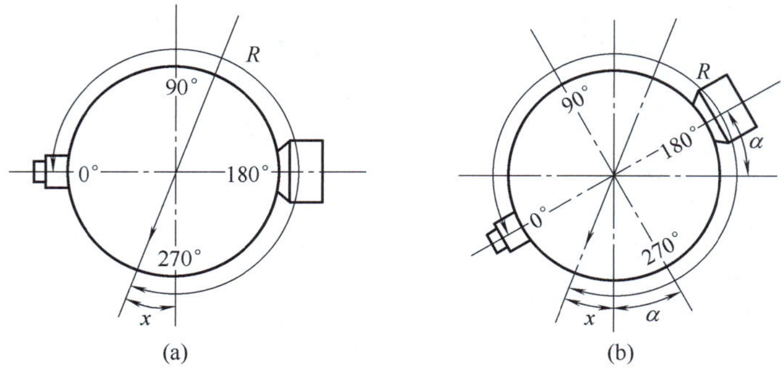

图 3-11　竖盘指标差（盘右）

如图 3-10 所示，对于顺时针注记的度盘，存在竖盘指标差时，竖直角应按式（3-12）和式（3-13）计算。

$$\alpha=(90°+x)-L=\alpha_{左}+x \tag{3-12}$$

$$\alpha=R-(270°+x)=\alpha_{右}-x \tag{3-13}$$

计算一个测回竖直角时，取平均值，即按式（3-14）计算。

$$\alpha=\frac{1}{2}(\alpha_{左}+\alpha_{右}) \tag{3-14}$$

由式（3-14）可以看出，通过取平均值可以消除竖盘指标差的影响，竖盘指标差可按式（3-15）或式（3-16）计算。

$$x=\frac{1}{2}(\alpha_{右}-\alpha_{左}) \tag{3-15}$$

$$x=\frac{1}{2}(L+R-360^\circ) \tag{3-16}$$

技能点

竖直角观测

竖直角观测的方法和步骤如下：

① 在测站点 M 安置仪器，对中、整平。

② 在盘左位置瞄准目标 A，用十字丝的横丝对准目标，调整竖盘指标水准管气泡居中（对于有竖盘垂直补偿器的仪器，无须进行此项操作），读取竖盘读数 L。

③ 在盘右位置瞄准目标 A，重复上一步骤，读取竖盘读数 R。

④ 根据竖直度盘的注记形式确定竖直角计算公式，计算竖直角和竖盘指标差。竖直角观测记录手簿如表 3-4 所示。

表 3-4　竖直角观测记录手簿

测站	目标	竖盘位置	竖盘读数	半测回竖直角	指标差	一测回垂直角
M	A	左	95°50′35″	−5°50′35″	−2″	−5°50′36″
		右	264°09′22″	−5°50′38″		
M	B	左	75°34′24″	14°25′36″	+4″	14°25′40″
		右	284°25′44″	14°25′44″		

在三角高程测量中，测得竖直角的同时还应量出目标高和仪器高（地面点至仪器横轴的垂直距离）。竖直角观测时，6″级仪器竖盘指标差的变化范围不超过 25″，2″级仪器竖盘指标差的变化范围不超过 15″。

任务四
全站仪测距

知识点

测距原理

全站仪采用电磁波测距原理，以电磁波为载波传输测距信号以测定两点间距离的方法称为电磁波测距。由于电磁波测距具有测程远、精度高、作业快、不受地形限制等优点，现已成为大地测量、工程测量等领域的主要测距方法。

光电测距的原理是已知光速 C [(299792458±1.2) m/s] 及通过测定光波在待测距离两端点间往返一次的传播时间 t，来计算两点间的距离。

如图 3-12 所示，若要测定 A、B 两点间的距离 S，将测距仪安置在 A 点，反射镜安置在 B 点，则其距离 S 可按式（3-17）计算。

$$S=\frac{1}{2}Ct \tag{3-17}$$

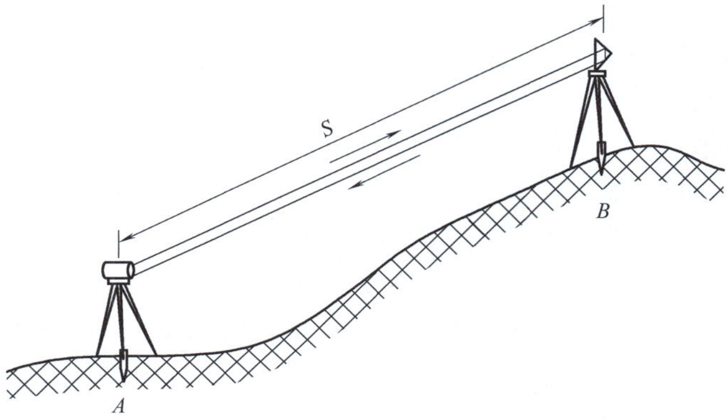

图 3-12　光电测距

一般情况下，A、B 两点间存在高差，因此，式（3-17）计算的是 A、B 之间的斜距，可以在测定竖直角后，计算 A、B 两点之间的水平距离和高差。由式（3-17）可知，若测定 A、B 两点之间的距离，只要测出光波往返所用的时间即可。根据测定时间方式的不同，光电测距仪又分为脉冲式测距仪和相位式测距仪。

1. 脉冲式测距仪

脉冲式测距仪是直接测定仪器所发射的光脉冲往返于被测距离的传播时间而得到距离值的仪器。脉冲式测距仪的工作原理如图 3-13 所示。

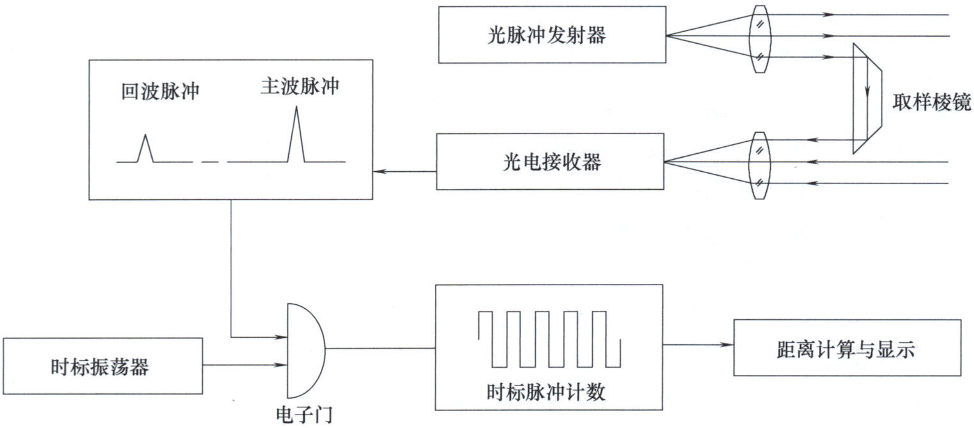

图 3-13　脉冲式测距仪的工作原理

首先由光脉冲发射器发出一束光脉冲，经发射光学系统后射向被测目标，同时，由仪器内的取样棱镜截取一小部分光脉冲送入光学系统，转化成电脉冲（即主波脉冲）；打开电子门，时标振荡器发生的时标脉冲进入电子门，此时开始计数，直到接收棱镜接收到从目标反射回来的反射光脉冲进入光电接收器转化成电脉冲（即回波脉冲）后并进入电子门信号为止；回波脉冲进入电子门以后，电子门即关闭，此时停止计数，此为一个完整的过程。由于每进入计数系统一个时标脉冲就要经过一个时间 T，所以，若在电子门被打开和关闭之间有 N 个时标脉冲进入计数系统，则在开始计数和结束计数之间的时间间隔为 $t=NT$，由式（3-17）可得 $D=\frac{1}{2}C \cdot NT$。令 $l=\frac{1}{2}C \cdot T$，表示在时间间隔 T 内光脉冲往返走的一个单位距离，则 $D=N \cdot l$，由于单位距离 l 是预先选定的（例如 1m、5m、10m），因此计数系统在获取脉冲个数 N 后，就可以将距离 D 显示在仪器上。

2. 相位式测距仪

相位式测距仪的原理如图 3-14 所示。由光源灯发出的光通过调制器后成为光强度随高频电振荡的频率而周期性明暗变化的调制光，随后射向另一端反射镜；反射回来的调制光被接收器接收，然后相位计对发射信号与接收信号的相位进行比较，得出调制光在待测距离上往返传播所引起的相位差 $\Delta\varphi$；后根据相位差间接计算出传播时间，从而获得距离。

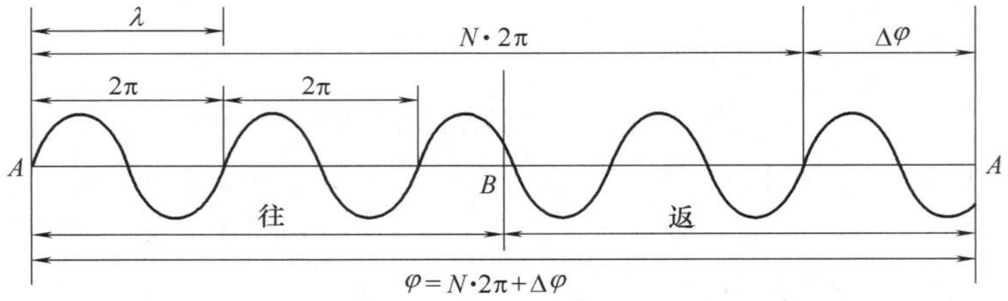

图 3-14 相位式测距仪的原理

由图 3-14 可以看出，调制光在测程的往返传播时间 t 内，其相位变化了 N 个整周和不足一整周的余数 ΔN，因此待测距离 D 可按式（3-18）计算。

$$D=\frac{\lambda}{2}(N+\Delta N) \tag{3-18}$$

式中 $\Delta\varphi$——相位不足一整周的余数，$\Delta N=\Delta\varphi/(2\pi)$；

N——相位变化的整周数，其取值可为 0 或正整数；

λ——调制光的波长。

令 $w=\lambda/2$，则式（3-18）可写成式（3-19）。

$$D=w(N+\Delta N) \tag{3-19}$$

这种测距方法的实质相当于用一把长度为 w 的尺子来丈量待测距离，w 称为测尺长度。一般在此过程中只能测定 $\Delta\varphi$，无法测定整周数 N，因此式（3-18）或式（3-19）会产生多值解。

由式（3-18）可知，当测尺长度大于距离 D 时，则 $N=0$，此时可以求得确定的距离值。为了扩大单值解的测程，就必须用较长的测尺，即选用较低的调制频率。但扩大测程和提高精度是相互矛盾的，测尺频率与测距误差的关系如表 3-5 所示。因此，应采用组合方式测距，即同时采用短测尺（也称精测尺）和长测尺（也称粗测尺）。其中，短测尺用于保证精度，长测尺用于保证测程。

表 3-5　　测尺频率与测距误差的关系

测尺频率	30MHz	15MHz	1. 5MHz	150kHz	15kHz	1. 5kHz
测尺长度	5m	10m	100m	1km	10km	100km
精度	5mm	1cm	10cm	1m	10m	100m

设仪器中采用了两把测尺配合测距，其中精测尺长度为 w_1，粗测尺长度为 w_2。若用两者测定同一段距离，则式（3-19）可写成式（3-20）。

$$D=w_1(N_1+\Delta N_1)=w_2(N_2+\Delta N_2) \tag{3-20}$$

式（3-20）也可用式（3-21）表示。

$$N_1+\Delta N_1=\frac{w_2}{w_1}(N_2+\Delta N_2)=K(N_2+\Delta N_2) \tag{3-21}$$

式中　K——测尺放大系数，$K=\frac{w_2}{w_1}$。

若已知 $D<w_2$，则 $N_2=0$。因为 N_1 为正整数，ΔN_1 为小于 1 的小数，式（3-21）中（$N_1+\Delta N_1$）与［$K(N_2+\Delta N_2)$］整数部分和小数部分应分别相等，所以 $K\Delta N_2$ 的整数部分与 N_1 相等。

假设某仪器选用测尺长度分别为 $w_1=100$m 和 $w_2=1000$m 的两把测尺测量一段小于 1000m 的距离，测得 $\Delta N_1=0.752$，$\Delta N_2=0.639$，则 $K\Delta N_2=\frac{w_2}{w_1}\Delta N_2=10\Delta N_2=6.39$m。因此，$N_1=6$，$N_1+\Delta N_1=6+0.752=6.752$。由此可得距离 $D=w_1(N_1+\Delta N_1)=100\times6.752=675.2$m。

技能点

全站仪测距方法

1. 安置仪器

将全站仪安置在测站，反射棱镜安置在目标点，对中、整平。具体安置步骤可参考本项目任务一。

2. 测距准备

将全站仪开机，检查仪器的常数是否与出厂或检定后的常数一致。如果前后不一致，则予以纠正。气象校正参数设置需要直接输入气象参数（环境温度 T 和压力 P），然后输入气象校正参数。

3. 距离测量

望远镜照准目标棱镜中心，按“测距”键即可开始距离测量。测距完成时显示平距、斜距和高差。全站仪的测距模式有粗测模式、精测模式、跟踪模式三种。粗测模式为粗略进行测量；精测模式是最常用的模式；跟踪模式常用于放样时连续测距或跟踪移动目标。在距离测量或坐标测量时，可按“测距模式”键选择不同的测距模式。

任务五
全站仪测坐标

知识点

一、方位角

在确定地面点的平面位置时，不仅需要确定两点间的距离，还要确定两点间直线的方向。确定直线与标准方向之间的夹角称为直线定向。从直线起点标准方向的北端起，顺时针旋转到该直线所形成的水平角称为方位角，其取值范围为0°~360°，如图3-15所示。

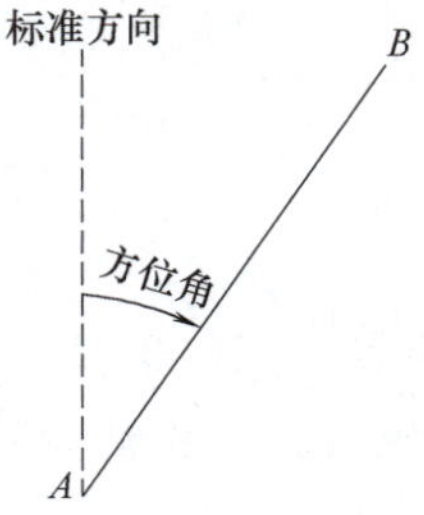

图3-15　方位角

由于标准方向有三个，因此对应三个概念不同的方位角。

1. 真子午线方向

真子午线方向即地球表面某点的真子午线（地理中的经线）的切线方向。以该方向为标准方向的方位角称为真方位角 A，其值可以通过陀螺仪测量、天文观测、GNSS 测量获取。

2. 磁子午线方向

磁子午线方向即地球表面某点上磁针所指的方向（磁感线方向）。以该方向为标准方向的方位角称为磁方位角 A_m，其值可以通过罗盘仪获取。

3. 坐标纵轴方向

在高斯分带投影所建立的平面直角坐标系中，该投影带的中央子午线即为坐标纵轴 x 轴。以该方向为标准方向的方位角称为坐标方位角 α，其值可以通过真方位角和磁方位角推算。

二、正、反坐标方位角

如图3-16所示，直线 AB 的正坐标方位角为从通过起点 A 的坐标纵轴北方向开始，顺时针旋转到直线 AB 所形成的水平角 α_{AB}。反之，通过终点 B 的坐标纵轴北方向顺时针量至 BA 的夹角 α_{BA} 称为直线 AB 的反坐标方位角。正、反坐标方位角相差180°，可用式（3-22）表示。

$$\alpha_{AB}=\alpha_{BA}\pm180° \tag{3-22}$$

三、象限角

由坐标纵轴的北端或南端起，沿顺时针或逆时针方向量至该直线的锐角，称为直线的象限角，其取值范围为0°~90°，用 R 表示。如图3-17所示，平面直角坐标系分为四个象限，沿顺时针方向分别为Ⅰ、Ⅱ、Ⅲ、Ⅳ。在方位角的计算中还涉及方位角与象限角的换算，其换算关系如图3-18和表3-6所示。

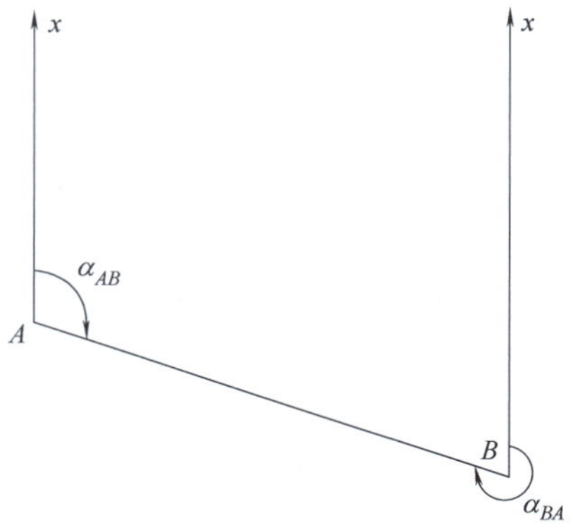

图3-16　正、反坐标方位角

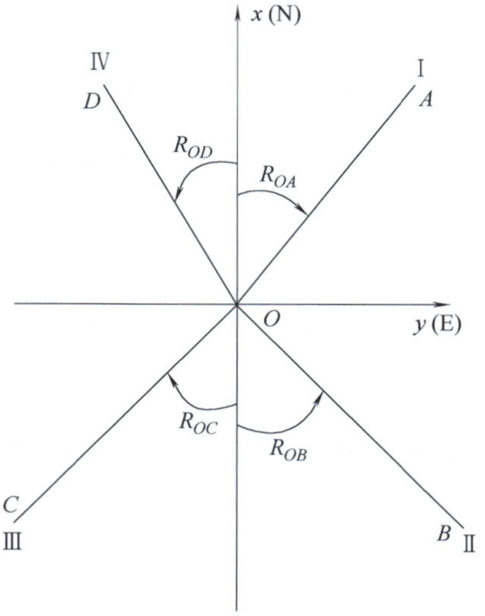

图3-17　象限角

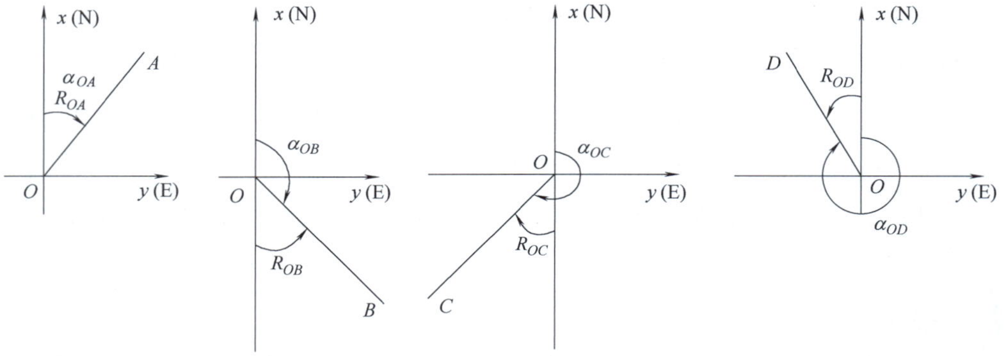

(a) 象限Ⅰ　(b) 象限Ⅱ　(c) 象限Ⅲ　(d) 象限Ⅳ

图3-18　方位角与象限角的关系

表3-6　由象限角求方位角

象限	方位名称	由象限角 R 求方位角 α
Ⅰ	北东	$\alpha=R$
Ⅱ	南东	$\alpha=180°-R$
Ⅲ	南西	$\alpha=180°+R$
Ⅳ	北西	$\alpha=360°-R$

四、坐标方位角的推算

在实际工作中，除了可以直接测定每条直线的坐标方位角，还可以通过与已知坐标方位角的直线联测后，推算出各直线的坐标方位角，从而推算出各点的坐标。如图 3-19 所示，直线 AB 的坐标方位角 α_{AB} 为已知数据，β_B 和 β_C 为测量数据，试推算直线 BC 和直线 CD 的坐标方位角。

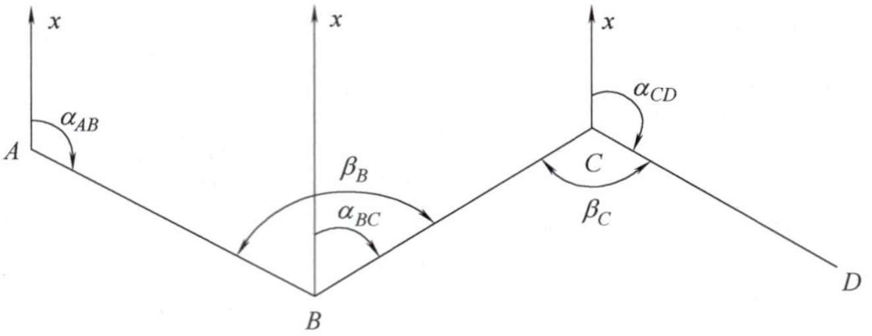

图 3-19　坐标方位角的推算

由图 3-19 可以看出，直线 BC 和直线 CD 的坐标方位角可以分别表示为式（3-23）和式（3-24）。

$$\alpha_{BC}=\alpha_{AB}+180°+\beta_B-360° \tag{3-23}$$

$$\alpha_{CD}=\alpha_{BC}+180°-\beta_C \tag{3-24}$$

在图 3-19 所示的路线中，由于直线 AB 的坐标方位角已知，因此前进方向为 $A\rightarrow B\rightarrow C\rightarrow D$，则 β_B 在前进路线的左边，β_C 在前进路线的右边。为了方便记忆，坐标方位角的推算公式可按式（3-25）和式（3-26）计算。

$$\alpha_{前}=\alpha_{后}+180°+\beta_{左} \tag{3-25}$$

$$\alpha_{前}=\alpha_{后}+180°-\beta_{右} \tag{3-26}$$

上述坐标方位角推算出的结果应在 0°~360°。若 $\alpha_{前}>360°$，应减去 360°；若$\alpha_{前}<0°$，则应加上 360°。

技能点

全站仪测坐标的实施

全站仪的坐标测量实质上是利用测站的坐标和高程等已知条件，通过内置的程序将测量得到的距离、角度转换成三维坐标。

1. 安置仪器

在测站点 A 上安置仪器，对中、整平后开机。检查以下设置：度盘注记方向为顺时针；角度单位设置为“度分秒”；距离单位设置为“m”；加常数与乘常数按照仪器检定证书进行设置，若无检定，可设置为“0”；棱镜常数通常设置为“-30mm”（应特别注意棱镜的常数）；气象（气压 P 温度）传感器设置为“ON”；双轴（三轴）全站仪坐标补偿设置为“ON”。有些全站仪内置球气差改正系数可根据情况选择“0”或“0. 14”。

2. 测站设置

量取仪器高 i，输入测站点 A 坐标（x_A，y_A，H_A）和仪器高 i。

3. 后视定向、检核

设置后视点：输入后视点 B 坐标（x_B，y_B，H_B）和棱镜高 V_B。定向、检核：照准后视点 B 上的棱镜杆，注意用竖丝瞄准，选择置零或定向。测量后视点 B 坐标（x'_B，y'_B，H'_B），并与后视点 B 的已知坐标（x_B，y_B，H_B）进行比较，坐标分量较差小于或等于 0.05m 即为完成此步骤。

4. 坐标测量

在待定点 P 上竖立棱镜杆（棱镜杆高度 V_p，一般与后视定向时的 V_B 一致，若不一致可随时修正），照准棱镜进行测量。测量数据记录、坐标计算和结果记录均由全站仪自动完成。

全站仪测量的注意事项

典型任务描述

建筑类专业的小王在大二期间去施工现场实习，向带教师傅学习使用全站仪。全站仪可用于实时采集点位数据，以绘制地形图、山体图、地形剖面图等专业图件，为地形分析提供数据支持，也可以在建筑物的基础定位、轴线放样时使用。全站仪的使用主要包括角度测量、距离测量、坐标测量。

专题实训

下面通过五个实训，初步认识全站仪，掌握全站仪测量的基本工作和方法。

实训 1　全站仪的认识与使用

1. 实训目的

了解全站仪的构造，掌握全站仪测距的方法。

2. 仪器设备

每组配备全站仪 1 台、棱镜 1 个、记录板 1 个。

3. 实训任务

每人须完成一次全站仪的对中、整平、照准、测距工作。

4. 实训步骤

① 认识全站仪的构造。

② 安置全站仪。

③ 全站仪测距。

5. 实训报告

进行实训报告，将相应测量数据填入全站仪认识观测记录表中，如表3-7所示。

表3-7 全站仪认识观测记录表

班级： 组别： 观测员： 记录员： 日期：

测站	目标	*SD*(斜距)	*HD*(水平距离)	*VD*(垂直距离)	备注

6. 实训总结与反馈

实训2 全站仪测水平角（测回法）

1. 实训目的

① 理解水平角测量原理。

② 掌握测回法观测水平角的观测顺序、记录和计算方法。

2. 仪器设备

每组配备全站仪1台、三脚架1个、棱镜1个、记录板1个。

3. 实训任务

① 在实训场地每组用红色油漆或粉笔在地面上画十字作为测站点，各组的测站点最好布置在一条直线上，以便教师指导。

② 在熟悉全站仪的使用后，每人用测回法测水平角两个测回。

③ 上、下半测回角值互差不超过+40″；各测回差不超过+9″。

④ 按正确的方法寻找目标和瞄准，瞄准目标时，尽可能瞄准其底部。

⑤ 观测过程中，若发现水准管气泡偏移超过一格时，应重新整平仪器，并重测该测回。

4. 实训步骤

① 确定好测站和目标后，在测站上安置全站仪。

② 开机并打开测角程序。

③ 根据测回数计算度盘的配置度数。

④ 用测回法观测水平角并记录。

⑤ 计算水平角的度数并检核。

5. 实训报告

进行实训报告，将相应测量数据填入水平角观测记录表（测回法）中，如表 3-8 所示。

表 3-8　　水平角观测记录表（测回法）

班级：　　组别：　　观测员：　　记录员：　　日期：

测站/测回数	竖盘位置	目标	水平度盘读数	半测回角值	一测回角值	各测回平均值
	左					
	右					
	左					
	右					

6. 实训总结与反馈

实训 3　全站仪测水平角（方向观测法）

1. 实训目的

① 用方向观测法测得四个方向线的水平角。

② 掌握方向观测法观测水平角的观测顺序、记录和计算方法。

2. 仪器设备

每组配备全站仪 1 台、三脚架 1 个、棱镜 1 个、记录板 1 个。

3. 实训任务

① 在实训场地每组用红色油漆或粉笔在地面上画十字来确定测站点，并确定出 5 个目标点，分别为 O、A、B、C、D，供测角用。

② 在熟悉全站仪的使用后，用方向观测法测各个水平角。

③ 半测回归零差不得超过+12″。

④ 同一测回各方向的 $2C$ 互差不得超过+18″。

4. 实训步骤

① 确定好测站和目标后，在测站上安置全站仪。

② 开机并打开测角程序。

③ 根据测回数计算度盘的配置度数。

④ 用方向观测法观测水平角，并按观测顺序记录（盘左顺时针，盘右逆时针）。

⑤ 计算水平角的度数并检核。

5. 实训报告

进行实训报告，将相应测量数据填入水平角观测记录表（方向观测法）中，如表 3-9 所示。

表 3-9　　水平角观测记录表（方向观测法）

班级：　　组别：　　观测员：　　记录员：　　日期：

测站	测回数	水平度盘读数		2C	平均读数	归零后方向值	各测回归零后方向平均值	目标
		盘左	盘右					
								A
								B
								C
								D
								A
								A
								B
								C
								D
								A

6. 实训总结与反馈

实训 4　全站仪测竖直角

1. 实训目的

① 理解竖直角测量原理。

② 熟悉全站仪竖直角观测、记录及计算的方法。

③ 掌握竖盘指标差的计算方法。

2. 仪器设备

每组配备全站仪 1 台、三脚架 1 个、记录板 1 个、铅笔或粉笔、测伞 1 把。

3. 实训任务

① 选择实训场地周围 3 个以上的目标，最好高目标、低目标都有，以便观测的竖直角包含仰角和俯角。高目标可选择避雷针、电视天线等的顶部，低目标可选择地面上的一个低点。

② 每人练习对一个目标进行竖直角观测两个测回。

③ 限差要求：同一测站不同目标的指标差互差不超过±15″。

④ 用十字丝的横丝切于目标顶端，每次读数前应使竖盘指标水准管气泡居中。

⑤ 测量一个竖直角时，盘左、盘右要瞄准同一目标的相同部位。

4. 实训步骤

① 在实训场地安置全站仪，进行对中、整平，每人选一个目标。转动望远镜使视线上仰，观察竖盘读数的变化规律。写出竖直角及竖盘指标差的计算公式。

② 盘左。瞄准目标，用十字丝的横丝切于目标顶端，读取竖盘读数，计算竖直角 α，记入表格。

③ 盘右。同法观测读取竖盘读数 R，计算竖直角值 α，记入表格。

④ 计算一测回竖盘指标差及竖直角平均值。

5. 实训报告

进行实训报告，将相应测量数据填入竖直角观测记录表中，如表 3-10 所示。

表 3-10　　竖直角观测记录表

班级：　　组别：　　观测员：　　记录员：　　日期：

测站	目标	竖盘位置	竖盘读数	半测回竖直角	指标差	一测回垂直角
		左				
		右				
		左				
		右				
		左				
		右				
		左				
		右				

6. 实训总结与反馈

实训 5　全站仪测坐标

1. 实训目的

进一步熟悉全站仪的使用，掌握全站仪测坐标的方法。

2. 仪器设备

每组配备全站仪 1 台、棱镜 1 个、记录板 1 个。

3. 实训任务

每人须完成全站仪的对中、整平、建站、检核，并至少测量任意 3 个点的坐标，要求检核差值不大于 2cm。

4. 实训步骤

① 安置全站仪。

② 设置棱镜常数。

③ 设置大气温度与气压值或大气改正值。

④ 设置仪器高、棱镜高。
⑤ 输入测站点坐标。
⑥ 输入后视点坐标定向。
⑦ 建站检核。
⑧ 坐标测量。

5. 实训报告

进行实训报告，将相应测量数据填入坐标观测记录表中，如表 3-11 所示。

表 3-11　　坐标观测记录表

班级：　　组别：　　观测员：　　记录员：　　日期：

坐标	测站点坐标	后视点坐标	前视点坐标			
			点号	x	y	z
x						
y						
z						
	检核点已知坐标	检核点观测坐标				
x						
y						
z						
仪器高：		棱镜高：		检核校差：		

6. 实训总结与反馈

项目测试

班级：　　学号：　　组别：　　姓名：

一、单选题

1. 一点到两个目标的方向线垂直投影到水平面上的夹角称为（　　）。
A. 竖直角　　B. 水平角　　C. 方位角　　D. 象限角
2. 水平角测量的主要目的是（　　）。
A. 确定点的平面位置　　B. 确定点的高程　　C. 确定水平距离　　D. 确定高差
3. 竖直角（　　）。
A. 只能为正　　B. 可为正，也可为负
C. 只能为负　　D. 不能为零
4. 在一个竖直面内，视线与水平线的夹角称为（　　）。
A. 水平角　　B. 竖直角　　C. 天顶距　　D. 方位角
5. 全站仪整平目的是使（　　）处于铅垂位置。
A. 仪器竖轴　　B. 仪器横轴　　C. 水准管轴　　D. 视线

6. 全站仪对中和整平的操作关系是（　　）。

A. 互相影响，应反复进行　　B. 先对中，后整平，不能反复进行

C. 相互独立进行，没有影响　　D. 先整平，后对中，不能反复进行

7. 全站仪精平操作应（　　）。

A. 升降脚架　　B. 调节脚螺旋　　C. 调整脚架位置　　D. 平移仪器

8. 全站仪粗平操作应（　　）。

A. 升降脚架　　B. 平移仪器

C. 调整脚架位置　　D. 调节脚螺旋

9. 在进行水平角观测时，若瞄准的是目标正上方的某点，则所测的角度结果与该角的实际值相比（　　）。

A. 不变　　B. 变大　　C. 变小　　D. 不确定

10. 测回法观测水平角时，照准不同方向的目标，照准部应（　　）旋转。

A. 盘左顺时针、盘右逆时针方向　　B. 盘左逆时针、盘右顺时针方向

C. 总是顺时针方向　　D. 总是逆时针方向

11. 适用于观测两个方向之间的单个水平角的方法是（　　）。

A. 测回法　　B. 方向法　　C. 全圆方向法　　D. 任意选用

12. 测回法观测水平角时，测完上半测回后发现水准管气泡偏离两格多，应（　　）处理。

A. 整平后重测整个测回　　B. 整平后观测下半测回

C. 继续观测下半测回　　D. 对中后重测整个测回

13. 下列记录格式正确的是（　　）。

A. 28°6′6″　　B. 28°06′06″　　C. 28°6′06″　　D. 028°06′06″

14. 测回法测量水平角，计算角度总是用右目标读数减左目标读数，其原因在于（　　）。

A. 水平度盘刻度是顺时针增加的　　B. 水平度盘刻度是逆时针增加的

C. 右目标读数大，左目标读数小　　D. 倒过来减可能得负数

15. 竖直角的最大值为（　　）。

A. 180°　　B. 90°　　C. 360°　　D. 270°

16. 测定一点竖直角时，若仪器高不同，但都瞄准目标同一位置，则所测竖直角（　　）。

A. 不同　　B. 相同

C. 盘左相同，盘右不同　　D. 盘右相同，盘左不同

17. 用盘左、盘右测量同一点的竖直角取平均值，可消除（　　）。

A. 竖盘指标差　　B. 视准轴不垂直横轴的误差

C. 竖轴不竖直的误差　　D. 横轴不水平的误差

18. 坐标方位角的取值范围为（　　）。

A. 0°~270°　　B. −90°~90°　　C. 0°~360°　　D. −180°~180°

19. 坐标方位角是以（　　）为标准方向，顺时针转到测线的夹角。

A. 真子午线方向　　B. 磁子午线方向　　C. 坐标纵轴方向　　D. 以上都不是

20. 直线方位角与该直线的反方位角相差（　　）。

A. 270°　　B. 360°　　C. 90°　　D. 180°

21. 已知直线 AB 的坐标方位角为 186°，则直线 BA 的坐标方位角为（　　）。

A. 174°　　B. 6°　　C. 276°　　D. 96°

22. 地面上有 A、B、C 三点，已知 AB 边的坐标方位角 $a_{AB}=130°30'00''$，安置经纬仪于 B 点，测得其左夹角为 150°30′00″，则 BC 边的坐标方位角是（　　）。

A. 461°　　B. 281°　　C. 20°　　D. 101°

23. 已知某起始边坐标方位角为 115°21′18″，左转折角为 120°30′24″，则待求边坐标方位角为（　　）。

A. 5°09′06″　　B. 55°51′42″　　C. 174°50′54″　　D. 235°51′42″

二、简答题

1. 观测水平角时，对中、整平的目的是什么？
2. 观测水平角时，若测三个测回，各测回盘左起始方向水平度盘读数应安置为多少？
3. 观测竖直角时如何消除指标差？
4. 用测回法测定水平角的方法和步骤是什么？
5. 水平角与竖直角的取值范围是如何定义的？有何不同？
6. 全站仪上有几对制动、微动螺旋？各起什么作用？如何正确使用？
7. 方位角和象限角如何换算？在使用相邻边的方位角推算公式时应注意什么？

三、填表计算

1. 测回法观测水平角

计算并填写表 3-12 所示的水平角观测记录表（测回法）。

表 3-12　水平角观测记录表（测回法）

测站/测回数	竖盘位置	目标	水平度盘读数	半测回角值	一测回角值	各测回平均值
O 第一测回	左	A	0°01′00″			
		B	88°20′43″			
	右	A	180°01′30″			
		B	268°21′16″			
O 第二测回	左	A	90°00′05″			
		B	178°19′38″			
	右	A	270°00′36″			
		B	358°20′14″			

2. 方向观测法测水平角

计算并填写表 3-13 所示的水平角观测记录表（方向观测法）。

3. 竖直角观测

计算并填写表 3-14 所示的竖直角观测记录表。

表 3-13　水平角观测记录表（方向观测法）

测站	测回数	水平度盘读数		2C/″	平均读数	归零后方向值	各测回归零后方向平均值	目标
		盘左	盘右					
O	1	0°02′30″	180°02′36″					A
		60°23′36″	240°23′42″					B
		225°19′06″	45°19′18″					C
		290°14′54″	110°14′48″					D
		0°02′36″	180°02′42″					A
	2	90°03′30″	270°03′24″					A
		150°23′48″	330°23′30″					B
		315°19′42″	135°19′30″					C
		20°15′06″	200°15′00″					D
		90°03′24″	270°03′18″					A

表 3-14　竖直角观测记录表

测站	目标	竖盘位置	竖盘读数	半测回竖直角	指标差/″	一测回垂直角
O	A	左	78°18′24″			
		右	281°42′00″			
	A	左	91°32′42″			
		右	268°27′30″			

四、计算题

如图 3-20 所示，已知 $\alpha_{12}=67°42'00''$，$\beta_2=112°57'00''$，$\beta_3=123°42'00''$，试求 α_{23}、α_{34}。

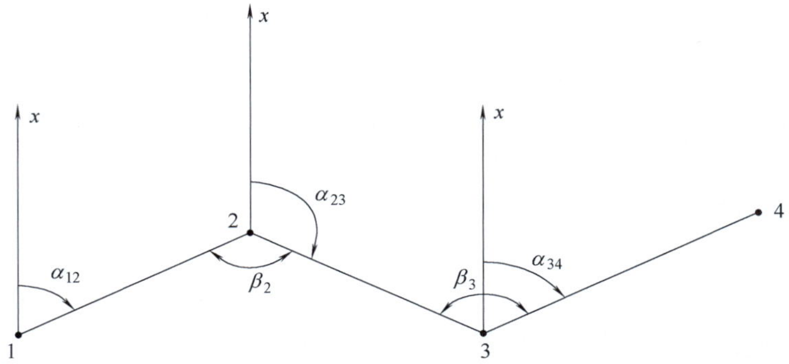

图 3-20　坐标方位角

链接执考

一、判断题

1. 盘左是指竖直度盘在望远镜的左边。(　　)

2. 在同一方向水平角观测时，若盘左读数为90°13′00″，则盘右读数应为180°13′00″。(　　)

3. 水平角观测时，风力大小影响水平角的观测精度。(　　)

4. 水平角观测中，测回法比方向观测法的观测精度高。(　　)

5. 水平角观测一测回间，可对仪器进行精确整平。(　　)

6. 全站仪整平的目的是使视线水平。(　　)

7. 用方向法观测水平角时，取同一方向的盘左、盘右观测值的平均值可以消除视准轴误差的影响。(　　)

8. 在过地面一点的铅垂线上不同位置设置全站仪，每个位置照准同一目标所测得的垂直角或天顶距是不同的。(　　)

9. 观测了两个角度 β 和 B，其中误差相同，但 $\beta>B$，所以 β 的观测精度高于 B 的精度。(　　)

10. 在过角顶点的铅垂线不同位置上设置经纬仪，每个位置所测的水平角都是相同的。(　　)

11. 整平和对中交替进行经纬仪的安置方法是用垂球对中，先整平后对中的安置方法是光学对中。(　　)

12. 用测回法和方向法观测角度时，各测回在不同的度盘位置观测，是为了减弱度盘分划误差对读数的影响。(　　)

13. 采用方向观测法进行水平角观测，当方向数多于三个时，每半测回均应归零。(　　)

14. 竖盘读数即为竖直角。(　　)

15. 竖直角观测时，竖盘指标差对同一目标盘左、盘右两个半测回竖直角影响的绝对值相等，符号相反。(　　)

16. 水平制动螺旋与微动螺旋都属于控制水平方向转动。(　　)

17. 在进行角度测量时，观测过程中应按测量规范顺序进行观测、记录，并当场计算，如发现错误或误差过大，应立即返回观测点，重新测量。(　　)

18. 当视线水平时，竖盘读数都是一个固定值（90°的整倍数，称为始读数）。(　　)

19. 空间相交的两条直线所构成的角称为水平角。(　　)

20. 地面点的空间位置是由水平角和竖直角决定的。(　　)

21. 在同一竖直面内，两条倾斜视线之间的夹角称为竖直角。(　　)

22. 观测水平角的方法，应根据测量工作要求的精度、使用仪器、观察目标的多少而定。(　　)

23. 当一个测站上需要观测三个或三个以上方向时，通常采用测回法观测。(　　)

24. 方向观测法的直接观测结果是各个方向相对起始方向的水平角值，也称为方向值。(　　)

25. 为了提高测角精度，可以采用各测回之间变换度盘位置的方法，这种方法能够消除度盘刻划不均匀的误差影响。(　　)

26. 全站仪对中的目的是使仪器的中心与测站中心位于同一铅垂线上。(　　)

27. 全站仪瞄准某一目标测量竖直角时，测得竖直角大小与仪器安置高度无关。(　　)

28. 用全站仪观测一个水平角，盘左、盘右各测一次称为两个测回。(　　)

29. 在同一竖直面内，不同高度点的水平度盘读数相等。(　　)

30. 水平角就是地面上两直线之间的夹角。(　　)

31. 用全站仪测角时，观测者眼睛在目镜前左右晃动，如果十字丝与目标影像有相互运动，则说明有视差。(　　)

32. 确定直线与标准方向之间的水平角称为直线定向。(　　)

33. 直线方向通常用该直线的方位角或磁方位角表示。(　　)

34. 若标准方向选的是真子午线方向，则称为真方位角。(　　)

二、单选题

1. 控制经纬仪照准部运动的螺旋是（　　）。

A. 微动螺旋　　B. 制动螺旋和微动螺旋

C. 微倾螺旋　　D. 制动螺旋

2. 经纬仪的管水准器和圆水准器整平仪器的精确度关系为（　　）。

A. 管水准精度高

B. 圆水准精度高

C. 管水准精度与圆水准精度相同

D. 管水准精度与圆水准精度的高低视具体情况而定

3. 与铅垂线成正交的平面称为（　　）。

A. 平面　　B. 水平面　　C. 铅垂面　　D. 海水面

4. 水平角观测中，用方向观测法进行观测，（　　）。

A. 当方向数不多于三个时，不归零

B. 当方向数为四个时，不归零

C. 无论方向数为多少，必须归零

D. 当方向数多于三个时，不归零

5. 为了确定地面（　　），必须测量水平角和水平距离。

A. 两点之间的高差　　B. 直线坡度

C. 点的高程　　D. 点的位置

6. 水平角是（　　）在（　　）。

A. 地面上两条直线之间的夹角；水平面上的投影

B. 水平面上两条直线之间的夹角；平面上的投影

C. 空间两相交直线；水平面上的投影

D. 地面上两条直线；水平面上的夹角

7. 下列关于整平的叙述，错误的是（　　）。

A. 整平的目的是使水平度盘水平，即竖轴铅垂

B. 整平包括粗略整平与精确整平

C. 整平是通过调节脚螺旋来完成的，与水准仪的整平方法相同

D. 粗平是首先调节脚螺旋，使之大致等高，然后转动脚螺旋使圆水准器的气泡居中，操作方法与水准仪相同

8. 整平要求气泡偏离量最大不应超过（　　）。

A. 一格　　B. 两格　　C. 三格　　D. 四格

9. 直线的象限角由标准方向的北端或南端起，顺时针或逆时针方向量算到直线的锐角，其角值为（　　）。

A. 0°~180°　　B. 90°~180°　　C. 0°~90°　　D. 45°~90°

10. 确定直线与（　　）之间夹角关系的工作称为直线定向。

A. 标准方向线　　B. 东西方向线　　C. 水平线　　D. 基准线

项目四　小区域控制测量

思维导图

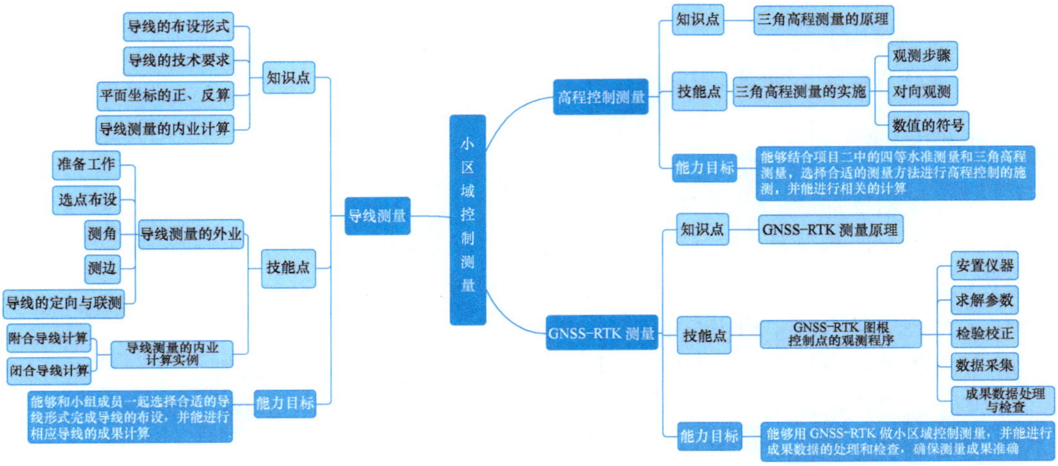

知识目标

1. 理解平面与高程控制测量的概念。
2. 掌握小区域平面与高程控制测量的外业和内业工作。
3. 熟悉 GNSS 做控制测量的方法。

能力目标

1. 能够和小组成员一起选择合适的导线形式完成导线的布设，并能进行相应导线的成果计算。

2. 能够结合项目二中的四等水准测量和三角高程测量，选择合适的测量方法进行高程控制的施测，并能进行相关的计算。

3. 能够用 GNSS-RTK 做小区域控制测量，并能进行成果数据的处理和检查，确保测量成果准确。

素养目标

1. 控制测量工作对精度要求极高，培养严格遵循测量规范、细致入微的工作态度，注重细节，确保测量工作的准确无误。

2. 应具备良好的团队合作精神，能够与他人有效沟通、分工合作，共同完成测量任务。

3. 培养持续学习的能力，能够跟踪测绘技术的最新进展，不断更新自身知识和技能。

学习重点

1. 导线测量的外业观测。
2. 内业计算。
3. 高程控制测量。

学习难点

1. 导线测量内业计算。
2. 三角高程测量内业计算。

延伸阅读

1. 《工程测量标准》（GB 50026—2020）。
2. 《国家大地测量基本技术规定》（GB 22021—2008）。
3. 《国家三、四等水准测量规范》（GB/T 12898—2009）。
4. 《大地测量术语》（GB/T 17159—2009）。
5. 《全球导航卫星系统（GNSS）测量规范》（GB/T 18314—2024）。
6. 《全球定位系统实时动态测量（RTK）技术规范》（CH/T 2009—2010）。
7. 《城市测量规范》（CJJ/T 8—2011）。

案例引入

我国建造的港珠澳大桥是一座连接香港、珠海和澳门的桥隧工程，是迄今为止世界上最长的桥隧工程。港珠澳大桥全长 55km，其中包含 22.9km 的桥梁工程和 6.7km 的海底隧道，隧道由东、西两个人工岛连接。大桥设计使用寿命 120 年，可抵御 8 级地震、16 级台风。该工程最早期的规划可追溯到 20 世纪 90 年代，2009 年底正式开工建设；2017 年 7 月实现主体工程全线贯通；2018 年 10 月正式开通运营。港珠澳大桥是一项具有标志性意义的重大工程，具有工程规模大、跨海距离长、结构形式多样、建设条件复杂、技术难度高、施工周期长的特点，对测量工作提出了极高的要求。该工程从项目调研、设计、施工直至竣工通车历时近 15 年，总投资高达 1200 亿元，是一项名副其实的超级工程。

港珠澳大桥在施工过程中，关键的测量技术如下。

1. 首级控制网测量

目的：为确保大桥的工程质量，必须建立高精度的大桥首级控制网。

方法：综合利用 GPS 卫星定位、精密水平测量、高精度跨江三角高程测量等先进技术，实施港珠澳三地统一的首级平面和高程控制网布测，精度达到 6mm，为我国目前最精确的局部似大地水准面之一。

成果：港珠澳大桥首级控制网测量总报告顺利通过评审，为大桥建设提供了精确统一的空间定位。

2. 桥梁跨海三角高程控制测量

测量线路：以 CB05 标段为例，进行了从海上 SJM05（K33 测量平台）到海上 SJM06

（K27 测量平台）约 6.3km 的二等跨海三角高程测量。

方法：采用两台高精度全站仪 TM30 和两个特制标灯，同时对向观测垂直角，结合 RTK 观测距离，确保测量精度。

结果：经过多次观测和数据分析，最终测量结果满足《国家一、二等水准测量规范》（GB/T 12897—2006）的要求。

3. 承台与墩身安装测量

测量难点：预制承台、墩身海上安装是海上桥梁施工的难点，也是施工测量的难点。

测量方法：利用海上 GNSS-RTK 测量方法测放围堰导向装置控制点，指导围堰导向装置的现场安装。通过全站仪极坐标测量或 GNSS 高程拟合的方法，控制墩身纵、横轴线和高程。

控制点布设：在围堰顶面布设临时测量控制点，用于桩基竣工测量与承台墩身安装前的测量定位控制。

4. 沉管隧道对接测量

工程难点：沉管对接的测量精度直接影响隧道的贯通质量。

测量方法：测量工程师通过综合误差分配、定向边比选和贯通误差估算等理论分析，结合陆地 1∶1 实测模拟试验，提出测量塔投点的定位方法。

成果：成功确保了沉管隧道完美对接，5.6km 长的沉管隧道最终接头贯通，一端偏差 2.6mm，一端偏差 0.8mm。

港珠澳大桥施工测量案例展示了现代工程测量的高精度、高效率和复杂环境下的应对能力。通过综合运用多种先进测量技术和严格的质量控制措施，确保了大桥建设的顺利进行和高质量完成。这一案例不仅为我国乃至世界桥梁工程领域提供了宝贵的经验，也展现了我国工程测量技术的先进水平和综合实力。

引导问题 1：什么是控制测量？

引导问题 2：如何解释港珠澳大桥控制网的等级？

引导问题 3：控制测量分为哪两类？各有什么作用？

任务一
导线测量

导线测量是进行平面控制测量的主要方法之一，适用于难以接收到卫星信号的建筑物密集区、道路或河道等狭长地带的控制测量。导线就是在测区内按一定要求选择一系列控制点，将相邻控制点用直线连接起来构成的折线图形。导线分为精密导线和普通导线，前者用于国家或城市的平面控制测量，后者多用于小区域和图根控制测量。

导线测量，就是测量导线边长和转折角，然后根据已知数据和观测值计算导线点的平面坐标。用于测图控制的导线称为图根导线，此时的导线点又称为图根点。

知识点

一、导线的布设形式

导线可根据工程需求和现场实际情况布设成单导线或导线网，具体有以下几种形式。

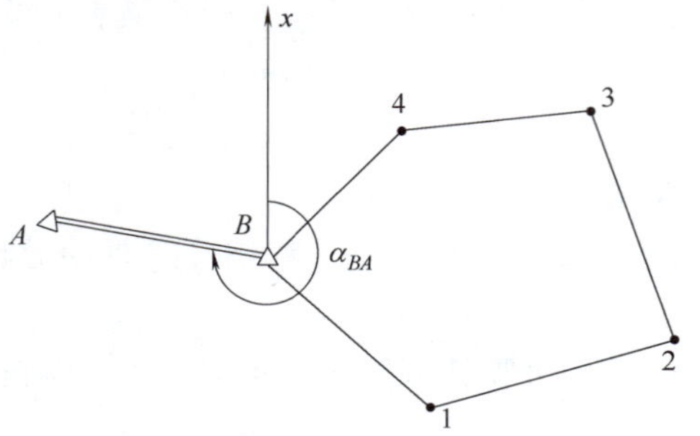

图 4-1　闭合导线

1. 闭合导线

如图 4-1 所示，由一个已知控制点出发，最终又回到该点，形成一个闭合多边形，即为闭合导线。在闭合导线的已知控制点上至少应有一条定向边与之相连接。

2. 附合导线

如图 4-2 所示，导线起始于一个已知控制点，附合到另一个已知控制点，即为附合导线。

3. 支导线

如图 4-3 所示，从一个已知控制点出发，既不闭合于原来的起始控制点，也不附合于另一个已知控制点，即为支导线。由于支导线缺乏检核条件，故一般只限于地形测量的图根导线或用于精度要求不高的控制点加密。

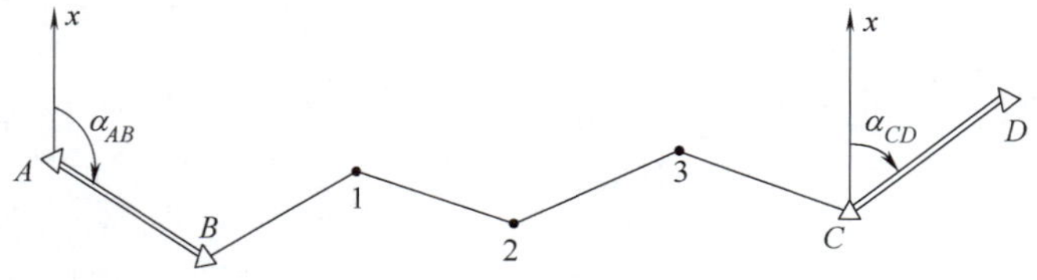

图 4-2　附合导线

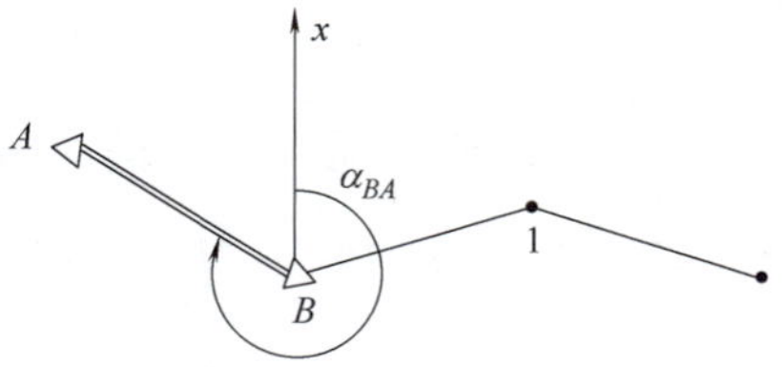

图 4-3　支导线

二、导线的技术要求

导线测量须遵循相应的技术规范，根据《城市测量规范》（CJJ/T 8—2011）的要求，采用电磁波测距导线测量方法布设平面控制网的主要技术指标如表 4-1 所示。

表 4-1　　采用电磁波测距导线测量方法布设平面控制网的主要技术指标

等级	导线长度/km	平均边长/m	测角中误差/″	测距中误差/mm	测回数			方位角闭合差/″	导线全长相对闭合差
					DJ_1	DJ_2	DJ_6		
三等	≤15	3000	≤1.5	≤18	8	12	—	$\pm3\sqrt{n}$	≤1/60000

续表

等级	导线长度/km	平均边长/m	测角中误差/″	测距中误差/mm	测回数			方位角闭合差/″	导线全长相对闭合差
					DJ_1	DJ_2	DJ_6		
四等	≤10	1600	≤2.5	≤18	4	6	—	$\pm5\sqrt{n}$	≤1/40000
一级	≤3.6	300	≤5	≤15	—	2	4	$\pm10\sqrt{n}$	≤1/14000
二级	≤2.4	200	≤8	≤15	—	1	3	$\pm16\sqrt{n}$	≤1/10000
三级	≤1.5	120	≤12	≤15	—	1	2	$\pm24\sqrt{n}$	≤1/6000

三、平面坐标的正、反算

1. 坐标正算

由距离和方位角推算得到平面坐标的工作称为坐标正算。

如图 4-4 所示，设 A 为已知点，B 为未知点，当 A 点的坐标为（x_A，y_A）、A 点与 B 点间的水平距离 S_{AB} 和坐标方位角 α_{AB} 均为已知时，则可以求得 B 点坐标（x_B，y_B），该问题即为坐标正算问题。

根据图 4-4 所示的几何关系，设 Δx_{AB} 为纵坐标增量，Δy_{AB} 为横坐标增量，则点 B 的坐标可按式（4-1）计算。

$$\begin{cases} x_B = x_A + \Delta x_{AB} \\ y_B = y_A + \Delta y_{AB} \end{cases} \tag{4-1}$$

式（4-1）中的坐标增量可按式（4-2）计算。

$$\begin{cases} \Delta x_{AB} = S_{AB} \cdot \cos\alpha_{AB} \\ \Delta y_{AB} = S_{AB} \cdot \sin\alpha_{AB} \end{cases} \tag{4-2}$$

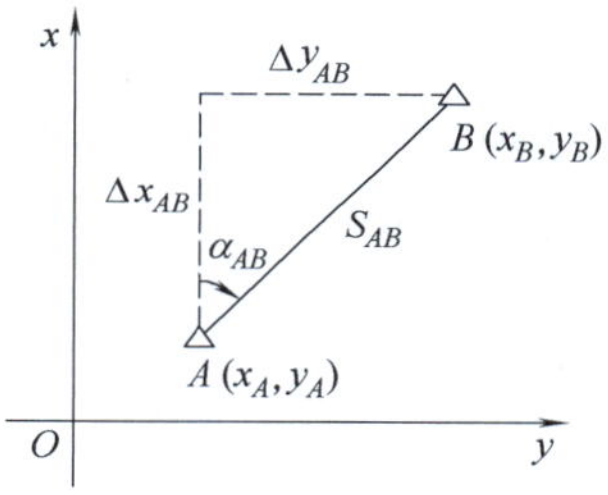

图 4-4　坐标正、反算

将式（4-2）代入式（4-1），可得式（4-3），从而能够求出点 B 的坐标。

$$\begin{cases} x_B = x_A + S_{AB} \cdot \cos\alpha_{AB} \\ y_B = y_A + S_{AB} \cdot \sin\alpha_{AB} \end{cases} \tag{4-3}$$

式（4-3）即为坐标正算公式，给出两点之间的距离与其坐标方位角以及其中一个点的平面坐标，可以得到另一点的坐标。在实际应用中，需要注意坐标正算公式中的角度采用的是坐标方位角而非测量角度。

2. 坐标反算

坐标反算是指根据直线两端点的已知平面坐标反算出两点间的坐标方位角和水平距离。

如图 4-4 所示，设 A、B 两已知点的坐标分别为（x_A、y_A）和（x_B、y_B），则直线 AB 的坐标方位角 α_{AB} 和水平距离 S_{AB} 可以分别按式（4-4）和式（4-5）计算。

$$\alpha_{AB} = \arctan\frac{\Delta y_{AB}}{\Delta x_{AB}} \tag{4-4}$$

$$S_{AB} = \frac{\Delta y_{AB}}{\sin\alpha_{AB}} = \frac{\Delta x_{AB}}{\cos\alpha_{AB}} = \sqrt{\Delta x_{AB}^2 + \Delta y_{AB}^2} \tag{4-5}$$

以上两式中，$\Delta x_{AB} = x_B - x_A$；$\Delta y_{AB} = y_B - y_A$。由式（4-5）能够算出多个 S_{AB}，可互相校核。应当指出，由式（4-4）计算得到的不一定是坐标方位角，应根据 Δx_{AB}、Δy_{AB} 的符号将其转化为坐标方位角，如表 4-2 所示。

表 4-2　　坐标方位角的转化

Δy_{AB}	Δx_{AB}	坐标方位角
+	+	α_{AB}
+	-	$180°-\lvert\alpha_{AB}\rvert$
-	-	$180°+\alpha_{AB}$
-	+	$360°-\lvert\alpha_{AB}\rvert$

四、导线测量的内业计算

导线测量成果计算的目的是根据已知的起始数据和外业的观测成果计算出导线点的坐标。计算前，应检查导线测量外业记录、数据是否齐全，有无记错或算错的情况，成果是否符合精度要求，起算数据的准确性。绘制导线略图，将各项数据标注于图上相应的位置。

以附合导线为例，介绍导线测量的内业计算。除特殊注明外，闭合导线的计算同附合导线计算。

在图 4-2 所示的附合导线中，A、B 和 C、D 为两端的已知控制点，1，2，3，…，n-1 为待定导线点，已观测所有的水平角和边长，首先应按式（4-6）和式（4-7）计算出两端的坐标方位角 α_{AB} 和 α_{CD}。

$$\alpha_{AB}=\arctan\frac{(y_B-y_A)}{(x_B-x_A)}=\arctan\frac{\Delta y_{AB}}{\Delta x_{AB}} \tag{4-6}$$

$$\alpha_{CD}=\arctan\frac{(y_D-y_C)}{(x_D-x_C)}=\arctan\frac{\Delta y_{CD}}{\Delta x_{CD}} \tag{4-7}$$

注意：闭合导线中的坐标方位角的反算同附合导线。

计算出坐标方位角后，应按以下步骤继续计算。

（1）角度闭合差的计算和调整

由于各转折角存在观测误差，使得转折角的观测值不等于其理论值，因而产生坐标方位角闭合差 f_β。f_β 可按式（4-8）计算。

$$f_\beta=\sum\beta_{测}-\sum\beta_{理} \tag{4-8}$$

在附合导线中，以右转折角为例计算 $\sum\beta_{理}$。

在图 4-2 中，α_{CD} 可由下式计算得出：

$\alpha_{B1}=\alpha_{AB}+180°-\beta_B$

$\alpha_{12}=\alpha_{B1}+180°-\beta_1$

$\alpha_{23}=\alpha_{12}+180°-\beta_2$

$\alpha_{3C}=\alpha_{23}+180°-\beta_3$

$\alpha_{CD}=\alpha_{3C}+180°-\beta_C$

汇总可得：

$\alpha_{CD}=\alpha_{AB}+5\times180°-\sum\beta_{理}$

写成一般公式，可表示为式（4-9）的形式。

$$\alpha_{终}=\alpha_{始}+n\cdot180°-\sum\beta_{理} \tag{4-9}$$

式中　n——转折角个数或测站数。

因此，转折角的理论值可按式（4-10）计算。

$$\sum\beta_{理}=\alpha_{始}-\alpha_{终}+n\cdot 180° \tag{4-10}$$

同理，以左转折角为例计算$\sum\beta_{理}$。

$\sum\beta_{理}$可按式（4-11）计算。

$$\sum\beta_{理}=\alpha_{终}-\alpha_{始}+n\cdot 180° \tag{4-11}$$

注意：在闭合导线中，可按式（4-12）计算转折角的理论值。

$$\sum\beta_{理}=(n-2)\times 180° \tag{4-12}$$

若方位角闭合差f_β在限差范围内，则闭合差反号平均分配到每个角度，按式（4-13）得到每个角度的改正数v_{β_i}后对观测值进行改正，并按式（4-14）检核。

$$v_{\beta_i}=-f_\beta/n \tag{4-13}$$

$$\sum v_{\beta_i}=-f_\beta \tag{4-14}$$

（2）计算改正后的角度

改正后的角度可按式（4-15）计算。

$$\beta_{改}=\beta_{测}+v_{\beta_i} \tag{4-15}$$

（3）坐标方位角的推算

坐标方位角的推算采用改正后的角度值代入坐标方位角推算公式［式（4-16）］（全站仪测量）计算即可，该步骤中须注意判断左角或右角。

$$\alpha_{前}=\alpha_{后}+180°\pm\beta_{右}^{左} \tag{4-16}$$

计算出的$\alpha'_{终}=\alpha_{终}$，否则，须重算。

（4）坐标增量的计算和调整

依据式（4-3）由各边方位角和边长（D）观测值计算各边的坐标增量Δx、Δy，可得到式（4-17）。

$$\begin{cases}\Delta x=D\cdot\cos\alpha\\ \Delta y=D\cdot\sin\alpha\end{cases} \tag{4-17}$$

在附合导线中，坐标增量闭合差是根据所有边的坐标增量之和计算的末端已知点坐标的计算值x'_C、y'_C和已知值x_C、y_C之差，分别称为纵坐标增量闭合差f_x和横坐标增量闭合差f_y，可按式（4-18）计算。

$$\begin{cases}f_x = x'_C - x_C = \sum\limits_{i=1}^{n-1}\Delta x_i - (x_C - x_B)\\ f_y = y'_C - y_C = \sum\limits_{i=1}^{n-1}\Delta y_i - (y_C - y_B)\end{cases} \tag{4-18}$$

注意：在闭合导线中，由于起点和终点相同，因此坐标增量闭合差可按式（4-19）计算。

$$\begin{cases}f_x = \sum\limits_{i=1}^{n-1}\Delta x_i - 0 = \sum\limits_{i=1}^{n-1}\Delta x_i\\ f_y = \sum\limits_{i=1}^{n-1}\Delta y_i - 0 = \sum\limits_{i=1}^{n-1}\Delta y_i\end{cases} \tag{4-19}$$

根据式（4-20）和式（4-21）可由 f_x、f_y 计算导线全长相对闭合差 K。

$$f_D=\sqrt{f_x^2+f_y^2} \tag{4-20}$$

$$K=\frac{f_D}{\sum D}=\frac{1}{\sum D/f_D} \tag{4-21}$$

若导线全长相对闭合差在限差范围内，则按距离成正比的原则反号分配，按式（4-22）计算，并按式（4-23）检核。

$$\begin{cases} v_{xi}=-\dfrac{f_x}{\sum D}\times D_i \\ v_{yi}=-\dfrac{f_y}{\sum D}\times D_i \end{cases} \tag{4-22}$$

$$\begin{cases} \sum v_x=-f_x \\ \sum v_y=-f_y \end{cases} \tag{4-23}$$

（5）计算改正后的坐标增量

改正后的坐标增量可按式（4-24）计算，并按式（4-25）检核。

$$\begin{cases} \Delta x_{i改}=\Delta x_i+v_{xi} \\ \Delta y_{i改}=\Delta y_i+v_{yi} \end{cases} \tag{4-24}$$

$$\begin{cases} \sum \Delta x_{改}=x_C-x_B \\ \sum \Delta y_{改}=y_C-y_B \end{cases} \tag{4-25}$$

（6）计算各导线点的坐标值

各导线点的坐标值可按式（4-26）计算。

$$\begin{cases} x_i=x_{i-1}+\Delta x_{i改} \\ y_i=y_{i-1}+\Delta y_{i改} \end{cases} \tag{4-26}$$

根据改正后的坐标增量值，依次计算每个点的坐标，最后推算出的终点 C 的坐标应和 C 点已知坐标相同。

技能点

一、导线测量的外业

1. 准备工作

收集测区有关的测量资料，如已知控制点数据和已有地形图；踏勘全测区地形情况、水文情况、道路情况、测区面积等，了解测量要求；根据踏勘情况和测量需求在已有地形图上进行导线测量的技术设计，设计时须考虑导线的图形、导线的总长、如何与高级点连接等问题；准备必要的工具，如木桩、记号笔等。

2. 选点布设

选择导线点的要求如下：

① 点位应选在稳固地段，视野应开阔且方便加密、扩展和寻找。

② 相邻点之间应通视，相邻两点之间的视线倾角不宜过大；视线距障碍物的距离，三、四等不宜小于 1.5m，四等以下应以不受旁折光的影响为原则。

③ 当采用电磁波测距时，相邻点之间视线应避开烟囱、散热塔、散热池等发热体及强电磁场。

④ 应充分利用符合要求的原有控制点。

⑤ 数量应适当，均匀布设于全测区内，不能集中于某一个局部，以便控制整个测区，减少测量误差；必须考虑和已知坐标点联测，否则只能建立独立控制网和独立坐标系。

导线点选定后，应埋设标志，如图 4-5 所示。临时性导线点可用 5cm×5cm×40cm 的木桩标定，永久性的导线点可用 50cm 长的水泥桩埋入地下进行标定，也可利用地面上原有的固定地物作为标志，如牢固的石头等。在桩上钉一小钉或刻上“十”字以示点位，在桩顶或侧面写上编号。

标志埋设好后，要进行统一编号，并绘制导线点与周围固定地物的位置关系图，称为“点之记”，以便作为日后找点的依据，如图 4-6 所示。

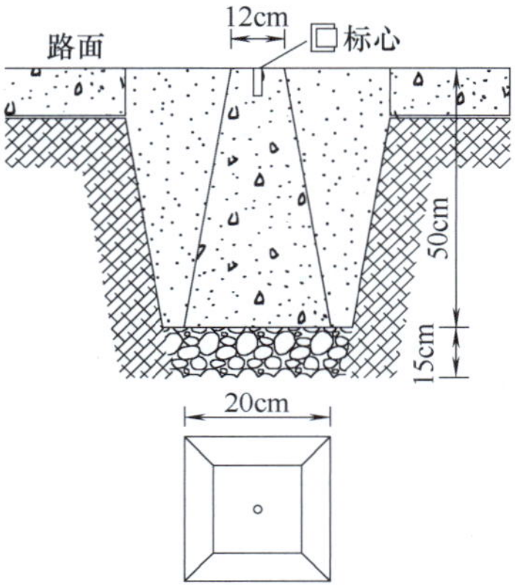

图 4-5　导线点的标志

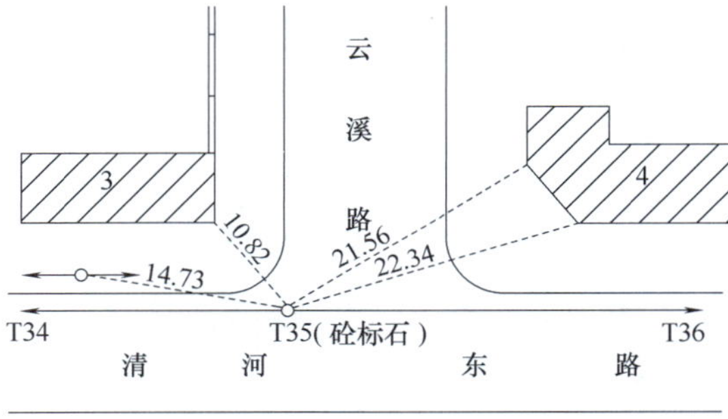

图 4-6　“点之记”

3. 测角

导线的转折角可测量左角或右角，按导线前进的方向，在导线左侧的角称为左角，导线右侧的角称为右角。

导线角一般使用 6″或 2″全站仪采用测回法观测，其上、下半测回角值较差要求为 6″级仪器不大于 30″、2″级仪器不大于 20″。

4. 测边

用全站仪测边时，应往返观测取平均值。对于图根导线，仅进行气象改正和倾斜改正即可；对于精度要求较高的一、二级导线，还应进行仪器“加常数”和“乘常数”的改正。

5. 导线的定向与联测

连接测量是使导线与附近的高级控制点相连接所进行的测量，以便将导线并入国家或区域统一的坐标系中。若导线起始点附近有国家或区域控制点时，则应与控制点联测连接角，再来推算导线各边方位角。如果附近无高级控制点，则利用罗盘仪施测导线起始边的磁方位角，并假定起始点的坐标作为起算数据。

二、导线测量的内业计算实例

［例 1］　图 4-7 所示为附合导线图，已知 A（2309.45，3651.88）、B（2241.21，

3542.70)、C(1900.24,4084.36)、D(1939.69,4126.31)及各观测角度和边长，测量时的前进方向为 $AB \rightarrow CD$，试计算 1、2、3、4 点的坐标。

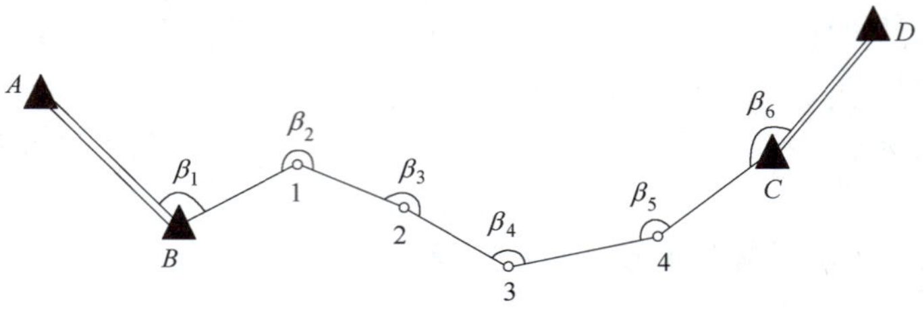

图 4-7　附合导线图

[解]

① 反算坐标方位角。

$$\alpha_{AB} = \arctan \frac{(y_B - y_A)}{(x_B - x_A)} = \arctan \frac{-109.18}{-68.24} = 180° + 57°59'37'' = 237°59'37''$$

$$\alpha_{CD} = \arctan \frac{(y_D - y_C)}{(x_D - x_C)} = \arctan \frac{41.95}{39.45} = 46°45'33''$$

② 根据计算步骤，将数据成果列于表 4-3。

表 4-3　附合导线计算表

测站	观测角	坐标方位角	边长 D/m	Δx/m	Δy/m	x/m	y/m
A	—	237°59′37″	—	—	—	—	—
B	+7″ 99°01′00″					2241.21	3542.70
		157°00′44″	225.85	+4 −207.91	−4 +88.20		
1	+6″ 167°45′36″					2033.34	3630.86
		144°46′26″	139.03	+2 −113.57	−2 +80.19		
2	+7″ 123°11′24″					1919.79	3711.03
		87°57′57″	172.57	+3 6.13	−2 +172.46		
3	+6″ 189°20′36″					1925.95	3883.47
		97°18′39″	100.07	+2 −12.73	−1 +99.26		
4	+6″ 179°59′18″					1913.24	3982.72
		97°18′03″	102.48	+2 −13.02	−1 +101.65		
C	+6″ 129°27′24″					1900.24	4084.36
		46°45′33″	Σ=740.00	Σ=−341.10	Σ=+541.76		
D	—	—	—	f_x=−341.10−(−340.97)=−0.13m f_y=541.76−541.66=0.10m		$x_C - x_B$ =−340.97m	$y_C - y_B$ =+541.66m
Σ	888°45′18″	—					
辅助计算	$f_\beta = \Sigma\beta_{测} - (\alpha_{终} - \alpha_{始} + n \cdot 180°) = -38''$ $f_{\beta_{容}} = \pm 40''\sqrt{6} = \pm 97''$			$K = \frac{f_D}{\Sigma D} = \frac{\sqrt{f_x^2 + f_y^2}}{\Sigma D} = \frac{0.16}{740.00} = \frac{1}{4625} < \frac{1}{4000}$			

[例 2]　图 4-8 所示为闭合导线图，已知 $\alpha_{AB} = 96°51'36''$，A(500，600)及各观测角度和边长，测量时的前进方向为 $A \rightarrow B \rightarrow C \rightarrow D \rightarrow E \rightarrow A$，试计算 B、C、D、E 点的坐标。

[解]

将计算成果列于表 4-4。

表 4-4　　闭合导线计算表

测站	转折角 β(左角) 观测值	转折角 β(左角) 改正后角值	坐标方位角 α	边长 D/m	增量计算值/m $\Delta x=D\cos\alpha$	增量计算值/m $\Delta y=D\sin\alpha$	改正后增量/m Δx	改正后增量/m Δy	坐标/m x	坐标/m y
A	—	—							500.00	600.00
			96°51′36″	201.58	0 −24.07	+4 +200.14	−24.08	+200.18		
B	−12″ 108°27′00″	108°26′48″							475.92	800.18
			25°18′24″	263.41	−1 +238.14	+7 +112.59	+238.13	+112.66		
C	−12″ 84°10′03″	84°09′51″							714.05	912.84
			289°28′15″	241.04	0 +80.34	+6 −227.26	+80.34	−227.20		
D	−12″ 135°45′00″	135°44′48″							794.39	685.64
			245°13′03″	200.42	0 −84.01	+4 −181.95	−84.01	−181.91		
E	−12″ 90°12′27″	90°12′15″							710.38	503.73
			155°25′18″	231.33	−1 −210.37	+5 +96.22	−210.38	+96.27		
A	−12″ 121°26′30″	121°26′18″							500.00	600.00
			91°51′36″	—	—	—	$\sum\Delta x=0$; $\sum\Delta y=0$			
Σ	540°01′00″	540°00′00″	—	1137.78	+0.02	−0.26	—		—	
辅助计算	$f_\beta=+01'00''$ $f_\beta<\pm60\sqrt{n}=\pm134''$ $f_x=+0.02\text{m}$ $f_y=-0.26\text{m}$						$f=\pm\sqrt{f_x^2+f_y^2}=\pm0.26\text{m}$ $K=\dfrac{\sqrt{f_x^2+f_y^2}}{\sum D}=\dfrac{0.26}{1137.78}=\dfrac{1}{4376}<\dfrac{1}{4000}$			

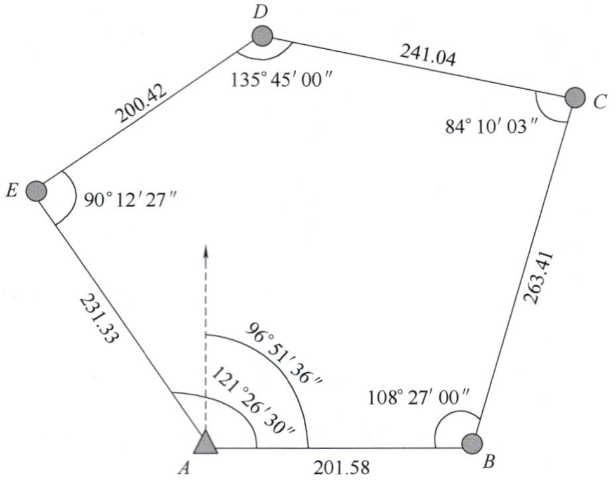

图 4-8　闭合导线图

任务二
高程控制测量

高程控制测量的主要方法除水准测量外，还有三角高程测量、GNSS 测量等，四等水准测量方法见项目二，本任务只介绍三角高程测量的方法。

知识点

三角高程测量的原理

在山地测定控制点的高程时，采用水准测量的方法速度慢且困难大，故可采用三角高程测量的方法，如图 4-9 所示。

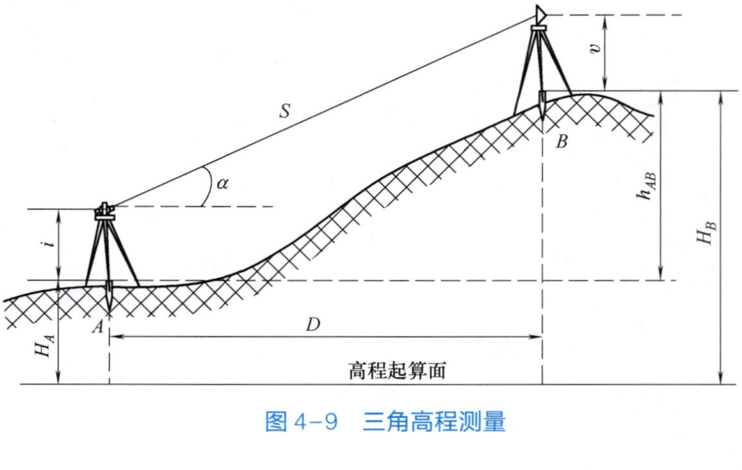

图 4-9　三角高程测量

三角高程测量根据两点间的水平距离和竖直角计算两点的高差。在图 4-9 中，已知 A 点高程 H_A，欲测定 B 点高程 H_B，可在 A 点安置全站仪，在 B 点设置标杆，用望远镜中丝瞄准标杆的顶点，测得竖直角 α，量出觇标高 v 及仪器高 i，再根据 AB 的平距 D，计算出 AB 的高差 h_{AB}。h_{AB} 可按式（4-27）计算。

$$h_{AB}=D\tan\alpha+i-v \tag{4-27}$$

B 点的高程 H_B 可按式（4-28）计算。

$$H_B=H_A+h_{AB}=H_A+D\tan\alpha+i-v \tag{4-28}$$

三角高程测量一般应进行往返观测，先由 A 点向 B 点观测（称为直觇），再由 B 点向 A 点观测（称为反觇），该过程称为对向观测（或双向观测）。对向观测可以消除地球曲率和大气折光的影响。三角高程测量对向观测所求得的高差的较差不应大于 0.1D（m）（D 为平距，以 km 为单位），若符合要求，则取两次高差的平均值作为最后结果，为高程计算提供依据。

技能点

三角高程测量的实施

三角高程测量的实施步骤如下：

① 安置全站仪于测站 A 点上，量取仪器高和觇标高，读数至 0.5cm，两次量取的结果之差不超过 1cm，取其平均值计入表 4-5 中。

表 4-5　三角高程测量计算表

所求点	B	
起算点	A	
观测方法	直觇	反觇
平距 D/m	286.36	286.36
竖直角 α	+10°32′06″	−10°32′51″
$D\tan\alpha$/m	+53.25	−53.32
仪器高 i/m	+1.52	+1.48
觇标高 v/m	+1.76	+1.27
高差改正数 v/m	—	—
高差 h/m	+53.01	−53.11
平均高差/m	+53.06	
起算点高程/m	105.72	
所求点高程/m	158.78	

② 用全站仪瞄准 B 点觇标顶端，观测竖直角 1~2 个测回，前、后半测回之间的较差及各测回之间的较差如果不超过规范规定的限差，则取其平均值作为最后结果。

③ 将全站仪搬至 B 点，用相同的方法对 A 点进行观测。

④ 高差及高程的计算，如表 4-5 所示。

当用三角高程测量方法测定平面控制点的高程时，应组成闭合或附合的三角高程路线。每条边均要进行对向观测，用其所求得的高差平均值计算闭合路线或附合路线的高差闭合差，规定高差闭合差的限值$f_{h容}$可按式（4-29）计算。

$$f_{h容}=\pm 0.05\sqrt{[D^2]}\,(\mathrm{m}) \tag{4-29}$$

当高差闭合差不超过其限差时，则按与边长成正比分配的原则，反号分配于各高差中，然后从起始点的高程开始，用改正后的高差推算各点的高程。

任务三
GNSS-RTK 测量

知识点

GNSS-RTK 测量原理

1. GNSS 测量原理

全球定位导航系统（Global Navigation Satellite System，GNSS）利用距离交会的原理确定点位。距离测量将通过接收机产生的测距码信号与接收到的卫星测距码信号进行对比，得到卫星信号在传播路径上的时间延迟或测量卫星载波信号的相位在该路径上的变化（相位延迟），从而求出卫星至接收机天线相位中心之间的距离。得到卫星信号的时间延迟 Δt 后，便可根据电磁波传播速度 c，按式（4-30）计算出卫星至接收机的距离 ρ。

$$\rho=c\cdot\Delta t \tag{4-30}$$

需要注意的是，接收机的时钟一般采用石英钟，稳定性相对卫星时钟来说较差。因此，上述距离中包含钟差，以及电离层和对流层误差，称为“伪距”。在解算中，将接收机钟差设为未知参数和坐标一起解算，即列方程时有 4 个未知数，需要列 4 个方程，因此至少观测 4 颗卫星才能确定接收机测站点的坐标；对于电离层和对流层误差则采用双频载波和一定的数学模型进行纠正。

假设某个接收机在某个时刻同时观测到 n 颗卫星，每颗卫星在 WGS-84 坐标系中的空间坐标分别为（x_i，y_i，z_i）（$i=1, 2, \cdots, n$），接收机相位中心的坐标用（x_p，y_p，z_p）表示，接收机钟差用 δ_t 表示，按式（4-31）得到以下关系。

$$\begin{cases}\rho_1=\sqrt{(x_1-x_p)^2+(y_1-y_p)^2+(z_1-z_p)^2}+c\delta_t\\ \rho_2=\sqrt{(x_2-x_p)^2+(y_2-y_p)^2+(z_2-z_p)^2}+c\delta_t\\ \cdots\\ \rho_n=\sqrt{(x_n-x_p)^2+(y_n-y_p)^2+(z_n-z_p)^2}+c\delta_t\end{cases} \tag{4-31}$$

现在的接收机大多能同时接收 GPS 和北斗信号，在无信号遮挡的情况下通常能接收到 10 颗以上的卫星信号，可以提高定位精度和可靠性。

2. RTK 的作业方式

CORS 位置服务平台

RTK（Real Time Kinematic）测量即实时动态测量，其常用的作业方式主要有两种：单基站 RTK 和网络 RTK。RTK 测量作业时，移动站与基准站间的数据传输有电台模式和网络模式两种。当选用电台（含内置电台、外置电台）进行传输时，常称为电台模式。当选用网络（含移动 GPRS、联通 CDMA、互联网）进行传输时，常称为网络模式。

网络模式又可分为网络点对点和 CORS 模式。

网络点对点也称网络 1+1，作业方式与电台模式基本一致，区别在于其数据传输方式改为网络传输。内置电台、外置电台、网络点对点均需要基准站和移动站两台接收机，不需要支付额外费用。RTK 测量外置电台模式如图 4-10 所示。

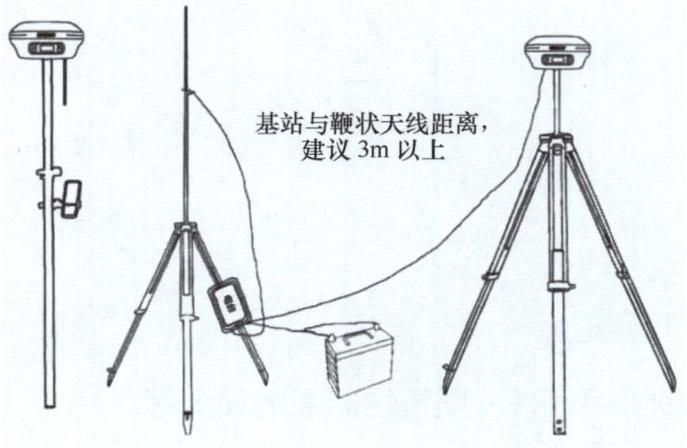

图 4-10　RTK 测量外置电台模式

CORS 模式是指通过连续运行参考站（Continuously Operating Reference Station，CORS）进行定位，一般使用区域内已经建设好的基准站（参考站），在基准站覆盖的范围内没有距离限制，可以单接收机作业，该方式需要申请并付费。

（1）单基站 RTK

单基站 RTK 测量的工作原理是将一台接收机置于基准站上，另一台或几台接收机置于载体（称为移动站）上，基准站和移动站同时接收同一时间、同一 GNSS 卫星发射的信号，将基准站所获得的观测值与已知位置信息进行比较，得到 GNSS 差分改正值，然后将这个改正值通过无线电数据链电台及时传递给共视卫星的移动站，精化其 GNSS 观测值，从而得到经差分改正后移动站较准确的实时位置。

单基站 RTK 测量的优点是操作简便、无附加费用；缺点是携带配件较多，架设较麻烦，电台信号需要远离大功率干扰源，作业距离较短（一般内置电台小于 3km、外置电台小于 15km），一般用于附近已有控制点且范围比较小的测区。

（2）网络 RTK

网络 RTK 是指在一定区域内建立多个基准站，对该地区进行网状覆盖，并连续对 GNSS 卫星跟踪观测，通过这些基准站点组成卫星定位观测值的网络解算，获得覆盖该地区和某时间段的 RTK 改正参数，控制中心通过移动通信网络将其发送到在这个地区内的 RTK 移动端用户，进行实时 RTK 改正。

网络 RTK 的系统中，基准站点的数量可多可少，其数量越多服务范围越大。我国于 2017 年建成了全国性网络 RTK 系统，即全国卫星导航定位基准服务系统，该系统由 2700 多座基准站（CORS）、1 个国家数据中心和 30 个省级数据中心组成。因此，网络 RTK 也常称为 CORS 模式。RTK 测量 CORS 模式如图 4-11 所示。

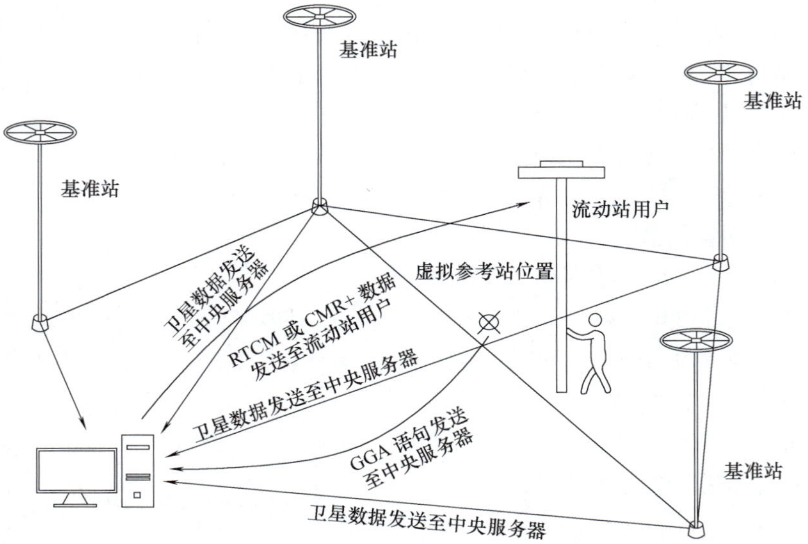

图 4-11 RTK 测量 CORS 模式

技能点

GNSS-RTK 图根控制点的观测程序

1. 安置仪器

RTK 设备分为基准站和流动站两部分。基准站包括三脚架、主机转换器（放大器）、电源（蓄电池）、天线、连接电缆；流动站包括对中杆、主机、手簿。手簿和主机之间使用蓝牙传输。目前，RTK 设备向着一体化方向发展，使用内置电源，数据链发送天线（UHF）也逐渐使用内置电台。

RTK 基准站的设置可分为基准站架设在已知点和未知点两种情况。常用的方法是将基准站架设在地势较高、视野开阔的未知点上，使用流动站在测区内的两个以上的已知点上进行点校正，求解转换参数。

通常基准站和流动站安置完毕之后，打开主机和电源，建立工程或文件，选择坐标系，输入中央子午线经度和 y 坐标的加常数。

2. 求解参数

GNSS 接收机输出的数据是 WGS-84 经纬度坐标，须转化到施工测量坐标，应进行坐标转换参数的计算和设置。需要特别注意的是，参与计算的控制点原则上至少要用两个或两个以上的点，控制点等级的高低和分布直接决定了四参数的控制范围。四参数理想的控制范围一般都在 5~7km。南方测绘创享系列 RTK 提供的四参数计算方式有以下几种：

① 利用“控制点坐标库”求解参数，人工输入两控制点的 GNSS 经纬度坐标和已知坐标，从而解算四参数。

② 利用“校正向导”求解参数，使用两点校正功能，在两个已知点上分别进行校正，软件会自动记录下求得的转换参数。

③ 直接导入参数文件“. cot”，在南方静态 GNSS 数据处理软件 GPSadj 中，将测区静

态控制时得到的参数文件复制到手簿相应的工程文件夹中。

④ 直接输入参数，在手簿中建完工程之后，直接将解算得到的四参数输入工程之星软件的设置四参数菜单。

3. 检验校正

点校正是 RTK 测量中的一项重要工作，测量工作开始之前都要进行点校正。如果工程文件中已输入转换参数，则每次工作之前找到一个控制点，输入已知坐标，进行单点校正；然后，找到邻近的另一个控制点，测量其坐标；最后，和已知坐标对比，得出验证结果。点校正时，一定要精确地对中整平仪器。测量中若出现基准站位置有变化等提示，通常是由基准站位置变化或电源断开等原因造成，此时需要重新进行点校正。

4. 数据采集

GNSS-RTK 控制点采集需要在已布设的点位上采点，存入仪器内存，同时绘制“点之记”。采点时一定要在固定解（FIXD）状态下进行。数据采集时 RTK 跟踪杆的气泡尽量保持居中，否则，天线的几何相位中心偏离碎部点距离过大，会降低精度。经纬度记录精确至 0.00001″，平面坐标和高程记录精确至 0.001m，天线高量取精确至 0.001m。

5. 成果数据处理与检查

用 GNSS-RTK 技术施测的平面控制点成果，应进行 100%的内业检查和不少于总点数 10%的外业检测。外业检测可采用相应等级卫星定位静态（快速静态）技术测定坐标、全站仪测量边长和角度等方法，检测点应均匀分布于测区。检测结果应满足表 4-6 所示的要求。

表 4-6　　GNSS-RTK 平面控制点检测精度要求

等级	边长校核		角度校核		坐标校核
	测距中误差/mm	边长较差的相对误差	测角中误差/″	角度较差限差/″	坐标较差中误差/mm
一级	≤±15	≤1/4000	≤±5	14	≤±5
二级	≤±15	≤1/7000	≤±8	20	≤±5
三级	≤±15	≤1/4500	≤±12	30	≤±5

用 GNSS-RTK 技术施测的高程控制点成果，应进行 100%的内业检查和不少于总点数 10%的外业检测。外业检测可采用相应等级的三角高程测量、几何水准测量等方法，检测点应均匀分布于测区。检测结果应满足表 4-7 所示的要求。

表 4-7　　GNSS-RTK 高程控制点检测精度要求

等级	高差较差/mm
五等	$\leqslant \pm 40\sqrt{D}$

GNSS 导航系统简介

典型任务描述

某测绘公司中标一项目，主体内容为：重庆某高校须完成校园的工程测量任务，校园工程建设主要分为三个阶段，即规划设计阶段、建筑施工阶段与维护运营阶段。在规划设计阶段，工程测量主要供给各种比例尺校园地形图；在建筑施工阶段，工程测量主要依据校园工程现场的地形和性质，建立不同的施工控制网，作为定线放样的根据；在维护运营阶段，为了解和监视校园建筑物的安全，工程测量定期对建筑物进行沉降、倾斜等观测。由此，在校园中实施工程测量任务必不可少。

根据工作任务要求，本次实施的主要内容为平面控制网测量和高程控制测量，以校园为对象布设导线网进行施测，导线点数量为 60 个左右，以 5 个 GPS 点作为坐标控制点。由于校园内高差较大，部分区域除了需要用水准测量外，还需要用三角高程测量。

专题实训

下面通过两个实训，了解导线测量和三角高程测量的方法。

实训 1　导线测量

1. 实训目的

了解导线测量的基本概念、外业的操作方法和内业的计算方法。

2. 仪器设备

每组配备全站仪 1 台、三脚架 1 个、棱镜 2 个、记录板 1 个、记号笔 1 支、计算器 1 个。

3. 实训任务

三级闭合导线测量，使用全站仪完成外业测角、测边等工作；使用手动计算的方式进行内业处理。

4. 实训步骤

① 选点。在一块比较开阔的场地上，选择 A、1、2、3 四个点，相邻点的距离大于 100m。四个点的相对位置如图 4-12 所示。

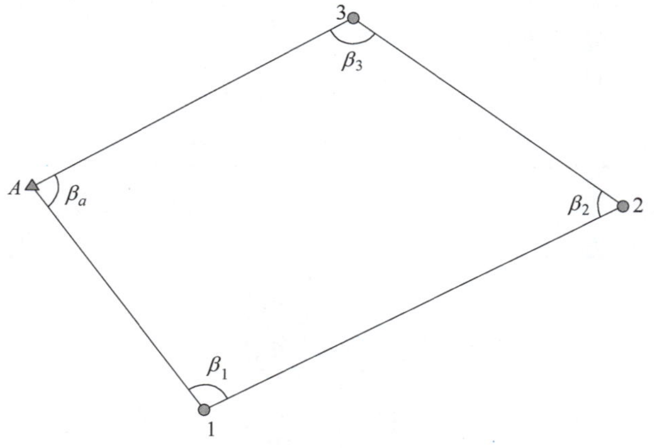

图 4-12　四个点的相对位置

② 测边。

③ 测角。

④ 计算各导线点的坐标。假定导线边 $A1$ 的坐标方位角 $\alpha_{A1}=120°$；A 点坐标：$x_A=500\text{m}$，$y_A=500\text{m}$。分别推算 1、2、3 点的坐标。

5. 实训报告

进行实训报告，将相应测量数据填入导线测量外业记录表和闭合导线坐标计算表中，如表 4-8 和表 4-9 所示。

表 4-8　　导线测量外业记录表

班级：　　组别：　　观测员：　　记录员：　　日期：

测站	目标	竖盘位置	水平角读数	半测回角值	一测回角值	平距/m（精确到 mm）
A	3	左				$A3=$
	1					
A	3	右				$A1=$
	1					

表 4-9　　闭合导线坐标计算表

测站	转折角 β（左角）		坐标方位角 α	边长 D/m	增量计算值/m		改正后增量/m		坐标/m	
	观测值	改正后角值			$\Delta x=D\cos\alpha$	$\Delta y=D\sin\alpha$	Δx	Δy	x	y
A										
1										
2										
3										
A										
Σ										
辅助计算										

6. 实训总结与反馈

实训 2　三角高程测量

1. 实训目的

掌握三角高程测量的方法。

2. 仪器设备

每组配备全站仪 1 台、棱镜 1 个、小钢卷尺 1 个、记录板 1 个。

3. 实训任务

① 每人完成一段距离的三角高程测量。

② 仪器高、觇标高均精确量至 1mm。

③ 竖直角观测时应以中丝横切于目标顶部。每次竖盘读数前必须使水准管气泡居中，安置好仪器后应及时量取仪器高，以免在测好后忘记量取仪器高而移动了仪器。

4. 实训步骤

① 往向观测。

② 返向观测。

③ 计算。

5. 实训报告

进行实训报告，将相应测量数据填入三角高程测量观测与计算表中，如表 4-10 所示。

表 4-10　　三角高程测量观测与计算表

班级：　　组别：　　观测员：　　记录员：　　日期：

<table>
<tr><td colspan="2">所求点</td><td colspan="3"></td></tr>
<tr><td colspan="2">起算点</td><td colspan="3"></td></tr>
<tr><td colspan="2">观测方法</td><td>直觇</td><td colspan="2">反觇</td></tr>
<tr><td colspan="2">平距 D/m</td><td></td><td colspan="2"></td></tr>
<tr><td rowspan="3">竖直角 α</td><td>盘左竖盘读数 L</td><td></td><td colspan="2"></td></tr>
<tr><td>盘右竖盘读数 R</td><td></td><td colspan="2"></td></tr>
<tr><td>竖直角 α</td><td></td><td colspan="2"></td></tr>
<tr><td colspan="2">$D\tan\alpha$/m</td><td></td><td colspan="2"></td></tr>
<tr><td colspan="2">仪器高 i/m</td><td></td><td colspan="2"></td></tr>
<tr><td colspan="2">觇标高 v/m</td><td></td><td colspan="2"></td></tr>
<tr><td colspan="2">高差改正数 ν/m</td><td></td><td colspan="2"></td></tr>
<tr><td colspan="2">高差 h/m</td><td></td><td colspan="2"></td></tr>
<tr><td colspan="2">往返测之差/m</td><td></td><td>限差</td><td></td></tr>
<tr><td colspan="2">平均高差/m</td><td colspan="3"></td></tr>
<tr><td colspan="2">起算点高程/m</td><td colspan="3"></td></tr>
<tr><td colspan="2">所求点高程/m</td><td colspan="3"></td></tr>
</table>

6. 实训总结与反馈

项目测试

班级：　　　　　　学号：　　　　　　组别：　　　　　　姓名：

一、单选题

1. 导线的布设形式有（　　）。
A. 一级导线、二级导线、图根导线
B. 单向导线、往返导线、多边形导线
C. 闭合导线、附合导线、支导线
D. 单向导线、附合导线、图根导线

2. 导线测量的外业工作不包括（　　）。
A. 选点　　B. 测角　　C. 量边　　D. 闭合差调整

3. 附合导线的转折角一般用（　　）进行观测。
A. 测回法　　B. 方向观测法　　C. 三角高程法　　D. 二次仪器高法

4. 某导线全长 620m，纵、横坐标增量闭合差分别为 $f_x=0.12\text{m}$，$f_y=-0.16\text{m}$，则导线全长相对闭合差为（　　）。
A. 1/15500　　B. 1/4500　　C. 1/3100　　D. 1/2200

5. 衡量导线测量精度的一个重要指标是（　　）。
A. 导线全长闭合差　　B. 坐标增量闭合差
C. 相对闭合差　　D. 导线全长相对闭合差

6. 在新布设的平面控制网中，至少应已知（　　）才可确定控制网的方向。
A. 一条边的坐标方位角　　B. 两条边的夹角
C. 一个点的平面坐标　　D. 一条边的距离

7. 下列选项中，不属于导线坐标计算步骤的是（　　）。
A. 角度闭合差计算　　B. 半测回角值计算
C. 坐标增量闭合差计算　　D. 方位角推算

8. 导线坐标计算时，角度闭合差的调整方法是将闭合差反符号后（　　）。
A. 按角度大小成正比分配　　B. 按角度个数平均分配
C. 按边长成正比分配　　D. 按边长成反比分配

9. 导线坐标增量闭合差调整的方法是（　　）。
A. 反符号按边长比例分配　　B. 反符号按边数平均分配
C. 按边长比例分配　　D. 按边数平均分配

10. 导线测量工作中，当角度闭合差在允许范围内，而坐标增量闭合差却远远超过限值，说明（　　）有错误。
A. 边长　　B. 角度　　C. 高程　　D. 连接测量

11. 闭合导线观测转折角一般是观测（　　）。

A. 左角　　B. 右角　　C. 外角　　D. 内角

12. 五边形闭合导线，其内角和理论值应为（　　）。

A. 360°　　B. 540°　　C. 720°　　D. 900°

13. 某附合导线的方位角闭合差为+50″，观测水平角（右角）的个数为 5 个，则每个观测角的角度改正数为（　　）。

A. +10″　　B. −5″　　C. −10″　　D. +5″

14. 实测四边形内角和为 359°59′24″，则角度闭合差及每个角的改正数为（　　）。

A. +36″、−9″　　B. −36″、+9″　　C. +36″、+9″　　D. −36″、−9″

15. 在三角高程测量中，当两点间的距离较大时，一般要考虑地球曲率和（　　）的影响。

A. 大气折光　　B. 大气压强　　C. 测站点高程　　D. 两点间高差

16. 三角高程测量比水准测量更适用于（　　）。

A. 平地　　B. 山地

C. 两点距离小于 400m　　D. 两点距离大于 400m

二、多选题

1. 闭合导线和附合导线内业计算的不同点是（　　）。

A. 方位角推算方法不同

B. 角度闭合差计算方法不同

C. 坐标增量闭合差计算方法不同

D. 导线全长闭合差计算方法不同

E. 导线全长相对闭合差计算方法不同

2. 实地选择导线控制点时应注意（　　）。

A. 相邻点通视良好，地势平坦

B. 点位应选在土质坚实处

C. 视野开阔

D. 边长要大致相等

E. 点位分布密度要均匀

3. 导线测量的外业工作包括（　　）。

A. 踏勘选点及建立标志　　B. 量边或距离测量

C. 测角　　D. 联测

E. 进行高程测量

4. 导线坐标计算的基本方法是（　　）。

A. 坐标正算　　B. 坐标反算

C. 坐标方位角推算　　D. 高差闭合差调整

E. 导线全长闭合差计算

5. 闭合导线的角度闭合差与（　　）。

A. 导线的几何图形无关　　B. 导线的几何图形有关

C. 导线各内角和的大小有关　　D. 导线各内角和的大小无关

E. 导线的起始边方位角有关

6. 在测量内业计算中，其闭合差按反号分配的有（　　）。

A. 高差闭合差　　B. 闭合导线角度闭合差

C. 附合导线角度闭合差　　D. 坐标增量闭合差

E. 导线全长闭合差

7. 导线测量内业计算过程中出现的闭合差有（　　）。

A. 边长闭合差　　B. 高差闭合差

C. 角度闭合差　　D. 坐标增量闭合差

E. 导线全长相对闭合差

8. 地面上有 A、B、C 三个控制点，测得其三角形内角分别为 59°00′10″，61°00′10″，60°00′10″，则改正后内角分别为（　　）。

A. 58°00′00″　　B. 59°00′00″

C. 60°00′00″　　D. 61°00′00″

E. 62°00′00″

三、简答题

1. 导线选点应注意什么？闭合导线和附合导线各适用于什么情况？
2. 导线测量的外业工作有哪些？
3. 闭合导线的内业计算有几步？有哪些闭合差？
4. 导线内业计算的一般步骤是什么？

四、填表计算

1. 闭合导线计算

已知四边形闭合导线内角的观测值，计算并填写表 4-11 所示的闭合导线计算表。

表 4-11　　闭合导线计算表

测站	转折角 β(左角)		坐标方位角 α
	观测值	改正后角值	
A			123°11′43″
B	67°14′12″		
C	54°15′20″		
D	126°15′25″		
A	112°15′23″		123°11′43″
B			
Σ			
辅助计算			

2. 附合导线计算

计算并填写表 4-12 所示的附合导线计算表。

表 4-12　　附合导线计算表

测站	转折角 β(左角)		坐标方位角 α
	观测值	改正后角值	
A			
			93°56′15″
B	186°35′22″		
1	163°31′14″		
2	184°39′00″		
3	194°22′30″		
C	163°02′47″		
			86°06′52″
D			
Σ	892°10′53″		
辅助计算			

3. 闭合导线计算

已知闭合导线一点坐标 $x_1=500.00\text{m}$，$y_1=500.00\text{m}$；方位角 $\alpha_{12}=125°30'00''$，观测数据如表 4-13 所示，试计算所有未知导线点坐标并填表。

表 4-13　　闭合导线计算表

测站	转折角 β(左角)		坐标方位角 α	边长 D/m	增量计算值/m		改正后增量/m		坐标/m	
	观测值	改正后角值			$\Delta x=D\cos\alpha$	$\Delta y=D\sin\alpha$	Δx	Δy	x	y
1										
2										
3										
4										
1										
2										
Σ										

续表

测站	转折角β(左角)		坐标方位角 α	边长 D/m	增量计算值/m		改正后增量/m		坐标/m	
	观测值	改正后角值			Δx= Dcosα	Δy= Dsinα	Δx	Δy	x	y
辅助计算										

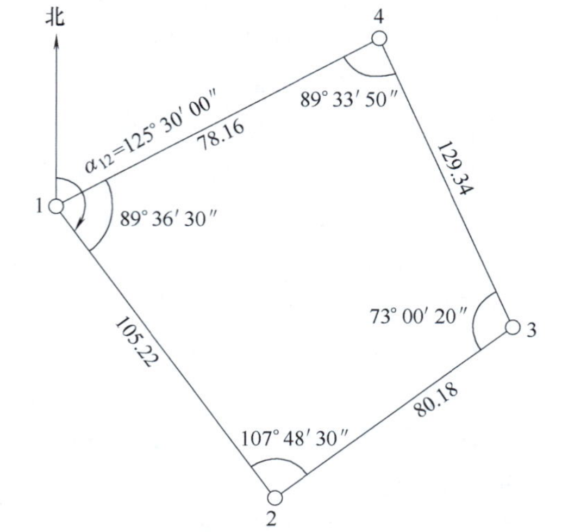

4. 附合导线计算

附合导线已知数据和观测数据如表 4-14 所示，试计算所有未知导线点的坐标并填表。

表 4-14　附合导线计算表

测站	转折角β(左角)		坐标方位角 α	边长 D/m	增量计算值/m		改正后增量/m		坐标/m	
	观测值	改正后角值			Δx= Dcosα	Δy= Dsinα	Δx	Δy	x	y
A			192°59′22″							
B	173°25′13″			160. 593					534. 570	252. 462
1	77°23′19″			171. 857						
2	158°10′46″			161. 505						
3	193°35′13″			148. 658						
C	197°58′03″		93°31′10″						506. 568	691. 858
D										
Σ	800°32′34″									
辅助计算										

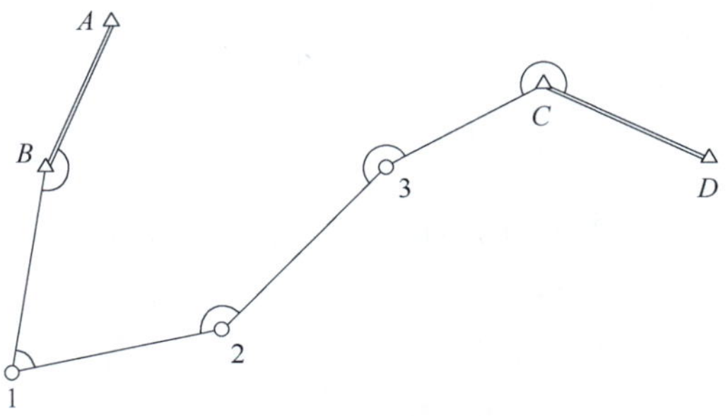

链接执考

一、判断题

1. 控制网的精度越高，点位越密，测量的工作量越大，施测工期也就越长。(　　)

2. 导线测量和计算的最终目的是为了得到导线点的坐标。(　　)

3. 正、反坐标方位角一定相差 180°。(　　)

4. 方位角的取值范围为-180°～+180°。(　　)

5. 坐标正算是指根据一条边长的方位角与水平距离计算坐标增量。(　　)

6. 闭合导线就是由一组已知高级控制点出发，经一系列导线点而终止于另一组的一个高级控制点。(　　)

7. 闭合导线检查外业观测粗差的方法与附合导线的检查方法相同。(　　)

8. 附合导线纵、横坐标增量的代数和在理论上应等于起、终两点已知坐标的差。(　　)

9. 闭合导线各点坐标增量代数和的理论值应等于 0。(　　)

10. 导线内业计算的目的是根据已知的起始数据和外业观测成果，通过误差调整，计算出各导线点的平面坐标。(　　)

二、单选题

1. 导线的坐标增量闭合差调整后，应使纵、横坐标增量改正数之和等于（　　）。

A. 纵、横坐标增量闭合差，其符号相同

B. 导线全长闭合差，其符号相同

C. 纵、横坐标增量闭合差，其符号相反

D. 导线全长闭合差，其符号相反

2. 已知 A、B 两点间距离为 188.43m，A、B 的方位角为 146°07′00″，则 A、B 两点间的 x 坐标增量为（　　）。

A. 156.43m　　B. −156.43m　　C. 105.05m　　D. −105.05m

3. 在地形图上，量得 A、B 两点的坐标分别为 $x_A=2910.14\text{m}$，$y_A=3133.78\text{m}$；$x_B=3110.14\text{m}$，$y_B=2933.78\text{m}$，则 A、B 的坐标方位角为（　　）。

A. 45°　　B. 135°　　C. 225°　　D. 315°

4. 附合导线的转折角，一般用（　　）进行观测。

A. 测回法　　B. 红黑面法　　C. 三角高程法　　D. 二次仪器高法

5. 在导线测量中，三等边角网的平均边长为（　　）。

A. 5km　　B. 6km　　C. 8km　　D. 10km

三、多选题

1. 常规的平面控制测量一般为（　　）。

A. 三角测量　　B. 高程测量　　C. 导线测量

D. 角度观测　　E. GPS 控制测量

2. 导线测量的外业工作包括（　　）。

A. 踏勘选点　　B. 测角　　C. 建立标志
D. 联测　　E. 记录

3. 高程测量按使用的仪器和方法不同分为（　　）。
A. 普通水准测量　　B. 闭合路线水准测量
C. 附合路线水准测量　　D. 三角高程测量
E. 三、四、五等水准测量

4. 影响水准测量成果的误差有（　　）。
A. 视差未消除　　B. 水准尺未竖直
C. 估读数据（精确至1mm）不准　　D. 地球曲率和大气折光
E. 阳光照射和风力太弱

5. 闭合导线和附合导线内业计算的不同点是（　　）。
A. 方位角推算方法不同　　B. 角度闭合差计算方法不同
C. 坐标增量闭合差计算方法不同　　D. 导线全长闭合差计算方法不同
E. 坐标增量改正计算方法不同

6. 国家控制网应依照（　　）施测。
A.《国家三角测量规范》(GB/T 17942—2000)
B.《国家重力控制测量规范》(GB/T 20256—2019)
C.《全球导航卫星系统（GNSS）测量规范》(GB/T 18314—2024)
D.《国家一、二等水准测量规范》(GB/T 12897—2006)
E.《国家三、四等水准测量规范》(GB/T 12898—2009)

7. 下列关于GPS控制测量的叙述，正确的有（　　）。
A. 目前大地控制测量和大部分工程控制测量基本上都用GPS接收机来完成
B. AA级GPS控制网是建立地心参考框架的基础
C.《卫星定位城市测量技术标准》(GJJ/T 73—2019) 规定GPS网按相邻点的平均距离和精度划分为三、四等和一级、二级
D.《卫星定位城市测量技术标准》(GJJ/T 73—2019) 规定在布网时可以逐级布设、越级布设或布设同级全面网
E. 区域性GPS大地控制网、GPS精密工程控制网、GPS变形监测、线路GPS控制网等已基本取代了常规大地控制网

项目五　数字化测图

思维导图

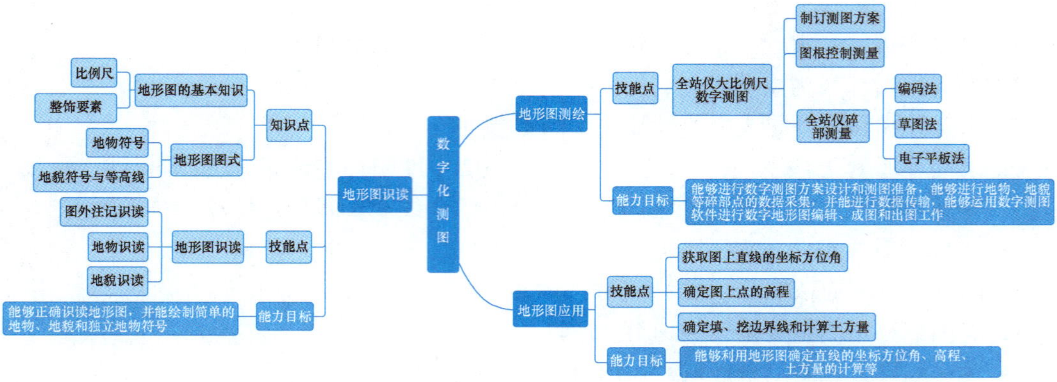

知识目标

1. 了解地物、地貌和地形图的概念，地形图的图号、图名、图廓、接合图表；掌握比例尺种类和比例尺精度，地物符号，等高线的概念、种类，等高线表示的典型地貌及等高线特性。

2. 了解图纸的准备，坐标格网的绘制，控制点展绘；掌握地形图的测绘以及地形图的拼接、检查与整饰。

3. 掌握地形图应用的基本内容以及地形图在工程规划设计中的应用。

能力目标

1. 能够正确识读地形图，能够读懂地形图所包含的全部内容，并能绘制简单的地物、地貌和独立地物符号。

2. 能够进行数字测图方案设计和测图准备，能够进行地物、地貌等碎部点的数据采集，并能进行数据传输，能够运用数字测图软件进行数字地形图编辑、成图和出图工作。

3. 能够利用地形图确定点的坐标、高程，确定两点间的距离、直线的坐标方位角、坡度，并能进行面积量算，按限制坡度线选择最短线路和纵、横断面图绘制等。

素养目标

1. 具备良好的计划组织能力，能够合理安排测绘工作的进度、调配资源，确保测绘项目的高效进行。

2. 具备解决问题的能力，面对复杂的测绘环境和数据时，能够运用所学知识进行分析、判断，并能找到切实可行的解决方案。

3. 培养创新意识和创新能力，在数字测图领域不断探索新的技术和方法，提高测绘工作的效率和精度。

学习重点

1. 地物、地貌的概念及表示方法。
2. 比例尺种类、精度。
3. 利用地形图确定点的坐标、高程，确定两点间的距离、直线的坐标方位角、坡度。

学习难点

1. 地物符号分类。
2. 等高线种类及其特性。
3. 选择碎部点、全站仪与测图软件数据传输、全站仪大比例尺数字测图。
4. 利用地形图进行面积计算，纵、横断面图绘制，按限制坡度线选择最短线路，场地平整。

延伸阅读

1. 《全球导航卫星系统（GNSS）测量规范》（GB/T 18341—2024）。
2. 《工程测量通用规范》（GB 55018—2021）。
3. 《国家三、四等水准测量规范》（GB/T 12898—2009）。
4. 《国家基本比例尺地图图式　第1部分：1∶500　1∶1000　1∶2000 地形图图式》（GB/T 20257.1—2017）。
5. 《数字测绘成果质量要求》（GB/T 17941—2008）。
6. 《数字测绘成果质量检查与验收》（GB/T 18316—2008）。
7. 《城市测量规范》（CJJ/T 8—2011）。
8. 《工程测量标准》（GB 50026—2020）。
9. 《基础地理信息要素分类与代码》（GB/T 13923—2022）。

案例引入

作为军事行动的重要基础，自古以来地形图测绘在战争中扮演着至关重要的角色。它不仅能够为军队提供详细的地理信息，还能帮助指挥官制定战略、部署兵力、选择进攻或防御路线。在战争年代，地形图测绘的准确性和及时性往往直接关系到战争的胜负。

例如，在抗日战争期间，太行山地区成为八路军的重要抗日根据地。然而，初期该地区的地形图现势性很差，无法满足作战需要。为此，八路军第129师地图股从1939年冬开始，历时一年修测了该地区27000余平方千米的1∶50000地形图60余幅，并绘制了《太行地区路线图》。这些地形图的完成，为八路军在太行山地区的战略部署、兵力调动和作战行动提供了关键信息支持，极大地提高了作战效率。

随着计算机技术的普及和应用，地形图开始逐步实现数字化。数字化地形图不仅便于存储、传输和处理，还可以与GIS（地理信息系统）等现代信息技术相结合，为城市规划、环境保护、灾害预警等领域提供更加精准的数据支持。

引导问题1：什么是地形图？传统地形图和数字地形图有何区别？

引导问题2：地形图测绘为什么能对军事战争的胜负起到重要作用？

引导问题3：一张地形图主要包含哪些内容，如何读懂地形图？

任务一
地形图识读

知识点

一、地形图的基本知识

地面上由人工建造或天然的固定物体称为地物，如房屋、道路、桥梁、隧道、人工河岸、树林等；地面上主要由自然力形成的高低起伏的连续形态称为地貌，如平原、河流、山岭、山谷、洼地等。地形是地物和地貌的总称。地形图是表示地物和地貌信息的载体，是将地表的地物和地貌经综合取舍并按比例缩小后，用规定的符号和一定的表示方法描绘在图纸上的正射投影图。经典地形图是以图纸上的线条和文字为载体，而现代的地形图是数字地形图，将地形信息以数字形式储存于光盘等载体。图5-1和图5-2所示分别为某地区卫星影像图和数字地形图。

图5-1　某地区卫星影像图

图 5-2　某地区数字地形图

地形图有三个要素，即数学要素、地形要素和整饰要素。其中，数学要素如比例尺、坐标网格等；地形要素如地物、地貌等所用的符号；整饰要素如图幅、图名、接合图表、图廓、图号等。

（一）比例尺

地形图上一段线段的长度与地面上相应线段的实际水平长度之比，称为地形图的比例尺。

1. 比例尺的表示方法

（1）数字比例尺

数字比例尺用分子为 1、分母为整数的分数表示。设图上一线段长度为 d，相应实地的水平距离为 D，则该地形图的比例尺可按式（5-1）表示。

$$\frac{d}{D}=\frac{1}{D/d}=\frac{1}{M} \tag{5-1}$$

式中　M——比例尺分母。

比例尺分母 M 越小，比例尺越大，表示的实际地物地貌的情况越详细；比例尺分母 M 越大，比例尺越小，表示的实际地物地貌的情况越简单。1∶500、1∶1000、1∶2000、1∶5000、1∶10000 的地形图称为大比例尺地形图，1∶25000、1∶50000、1∶100000 的地形图称为中比例尺地形图，1∶250000、1∶500000、1∶1000000 的地形图称为小比例尺地形图。

（2）图示比例尺

如图 5-3 所示，图示比例尺为直线比例尺，其优点是便于直接量取长度，并可减小因图纸伸缩变形而引起的误差。

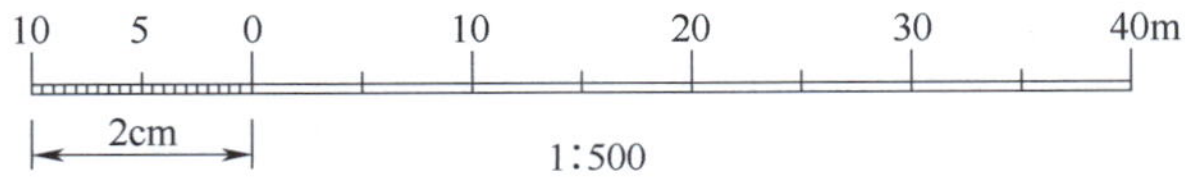

图 5-3　图示比例尺

2. 比例尺精度

人眼能分辨的图上最小长度为 0.1mm，0.1mm 乘以比例尺分母所得的长度称为“比例尺精度”，即地形图上0.1mm长度所表示的实地水平距离。表5-1所示为不同比例尺的比例尺精度。

表5-1 不同比例尺的比例尺精度

比例尺	1 : 500	1 : 1000	1 : 2000	1 : 10000
比例尺精度/cm	5	10	20	100

（二）整饰要素

1. 图幅

图的量词为“幅”，一张地形图称为一幅地形图。大比例尺地形测量采用矩形图幅，标准图幅的幅面大小为50cm×50cm或40cm×50cm。比例尺越大，每幅图对应的实际面积越小，面积相同的区域包含的图幅数量也越多。

2. 图名

通常以本幅内最著名的地名、厂矿企业或村庄的名字作为图名，图名通常用粗体写在图幅上方中央，如图5-4所示，该地形图的图名为“服装厂”。

3. 接合图表

接合图表是表示本幅图与相邻图幅之间位置关系的示意图，供查找相邻图幅之用。接合图表位于图幅左上方，列出相邻8幅图幅的图名，斜线部分表示本幅图位置，如图5-4所示。

4. 图廓

如图5-4所示，图廓有内、外图廓之分。内图廓线就是测量边界线，用0.1mm细实线表示。内图廓之内，每隔10cm绘有互相垂直交叉的5mm短线，称为坐标格网。外图廓线是一幅图最外边的界线，以0.5mm粗实线表示。内、外图廓线相距12mm，在外图廓线

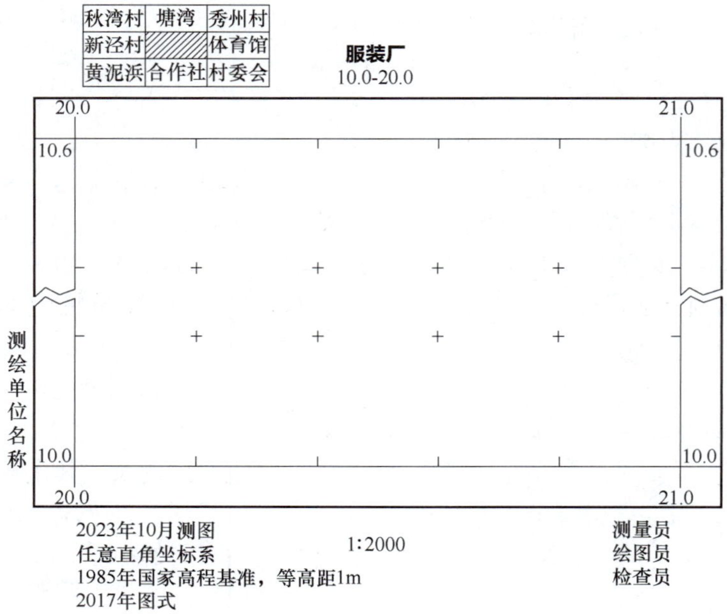

图5-4 1：2000地形图

与内图廓线之间空白处，标注坐标格网线坐标值。外图廓线外除了有接合图表、图名、图号外，还应注明测量所用的平面坐标系、高程系、比例尺、测绘日期和测绘单位等。

5. 图号

1∶500 的地形图一般是 50cm×50cm 的图幅，一幅图所含实地面积是 0.0625km^2，如果是 1km^2 测区，最少需要绘制 16 幅图纸。为了便于测绘、拼接、使用和管理地形图，需要将地形图进行分幅和编号，该编号称为地形图图号，一般写在图名正下方，如图 5-4 所示。

（1）地形图分幅方法

大比例尺地形图采用正方形分幅法，按照统一的直角坐标纵、横坐标格网线划分。表 5-2 所示为几种大比例尺地形图的图幅大小。图 5-5 所示是以 1∶5000 地形图为基础进行的正方形分幅。

表 5-2　几种大比例尺地形图的图幅大小

比例尺	图幅大小/cm	实地面积/km^2	1∶5000 图幅内的分幅数	图数量/(幅/km^2)
1∶5000	40×40	4	1	0.25
1∶2000	50×50	1	4	1
1∶1000	50×50	0.25	16	4
1∶500	50×50	0.0625	64	16

（2）地形图编号方法

① 西南角坐标编号法。以每幅的图幅西南角坐标值 x、y 的测绘值（km）为该幅的编号，x 坐标在前，y 坐标在后，中间用短线连接。编号时 1∶5000 地形图坐标取至 1km；1∶2000、1∶1000 地形图坐标取至 0.1km；1∶500 地形图坐标取至 0.01km。如图 5-4 所示，其左下角（即西南角）坐标 x = 10.0km，y = 20.0km，该地形图图号即为 “10.0-20.0”，写在图名正下方。

② 自然序数编号法。若为小面积测区，图幅数量较少，也可采用自然序数编号法，如图 5-6 所示。

③ 行列编号法。对特定测区也可以采用行列编号法，如图 5-7 所示，行数在前，列数在后。

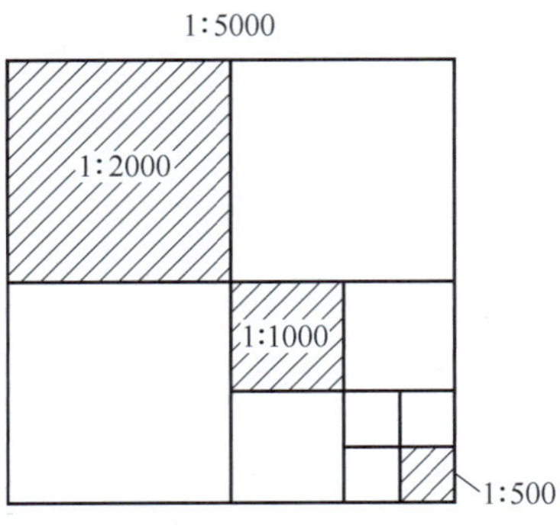

图 5-5　地形图正方形分幅

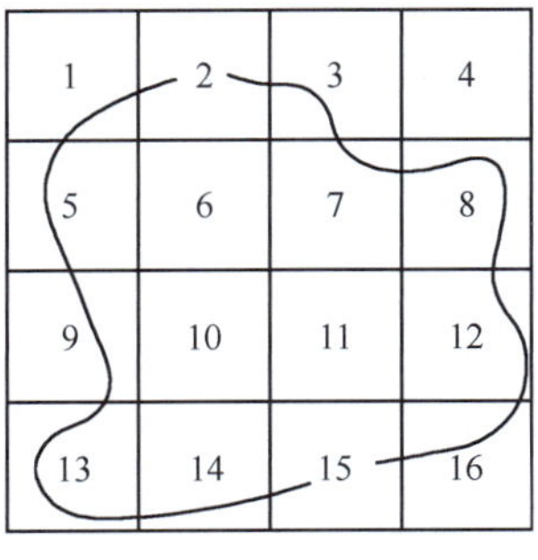

图 5-6　自然序数编号法

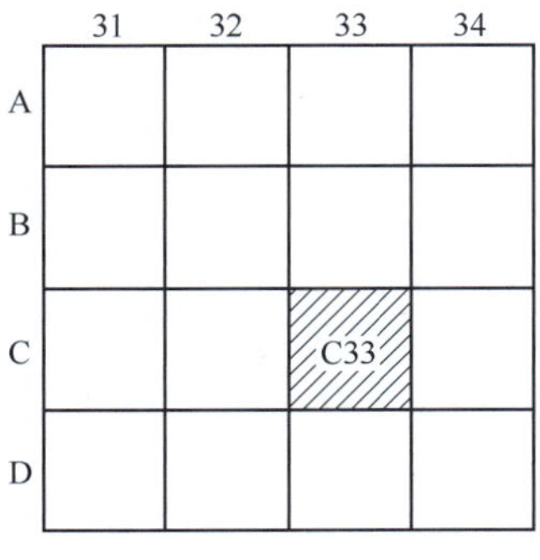

图 5-7　行列编号法

二、地形图图式

为了便于测图和用图，在地形图上用各种点位、线条、符号、文字等表示实地的地物和地貌，统一代表地形图上所有的地形要素，总称为地形图图式。《地形图图式》是由国家质量监督检验检疫总局（现为国家市场监督管理总局）与国家标准化管理委员会发布的国家标准，如《国家基本比例尺地图图式　第 1 部分：1∶500　1∶1000　1∶2000 地形图图式》（GB/T 20257. 1—2017）。地形图图式主要分为地物符号和地貌符号。部分地物、地貌符号如表 5-3 所示。

表 5-3　部分地物、地貌符号

编号	符号名称	1∶500　1∶1000
1	一般房屋(混—房屋结构;3—房屋层数)	
2	简单房屋	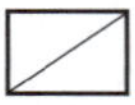
3	建筑中的房屋	
4	破坏房屋	
5	棚房	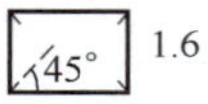
6	架空房屋	
7	廊房	
8	台阶	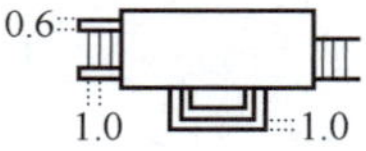
9	无看台的露天体育场	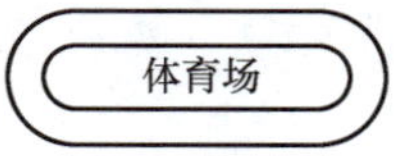
10	游泳池	
11	过街天桥	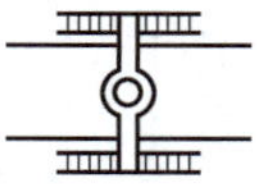
12	高速公路(a—收费站;0—技术等级代码)	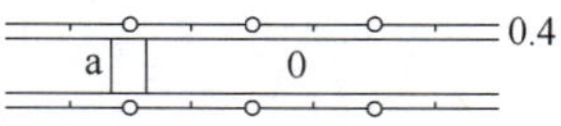
13	等级公路(2—技术等级代码;G325—国道路线编码)	
14	乡村路(a—依比例尺的;b—不依比例尺的)	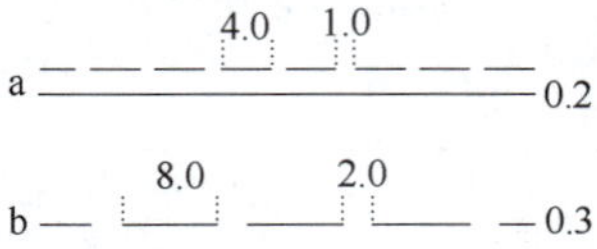
15	小路	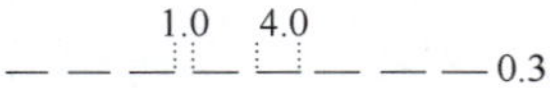
16	内部道路	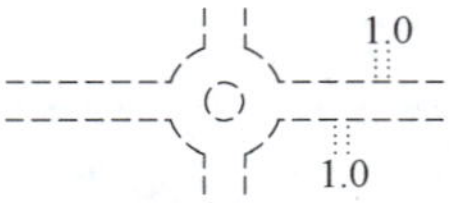
17	阶梯路	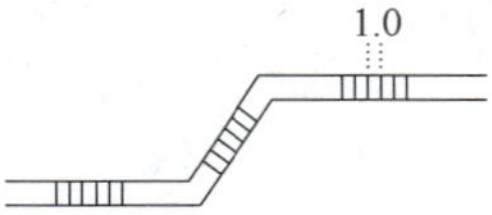
18	打谷场、球场	
19	旱地	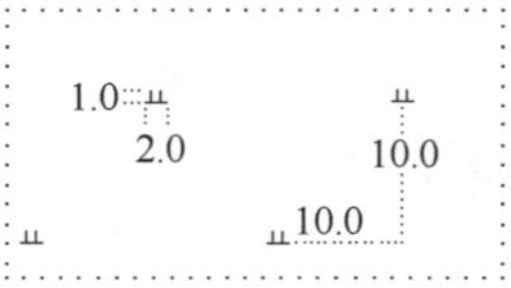
20	花圃	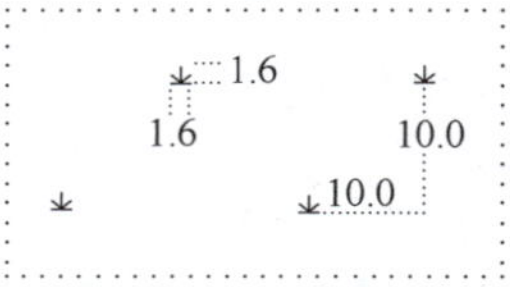
21	有林地	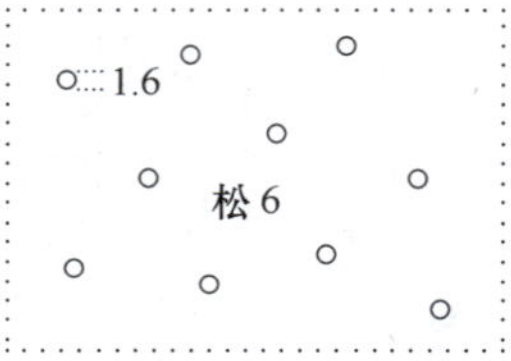

续表

编号	符号名称	1∶500　1∶1000
22	人工草地	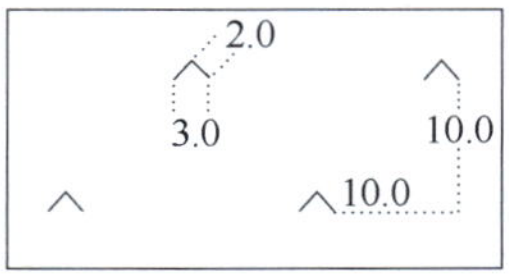
23	稻田	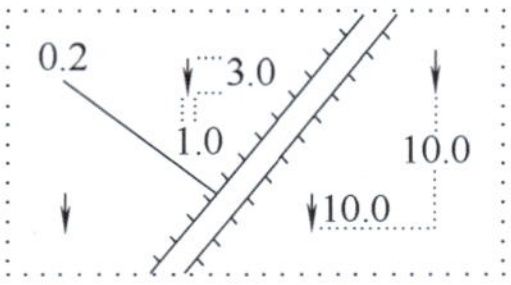
24	常年湖	
25	池塘	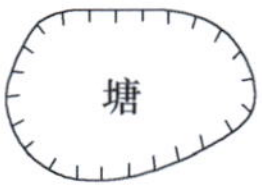
26	常年河(a—水涯线;b—高水界;c—流向;d—潮流向) ←⁄⁄⁄⁄⁄涨潮 ——→落潮	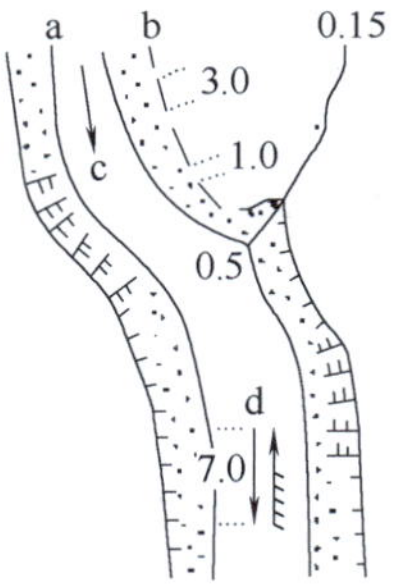
27	喷水池	
28	GPS控制点	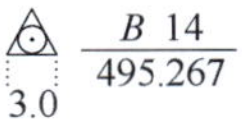
29	三角点(凤凰山—点名;394.468—高程)	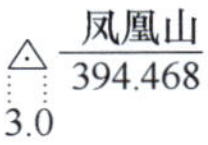
30	导线点(116—等级、点号;84.46—高程)	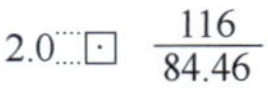
31	埋石图根点(16—点号;84.46—高程)	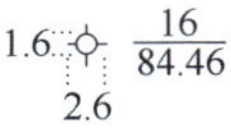
32	不埋石图根点(25—点号;62.74—高程)	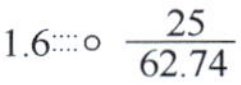
33	水准点(Ⅱ京石5—等级、点名、点号;32.804—高程)	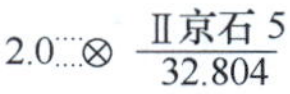
34	加油站	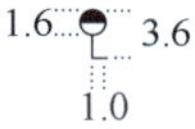
35	路灯	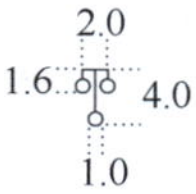
36	独立树(a—阔叶;b—针叶;c—果树;d—棕榈、椰子、槟榔)	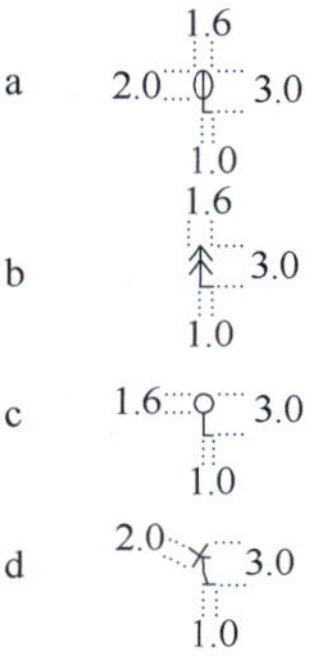
37	独立树(棕榈、椰子、槟榔)	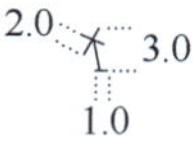
38	上水检修井	
39	下水(污水)雨水检修井	
40	下水暗井	
41	煤气、天然气检修井	
42	热力检修井	
43	电信检修井(a—电信人孔;b—电信手孔)	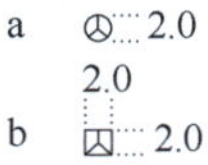
44	电力检修井	
45	地面下的管道	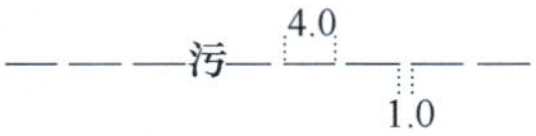
46	围墙(a—依比例尺的;b—不依比例尺的)	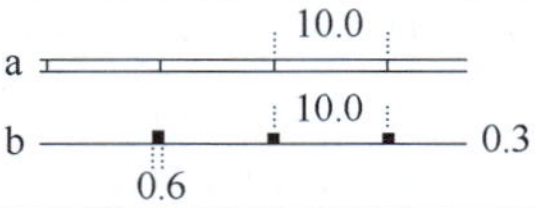

续表

编号	符号名称	1∶500 1∶1000
47	挡土墙	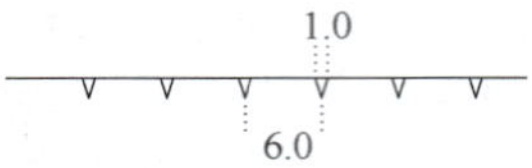
48	栅栏、栏杆	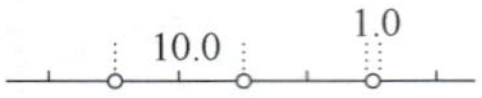
49	篱笆	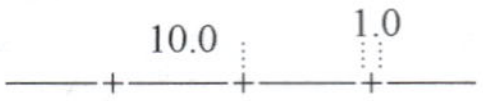
50	活动篱笆	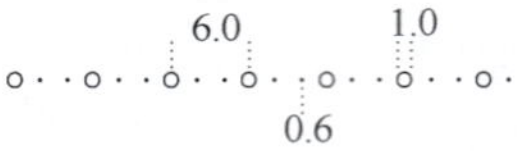
51	铁丝网	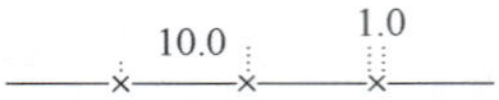
52	通信线（地面上的）	
53	电线架	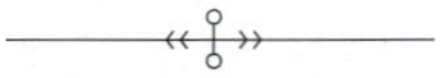
54	配电线（地面上的）	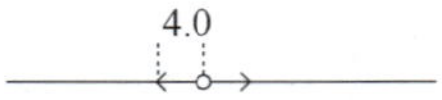
55	陡坎（a—加固的；b—未加固的）	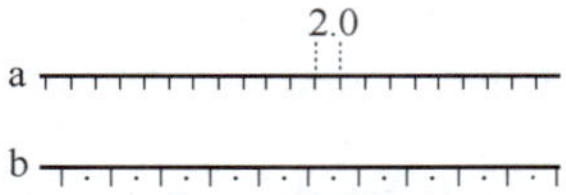
56	散树、行树（a—散树；b—行树）	
57	一般高程点及注记（a——一般高程点；b—独立性地物的高程）	
58	名称、说明、注记	**友谊路** 中等线体 4.0(18k) **团结路** 中等线体 3.5(15k) 胜利路 中等线体 2.75(12k)
59	等高线（a—首曲线；b—计曲线；c—间曲线）	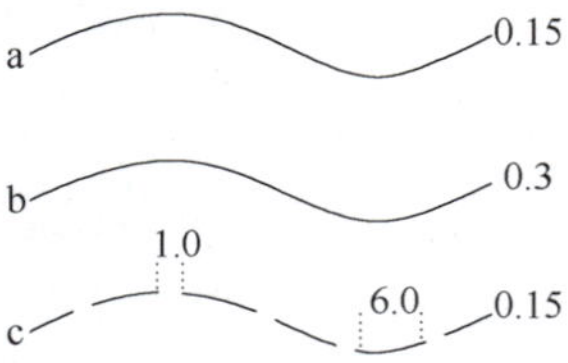
60	等高线注记	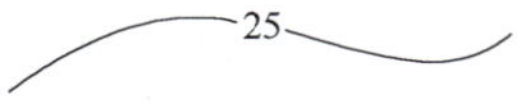
61	示坡线	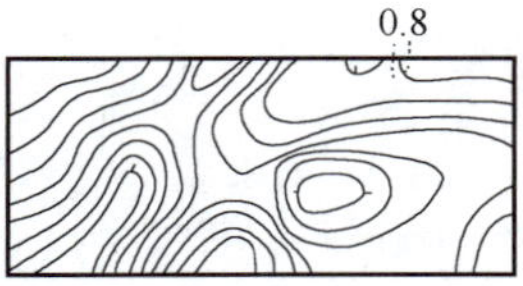
62	梯田坎	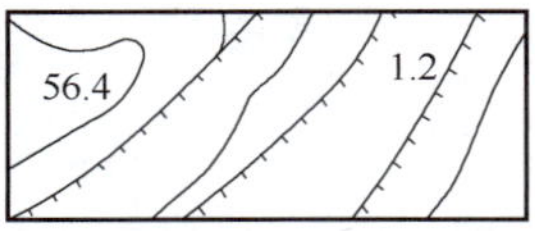

（一）地物符号

地形图上表示地物类别、形状、大小及位置的符号称为地物符号。根据地物形状大小和描绘方法的不同，地物符号可分为比例符号、非比例符号、半比例符号、地物注记。

1．比例符号

当地物轮廓大，地物的形状和大小均按测图比例尺缩小并用规定的符号绘在图纸上，这种地物符号称为比例符号，如房屋、道路、森林、桥梁、旱田等。

2．非比例符号

有些地物的轮廓较小，但其较为重要，无法将其形状和大小按比例缩绘到图上，需要用专用符号表示，这种符号称为非比例符号，如导线点、水准点、界址点、电线杆、路灯、消防栓等。

3．半比例符号

半比例符号也称线形符号，地物的长度可按比例尺缩绘，宽度可按规定尺寸绘出，如围墙、篱笆、边界、铁路、公路等。

4. 地物注记

用文字、数字或特定的符号对地物加以说明，这类符号称为地物注记，如地名，路名，单位名，房屋结构和层数，桥梁的长、宽及载重量，江河的流向、流速及深度，道路的去向等。

（二）地貌符号与等高线

地貌的表示方法有很多种，大比例尺地形图中常用等高线表示地貌，对于一些特殊地貌如峭壁、冲沟等则用专用符号表示。

1. 等高线的概念

等高线是地面上高程相等的相邻点所连成的闭合曲线。如图 5-8 所示，用不同高度的水平面与山头相截得到山表面与水平面相交的轮廓曲线，即为不同高程的等高线。将这些等高线垂直投影在同一个水平面上，并按比例尺缩小绘在图纸上，就得到用等高线表示的地貌图。

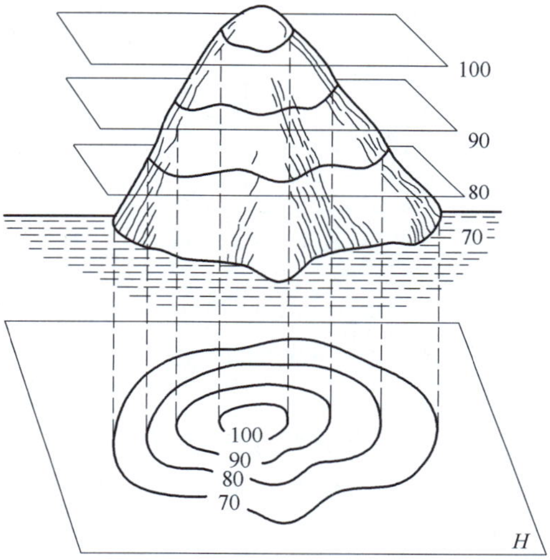

图 5-8　等高线概念图

2. 等高距与等高线平距

相邻等高线之间的高差称为等高距，一般用 h 表示。相邻等高线之间的水平距离称为等高线平距，用 d 表示，它随着地面的起伏情况而改变。地面坡度 i 可按式（5-2）计算。

$$i=\frac{h}{dM}=\tan\alpha \qquad (5-2)$$

式中　M——地形图比例尺分母；

α——地面倾角。

由于同一幅地形图上等高距 h 是相同的，所以地面坡度 i 与等高线平距 d 成反比。地面坡度较小时，地形较平缓，其等高线平距大，等高线稀疏；地面坡度较大时，地形较陡峭，其等高线平距小，等高线密集。地面坡度一般以百分率表示，向上为正，向下为负，如 $i=+4\%$。

应选择合适大小的等高距，若等高距过大，则不能正确地反映地貌的形状；若等高距过小，则地形图上等高线过于密集，会增加测图的工作量，并影响图纸的清晰度。如表 5-4 所示，一般按比例尺和测区的地形类别选择等高距的数值，这个规定的数值称为基本等高距。

3. 等高线的种类

地形图上常用的等高线种类如图 5-9 所示。

（1）首曲线

按规定的基本等高距绘制的等高线称为首曲线，又称为基本等高线，用 0.15mm 细实线绘制。

表 5-4　　基本等高距的选用　　单位：m

比例尺	地形类别			
	平地（地面倾角 $\alpha<2°$）	丘陵地（地面倾角 $2°\leqslant\alpha<6°$）	山地（地面倾角 $6°\leqslant\alpha<25°$）	高山地（地面倾角 $\alpha\geqslant25°$）
1：500	0.5	0.5	1.0	1.0
1：1000	0.5	1.0	1.0	2.0
1：2000	1.0	2.0	2.0	2.0
1：5000	2.0	5.0	5.0	5.0

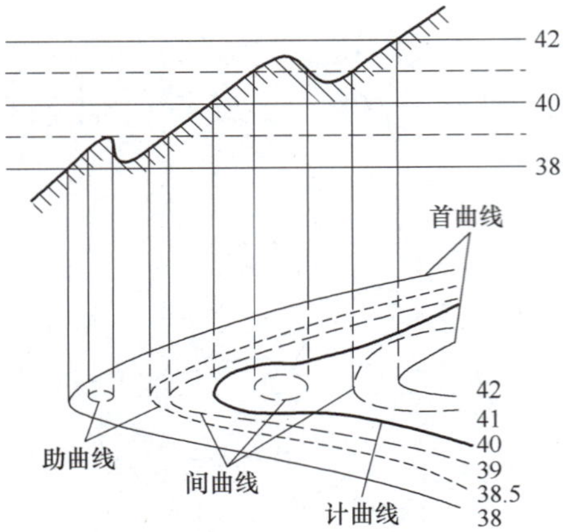

图 5-9　等高线的种类

（2）计曲线

为了便于计数，每隔四条首曲线绘制一根加粗等高线并注记高程，称为计曲线，又称加粗等高线，用 0.3mm 粗实线绘制。

（3）间曲线

为了较好地表示局部地区地形的细部，采用 1/2 基本等高距，用 0.15mm 细长虚线在首曲线间加绘的等高线，称为间曲线，也称半距等高线。

（4）助曲线

当采用间曲线还不能表示清楚局部地貌时，采用 1/4 基本等高距，用 0.15mm 细短虚线加绘的等高线称为助曲线。

4. 等高线表示的典型地貌

地表形态的多样性导致等高线的形状和分布有较大的差异，通过掌握一些典型地貌的等高线特点，分析和判断地面的起伏情况，可以更好地识读、使用和测绘地形图。图 5-10 所示为综合性地貌的地形图和三维示意图。

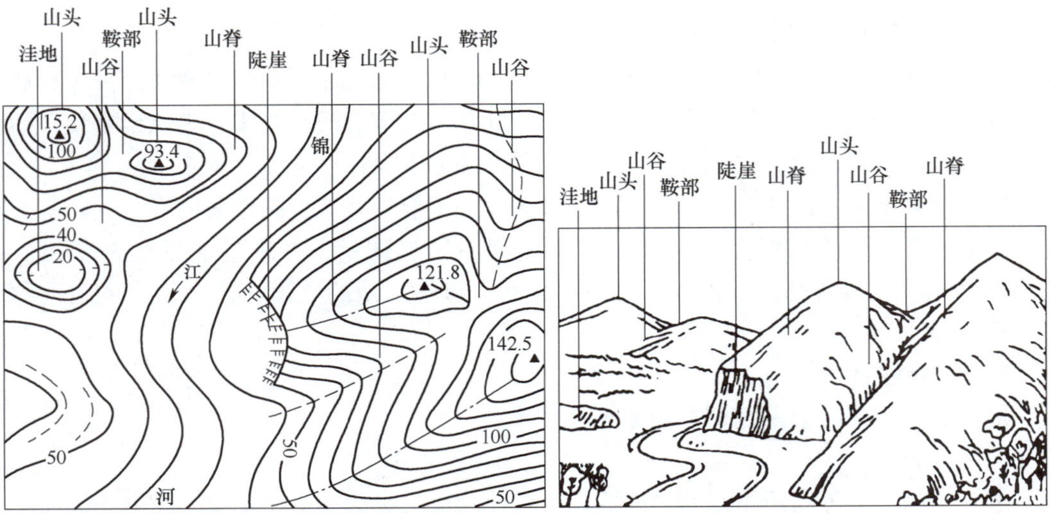

图 5-10　综合性地貌的地形图和三维示意图

（1）山头和洼地

山头和洼地（又称盆地）的等高线都是一组闭合曲线。如图 5-11（a）所示，山头内圈等高线高程大于外圈等高线的高程；洼地则相反，如图 5-11（b）所示。这种区别也可以用示坡线表示，示坡线是垂直于等高线并指向坡度降落方向的短线，山头的示坡线往外标注，洼地的示坡线往内标注。

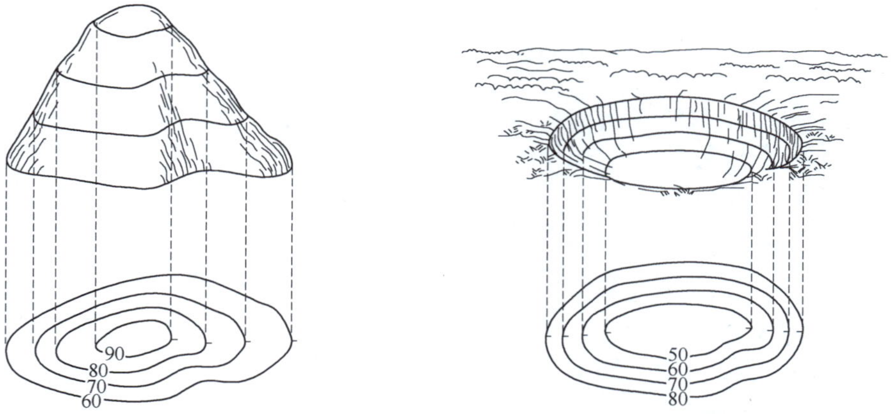

(a) 山头的等高线　　(b) 洼地的等高线

图 5-11　山头和洼地的等高线

（2）山脊和山谷

如图 5-12（a）所示，沿着一个方向延伸的高地称为山脊，山脊上最高点的连线称为山脊线。雨水以山脊为界流向两侧坡面，因此，山脊线也称为分水线。山脊的等高线是一组凸向低处的曲线。在两山脊间沿着一个方向延伸的洼地称为山谷，如图 5-12（b）所示，山谷中最低点的连线称为山谷线或集水线。山谷的等高线是一组凸向高处的曲线。山脊线和山谷线与等高线正交。

（3）鞍部

鞍部是相邻两山头之间呈马鞍形的低凹部分，是两个山脊和两个山谷会合的地方。鞍部的等高线由两组相对的山脊和山谷的等高线组成，即用一组大的闭合曲线套着两组小的闭合曲线，这两组小闭合曲线之间的低处就是鞍部，如图 5-13 所示。

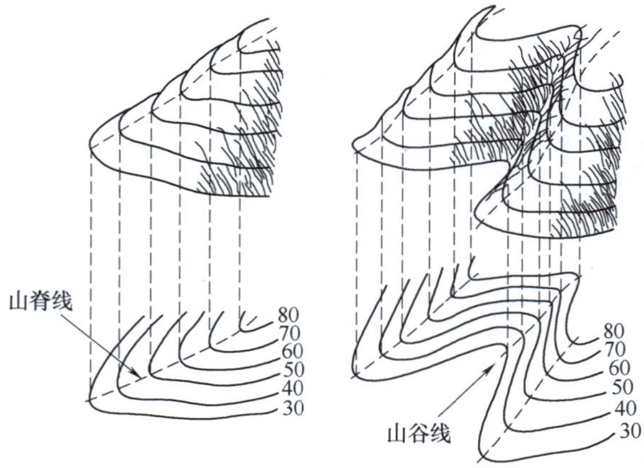

(a) 山脊的等高线　　(b) 山谷的等高线

图 5-12　山脊和山谷的等高线

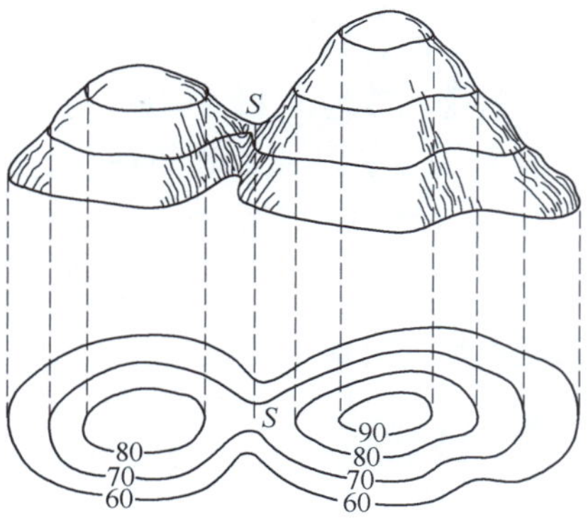

图 5-13　鞍部的等高线

（4）陡崖和悬崖

坡度在70°以上或90°的陡峭崖壁称为陡崖。陡崖处若用等高线表示将会十分密集，甚至会重合成一条线，因此，常采用陡崖符号表示，如图5-14（a）所示。上部向外凸出，中间凹进的陡崖称为悬崖，悬崖上部的等高线投影到水平面上时会与下部的等高线相交，下部凹进的等高线用虚线表示，如图5-14（b）所示。

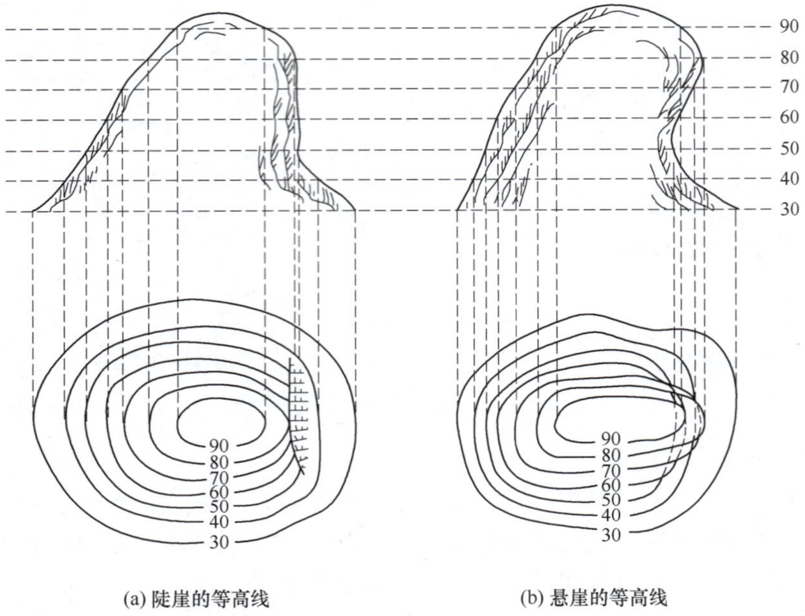

图5-14　陡崖和悬崖的等高线

5. 等高线的特性

等高线的特性如下：

① 等高性。同一条等高线上各点高程必相等。

② 闭合性。各条等高线应是闭合曲线，如不在本图幅闭合，必定在相邻的其他图幅闭合。因此，在图幅内，除遇房屋、道路等地物符号外，等高线不能中断；在本图幅内不闭合的等高线应绘到内图廓，不能在图幅内中断。

③ 非交性。只有在悬崖、陡崖处等高线才会相交；不同高程的等高线不能相交。

④ 正交性。在山脊、山谷处等高线与山脊线或山谷线正交。

⑤ 缓稀陡密性。同一幅图内等高距为定值，所以地面平缓处等高线平距大，等高线稀疏；地面陡峭处等高线平距小，等高线密集。

技能点

地形图识读

只有正确地识读地形图，才能对一幅地形图有全面的了解，从而为准确地应用地形图奠定良好的基础。应能够准确地识读出地形图上注记、符号的含义。地形图识读的顺序如下：先图外后图内、先地物后地貌、先主要后次要、先注记后符号，必要时查阅《国家基本比例尺地图图式　第 1 部分：1∶500　1∶1000　1∶2000 地形图图式》（GB/T 20257.1—2017）。图 5-15 所示为某城区居民地地形图。

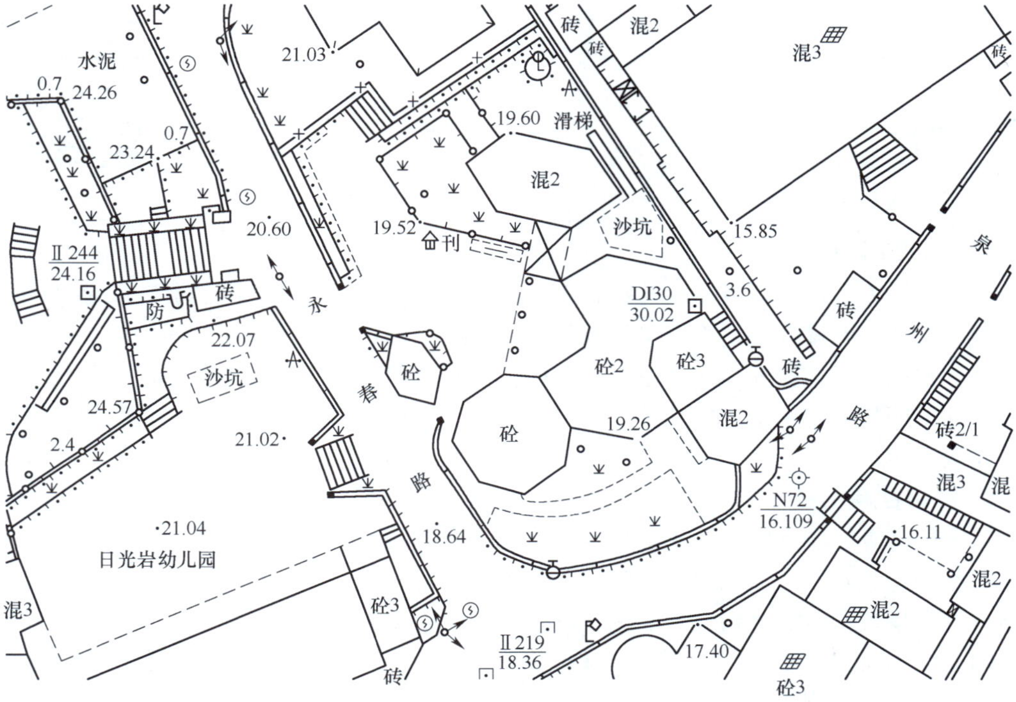

图 5-15　某城区居民地地形图

1. 图外注记识读

根据地形图绘图比例尺，可以判断该地形图所表示的地物、地貌的详细程度；根据地形图所注记的测图日期，可以了解地形图的测绘日期；根据时间的跨度，可以知道地物、地貌的变化程度；根据接合图表，可以知道本幅图与相邻图幅之间位置关系；根据图廓坐标，可以知道图幅的范围。掌握地形图采用的地形图图式版别，对地物、地貌的正确识读具有重要作用；掌握地形图采用的高程系统、坐标系统、基本等高距、测图方法等，可以更好地应用地形图。

2. 地物识读

熟悉常用的地物符号，掌握地物符号及其注记所代表的含义，能够根据地物符号掌握地形图内地物的情况，如地名、路名、单位名、房屋层数、河流的水深、水流的方向等。

3. 地貌识读

能够根据等高线判读出山头和洼地、山脊和山谷、鞍部等典型地貌，同时根据专用符号判读出冲沟、悬崖、陡崖、雨裂等特殊地貌。此外，还应能够根据等高线的密集程度判断地面坡度的起伏情况。

任务二
地形图测绘

数字测图技术设计书实例

技能点

全站仪大比例尺数字测图

1. 制订测图方案

测图开始前，根据任务需求选择相应的测量规范，收集现有的测区资料以及测区踏勘等，然后编制技术设计书。需要预先收集的测量成果资料包括现有地形图的情况；控制点的等级、精度和保存情况；测区范围；平面坐标和高程系统；投影带号等。编制测量技术设计书的目的是拟定测量方案和计划，保证测量工作在技术上合理可行，在工作组织和实施上高效有序。

2. 图根控制测量

当测区高级控制点的密度不能满足大比例尺测图需要时，应布置适当数量的图根控制点（又称为图根点），直接供测图使用。图根控制点是测区各等级控制点的加密，当图根控制点的数量较多时需要构成控制网。图根控制点精度的基本要求如下：点位中误差不应大于图上 0.1mm 对应的实际距离；高程中误差不应大于测图基本等高距的 1/10。图根控制点的数量应根据测图比例尺、测图方法、地形复杂程度确定，以满足测图需要为原则。根据《工程测量标准》（GB 50026—2020），图根控制点的密度应满足表 5-5 所示的要求。

表 5-5　图根控制点的密度要求

测图比例尺	图幅尺寸/cm	图根控制点数量/个	
		全站仪测图	GNSS-RTK 测图
1∶500	50×50	2	1
1∶1000	50×50	3	1~2
1∶2000	50×50	4	2

图根控制测量包含图根平面控制测量和图根高程控制测量，二者可同时进行，也可分别施测。图根平面控制测量可采用导线测量、GNSS-RTK 测量、边角交会测量等方法。图根点高程控制测量可采用图根水准测量或三角高程测量等方法。

3. 全站仪碎部测量

全站仪碎部测量是指在高等级控制点、图根控制点或加密测站点上架设全站仪，经设站和定向后，通过观测碎部点的水平角、竖直角和距离得到坐标和高程，利用电子平板现场绘图，或者将数据记录存储后再进行内业绘图的方法。这种方法首先需要对全站仪设站，并输入仪器高、目标高等信息，主要采用极坐标法测量碎部点的平面坐标和高程并编码

数字化成图——CASS 软件成图

存储，对于某些难以直接用极坐标法测量的地物，可以根据现场条件采用角度交会法、偏距法、插值法等方式获取碎部点的坐标。

全站仪数字测图法包括测量和绘图两个主要过程，根据绘图模式和方法的不同，可分为编码法、草图法和电子平板法。

（1）编码法

编码法是指在测站上将全站仪测得碎部点的三维坐标及编码信息记录到仪器的内存或电子手簿中，在室内输入装有成图软件的计算机并编辑成图的方法。此法适用于地形较简单、地物较整齐的场合。按照《国家基本比例尺地图图式　第1部分：1∶500　1∶1000　1∶2000地形图图式》（GB/T 20257.1—2017），地形图要素分为八大类，如表5-6所示。按照《基础地理信息要素分类与代码》（GB/T 13923—2022），地形图要素分类代码由6位数字码组成，例如图根控制点分类代码为110103，普通建成房屋分类代码为310301，围墙分类代码为380201等。

表5-6　地形图要素分类

地物类型	简要说明
测量控制点	各种平面控制点和高程控制点，包括测图图根控制点
水系	江、河、湖、海、井、泉、水库、池塘、沟渠等自然和人工水体及连通体系的总称
居民地及设施	城市、集镇、工矿、村庄、窑洞、蒙古包以及居民地的附属建筑物
交通	铁路、公路、乡村路、大车路、小路、桥梁、涵洞以及其他道路附属建筑物
管线	电力线（分为输电线和配电线）、通信线路、各种管道及其附属设施的总称
境界	国界、省界及其界碑，县界、乡界、镇界及特殊地区界线等
地貌	地表面起伏的形态，包括用等高线表示的地表面起伏形态和特殊的地貌
植被与土质	森林、果园、菜园、耕地、草地、沙地、石块地、盐碱地等

（2）草图法

草图法是指在测站上用仪器内存或电子手簿记录碎部点坐标，绘图员现场绘制碎部点的连接信息草图，在室内利用数字测图软件根据碎部点坐标和草图进行计算机编辑成图的方法。此法主要适用于测区面积小、地形较简单的区域。野外测量的数据可直接导入AutoCAD软件进行内业绘图，而不需要借助专业的数字测图软件；草图可以采用手绘草图，图5-16所示为某测区的工作草图。

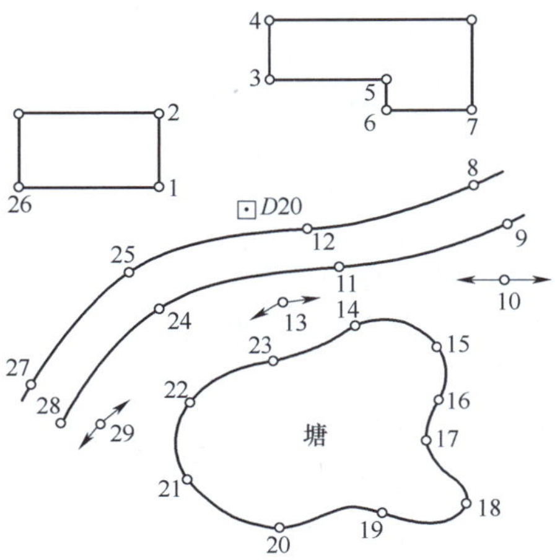

图5-16　某测区的工作草图

（3）电子平板法

电子平板法是指将装有数字成图软件的笔记本电脑（统称电子平板）通过电缆线（或蓝牙）与仪器连接，所测的碎部点直接在屏幕上显示，绘图员可在电子平板屏幕上绘图的方法。电子平板法的优点是现场成图，效果直观。电子平板法采用了专业的测图软件，非专业人员需要提前熟悉软件的各种操作指令。常用的测图软件有广州南方测绘科技股份有限公司的CASS软件系列、北京威远图易数据科技有限公司的 SV300 数字测图软件、北京山维科技股份有限公司的 EPSW 电子平板测图系统等。测量前，先将笔记本电脑与测站上安置的全站仪连接，并在全站仪和测图软件上设置通信参数。全站仪测得的碎部点坐标自动传输到笔记本电脑并展绘在屏幕上，完成一个地物的碎部点测量工作后，现场实时绘制地物。

任务三
地形图应用

技能点

一、获取图上直线的坐标方位角

1. 图解法（直接量测）

当精度不高时，方位角可用量角器直接量取，如图 5-17 所示。通过 A、B 分别作坐标纵轴的平行线，然后用量角器的中心分别对准 A、B 两点量出直线段 AB 的坐标方位角 α'_{AB}和直线段 BA 的坐标方位角 α'_{BA}，则直线 AB 的坐标方位角可按式（5-3）计算。

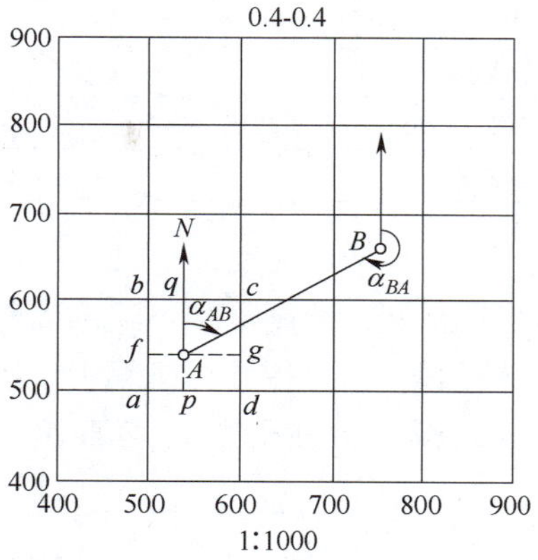

图 5-17　地形图应用

$$\alpha_{AB}=\frac{1}{2}(\alpha'_{AB}+\alpha'_{BA}\pm180°) \tag{5-3}$$

2. 解析法（量测坐标计算）

当确定直线的坐标方位角精度要求较高时，须采用解析法。如图 5-17 所示，可以先确定 A、B 两点的坐标，再利用坐标反算公式（5-4）计算出直线 AB 的坐标方位角。

$$\alpha_{AB}=\arctan\frac{(y_B-y_A)}{(x_B-x_A)} \tag{5-4}$$

二、确定图上点的高程

地形图上点的高程可以根据等高线确定。若点位于等高线上，等高线的高程即为该点的高程。如图 5-18 所示，A 点位于 28m 等高线上，则 A 点的高程为 28m。不在等高线上的点，其高程须根据等高线按内插法确定。在图 5-18 中，B 点位于 32m 和 34m 两条等高线之间，过 B 点作一条垂直于两条等高线的直线，与两条等高线分别交于点 m 和点 n，在图上量取 Bn、nm 的长度 $|Bn|$、$|nm|$，根据已知的等高距（$h=2$m），n 点对于 B 点的高差 h_{Bn} 可按式（5-5）计算。

$$h_{Bn}=\frac{|Bn|}{|nm|}h \tag{5-5}$$

设$\frac{|Bn|}{|nm|}=0.3$，则 B 点高程为：$H_B=H_n-h_{Bn}=34-0.3\times2=33.4$（m）。

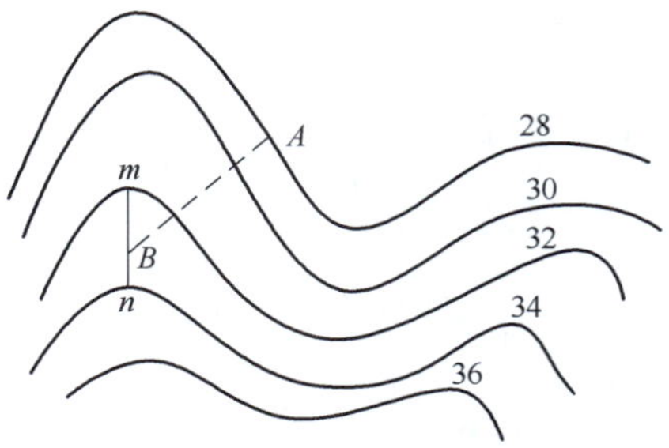

图 5-18　确定图上点的高程

三、确定填、挖边界线和计算土方量

将施工现场的自然地表按照要求整理成一定高程的水平地面的工作称为平整场地。在平整场地的过程中，为使填、挖土石方量基本平衡，需要利用地形图确定填、挖边界线和计算土石方量。如图 5-19 所示，拟将原地面平整为高程 50m 的水平地面，使填、挖土石方量基本平衡。

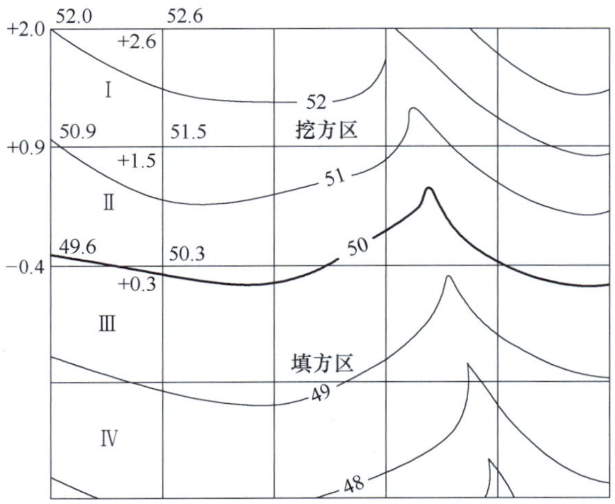

图 5-19　确定填、挖边界线和计算土石方量

其步骤如下。

1. 绘制方格网

在地形图上绘制小方格（一般取边长为 2cm），并对方格进行编号。

2. 求各方格点的地面高程

根据地形图上的等高线，用内插法求出各方格点的地面高程，并将其标注于方格点的右上角。

3. 确定填、挖边界线

根据设计高程 50m，在地形图上绘出不填不挖的等高线，称为填、挖边界线，如

图 5-19 所示的粗实线。

4. 确定各顶点的填、挖高度

各方格点地面高程与设计高程之差为该点的填、挖高度，可按式（5-6）计算。

$$h=H_{地}-H_{设} \tag{5-6}$$

在式（5-6）中，若 h 为正，则表示挖方；h 为负，则表示填方。将 h 值标于各方格点的左边。

5. 计算填、挖土石方量

根据各方格点的填、挖高度，分别计算填、挖土石方量。现以图 5-19 中的小方格Ⅰ、Ⅱ为例说明其计算方法。

方格Ⅰ为全挖方，其挖方量可按式（5-7）计算。

$$V_{\text{Ⅰ挖}}=\frac{1}{4}(2.0+2.6+1.5+0.9)\times A_{\text{Ⅰ挖}}=1.75A_{\text{Ⅰ挖}} \tag{5-7}$$

方格Ⅱ既有挖方，又有填方，其挖方量和填方量可按式（5-8）计算。

$$V_{\text{Ⅱ挖}}=\frac{1}{5}(0.9+1.5+0.3+0+0)\times A_{\text{Ⅱ挖}}=0.54A_{\text{Ⅱ挖}}$$

$$V_{\text{Ⅱ填}}=\frac{1}{3}(0+0-0.4)\times A_{\text{Ⅱ挖}}=-0.13A_{\text{Ⅱ填}} \tag{5-8}$$

上述各式中，$A_{\text{Ⅰ挖}}$、$A_{\text{Ⅱ挖}}$、$A_{\text{Ⅱ填}}$为各方格的填、挖方面积，单位为 m^2。

同法可得其他方格的填、挖土石方量，根据各方格内的填、挖方量，可求出整个地块平整场地的总挖方量和总填方量。

典型任务描述

小李在某市勘测设计研究院工作，该院近期刚刚中标一个项目，须进行相应测量工作。地形图测绘面积约 82.6km²，小李被分派到其中重点项目区域范围 1∶1000 数字地形图制作的工作团队，负责其中某一测区范围的地形图测绘工作。

小李在拿到相关资料后，明确测图任务的具体要求，包括测图比例尺、测区范围、精度要求等，收集测区已有的地形图、控制点成果等相关资料，以便为后续的测量工作提供参考；对全站仪进行全面的检查，确保其性能稳定、精度可靠，同时进行必要的校准工作，以保证测量数据的准确性；在测区内布设控制点，利用全站仪进行高精度的角度和距离测量，以获取控制点的精确坐标，根据控制点的测量结果，构建测区的控制网，为后续的碎部测量提供基准；在控制测量的基础上，利用全站仪对测区内的地物、地貌特征点进行碎部测量，同时，根据测区的实际情况，绘制工作草图或采用电子平板等方式记录测量数据；将全站仪中采集的测量数据及时传输至计算机，为后续的数据处理做准备；利用专业的测图软件（如南方 CASS 等）对测量数据进行处理；根据处理后的数据，利用测图软件绘制数字地形图。

在地形图测绘过程中，应遵守《工程测量通用规范》（GB 55018—2021）、《国家基本比例尺地图图式　第 1 部分：1∶500　1∶1000　1∶2000 地形图图式》（GB/T 20257.1—2017）、《数字测绘成果质量要求》（GB/T 17941—2008）、《数字测绘成果质量检查与验收》（GB/T 18316—2008）、《城市测量规范》（CJJ/T 8—2011）、《工程测量标准》（GB 50026—2020）、《基础地理信息要素分类与代码》（GB/T 13923—2022）等规范和标准，测绘完成后提交相关的成果资料。

专题实训

下面通过两个实训，更好地了解小李的测量工作内容。

实训 1　全站仪数字测图野外数据采集

1. 实训目的

掌握用全站仪进行碎部点数据采集的作业方法。

2. 仪器设备

采用全站仪内存记录方式，每组配备全站仪 1 台、脚架 2 个、棱镜 1 套、棱镜杆 1 根、记录板 1 块、小钢尺 1 把。

3. 实训任务

采用三维坐标测量方式，作业流程如下：设站—定向—碎部测量。测量时，由 4 名同学轮流完成仪器操作、绘草图、立棱镜和数据传输等工序。

4. 实训步骤

① 设站。在指定测区内选择一通视良好的控制点 *A* 作为测站，在测站 *A* 安置全站仪，量取仪器高，输入测站点三维坐标和仪器高等信息。

② 定向。选择离测站点较远的另外一个控制点 *B* 作为后视点，按要求输入定向点的坐标或定向角度。

③ 碎部测量。立镜员按一定路线选择地物或地貌特征点并立棱镜；观测员瞄准棱镜中心并进行测量，数据自动记录到全站仪内存；草图绘制员将测量点绘制成草图。

5. 上交成果

① 实训报告。

② 原始数据文件。

实训 2　全站仪数字测图

1. 实训目的

① 掌握全站仪野外数据采集的作业方法。

② 能够进行全站仪与计算机之间的数据传输，并学会绘制草图。

③ 熟悉数字成图软件，掌握内业成图方法。

2. 仪器设备

每组配备全站仪 1 台、数据电缆 1 根、脚架 1 个、棱镜杆 1 根、棱镜 1 个、小钢卷尺（2m）1 把、测伞 1 把、安装有 AutoCAD 和南方 CASS 软件的计算机 1 台、铅笔、橡皮、草图记录本。

3. 实训任务

测量时，由 6 名同学轮流完成仪器操作、绘制草图、立棱镜和数据传输等工序。

4. 实训步骤

（1）图根控制

实训指导教师现场指定测区范围并介绍图根控制点的分布情况，给出其坐标和高程。

各小组选择一点为测站点，另一点为定向点，将该两点坐标输入全站仪。如果没有现成的图根控制点，可在实训场地上选择两点 A、B，在 A 点安置全站仪，对中、整平后，将棱镜竖直立于 B 点，测出 A、B 两点的水平距离 D 和高差 h。假定 A 点坐标为（0，0，0）、B 点坐标为（0，D，h），即假定 AB 方位角为 90°00′00″。将 A、B 两点坐标输入全站仪。

（2）全站仪野外数据采集

① 安置仪器。

② 创建文件。

③ 设置测站。

④ 测量碎部点坐标。

（3）全站仪数据传输

进行全站仪与计算机之间的数据传输。

（4）展绘碎部点、成图

展绘碎部点分定显示区、展野外测点点位和展高程点三步进行。在计算机中打开南方CASS 软件，执行下拉菜单“绘图处理”→“定显示区”确定绘图区域；然后执行下拉菜单“绘图处理”→“展野外测点点位”，即在绘图区域内得到展绘好的碎部点点位，结合草图绘制地物；再执行下拉菜单“绘图处理”→“展高程点”。在人机交互方式下进行绘图处理、图形编辑、修改、整饰，最后形成数字地图的图形文件。

5. 上交成果

① 实训报告。

② 草图手簿（表 5-7）。

③ 原始数据文件和图形文件。

表 5-7 草图手簿

组号：　　起始点号：　　终止点号：　　观测日期：____年____月____日

全站仪编号：　　观测员：　　草图员：　　立镜员：

测站点名：	坐标：$x=$	$y=$	$H=$	仪器高：$i=$
后视点名：	坐标：$x=$	$y=$	$H=$	棱镜高：$v=$

项目测试

班级：　　学号：　　组别：　　姓名：

一、单选题

1. 在地形图上，只有（　　）的等高线可以相交。

A. 洼地　　B. 悬崖　　C. 山谷　　D. 山头

2. 等高距是两相邻等高线之间的（　　）。

A. 高程之差　　B. 平距　　C. 间距　　D. 差距

3. 一组闭合的等高线是山丘还是盆地，可根据（　　）判断。

A. 助曲线　　B. 首曲线　　C. 高程注记　　D. 计曲线

4. 在地形图上，可以用比例符号表示的地物是（　　）。

A. 控制点　　B. 电杆　　C. 烟囱　　D. 房屋

5. 在测绘地形图时，一般地，主要建筑物轮廓线的凹凸长度在图上大于（　　）时，都要表示出来。

A. 0.2mm　　B. 0.3mm　　C. 0.4mm　　D. 0.6mm

二、简答题

1. 地物符号有哪几种？
2. 什么是地物、地貌特征点？测图时如何选择？
3. 什么是数字测图，包含哪些内容？
4. 地形图应用的基本内容有哪些？

三、计算题

如图 5-20 所示，已知 mn 为过 B 点的一条大致垂直于相邻两等高线的线段，mn 和 mB 的长度分别为 9.0mm 和 6.0mm，等高距 h 为 1m，试用内插法求 B 点的高程。

图 5-20　某等高线的部分线段图

链接执考

一、判断题

1. 相邻两条计曲线之间的高差为 5 倍的基本等高距。（　　）
2. 地形图上等高距越大则图上等高线越密，地貌显示就越详细、确切。（　　）
3. 每隔四条（或三条）基本等高线加绘的一条粗的等高线并注记高程的称为计曲线。（　　）
4. 选择测站点，建首站时要考虑图面布置是否合理，布图是否匀称，下一步转站是否方便。（　　）
5. 在勾绘等高线时，首先用铅笔轻轻描绘出山脊线、山谷线等地性线。（　　）
6. 基本等高线通过的地面高程都是米的整数倍或 0.5 倍。（　　）
7. 对于不同的比例尺和不同的地形，基本等高距相同。（　　）
8. 地形图的检查一般分为室内检查和野外检查两部分。（　　）
9. 数字化测图就是将采集的各种有关的地物、地貌信息转化为数字形式，经计算机处理后，得到内容丰富的电子地图，可将地形图或各种专题图显示或打印出来。（　　）

二、单选题

1. 下列各种比例尺的地形图中，比例尺最大的是（　　）。

A. 1∶5000　　B. 1∶2000　　C. 1∶1000　　D. 1∶500

2. 在比例尺为1∶2000、等高距为2m的地形图上，如果按照指定坡度（%），从坡脚A到坡顶B来选择路线，其通过相邻等高线时在图上的长度为（　　）。

A. 10mm　　B. 20mm　　C. 25mm　　D. 30mm

3. 在地形图上有高程分别为26m、27m、28m、29m、30m、31m、32m的几条相邻的等高线，则需要加粗的等高线为（　　）。

A. 26m、31m　　B. 27m、32m　　C. 29m　　D. 30m

4. 地形图的仪器检查量一般为整幅图的（　　）。

A. 5%～10%　　B. 10%～15%　　C. 10%～20%　　D. 15%～25%

5. 在勾绘地貌时，等高线应在现场边测图边勾绘，运用等高线的特性，至少应勾绘出（　　），以控制等高线的走向，以便与实地地形相对照，可以当场发现错误和遗漏，并能及时纠正。

A. 计曲线　　B. 首曲线　　C. 间曲线　　D. 助曲线

6. 展绘控制点时，应在图上标明控制点的（　　）。

A. 点号与坐标　　B. 点号与高程　　C. 坐标与高程　　D. 高程与方向

7. 在测绘地形图时，对地物测绘的质量主要取决于（　　）。

A. 选择的地物特征点是否正确合理　　B. 选择的测量仪器是否精确

C. 选择的地物测量位置是否正确合理　　D. 选择的测量方法是否合理

8. 在地形图上，量得A点高程为21.17m，B点高程为16.84m，AB距离为279.50m，则直线AB的坡度为（　　）。

A. 6.8%　　B. 1.5%　　C. −1.5%　　D. −6.8%

三、多选题

1. 大比例尺数字化测图一般经过（　　）阶段。

A. 野外数据采集　　B. 数据删除　　C. 数据编码

D. 地图数据输出　　E. 数据处理

2. 下列关于大比例尺测图取点原则的叙述，正确的有（　　）。

A. 有些房屋凹凸转折较多时，可只测定其主要转折角，量取有关长度，然后按其几何关系用推平行线法画出其轮廓线

B. 对于方形建筑物可测定其长度和宽度，然后用作图法定出边长，绘出外廓

C. 公路在图上应按实测两侧边线绘出；大路或小路可只测其一侧边线，另一侧按量得的路宽绘出

D. 围墙应实测其特征点，按半比例符号绘出其外围的实际位置

E. 对于已测定的地物点应连接起来的要随测随连，以便将图上测得的地物与地面进行实际对照

3. 不能用等高线表示的地貌，如（　　）、雨裂等，应按图式中标准符号表示。

A. 悬崖　　B. 峭壁　　C. 土堆

D. 冲沟　　E. 河渠

4. 地形图室内检查的主要内容有（　　）。

A. 检查图根点的观测、记录和计算是否有误

B. 检查闭合差及各种限差是否符合规定限值

C. 检查符号运用是否恰当，等高线勾绘是否有错误

D. 检查图边拼接误差是否符合限差要求

E. 检查图中使用的图式和注记是否正确

5. 下列关于数字化测图的作业过程的叙述，正确的有（　　）。

A. 采用全站仪进行实地测量，将野外采集的数据自动传输到电子手册或数据处理的计算机中

B. 一般每个点的记录通常有点号、点的三维坐标、点的属性及点与点的连接关系

C. 测点的属性是用地形编码表示的，每个点都有与其相对应的编码

D. 数据处理可以分为数据的预处理、地物特征点的等高线处理以及地物点的图形处理

E. 等高线图块文件是由与地物有关的点记录生成的

四、计算题

图 5-21 所示为某幅 1：1000 地形图中的一个方格，试完成以下工作：

① 求 *A*、*B*、*C*、*D* 四点的坐标及直线 *AC* 的坐标方位角。

② 求 *A*、*D* 两点的高程及 *AD* 连线的平均坡度。

③ 沿 *AC* 方向绘制一个纵断面图。

④ 用解析法计算四边形 *ABCD* 的面积。

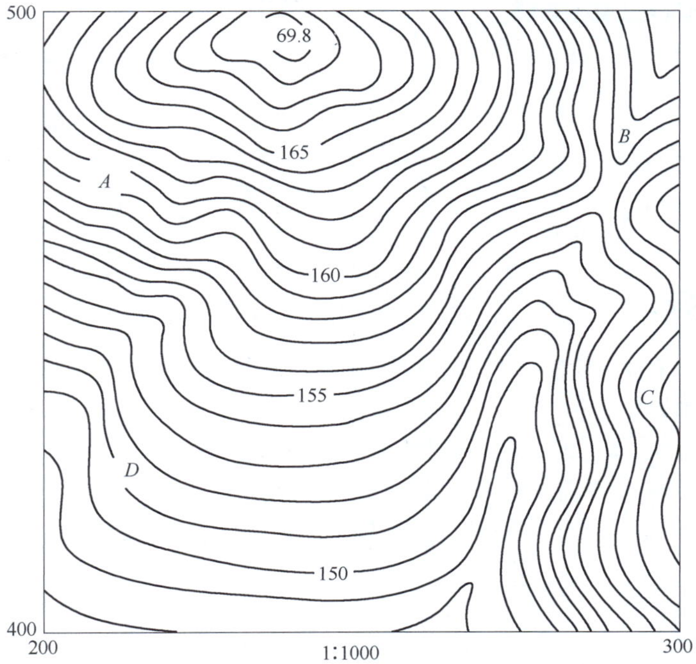

图 5-21　某幅 1：1000 地形图中的一个方格

项目六 施工测量

思维导图

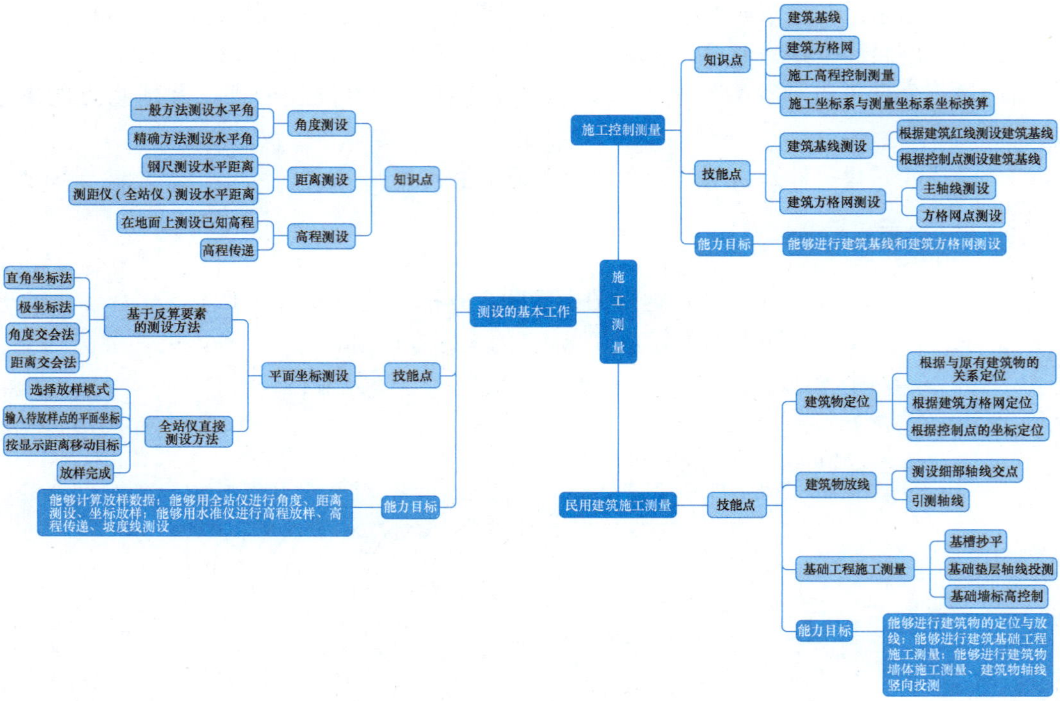

知识目标

1. 了解施工测量的概念、特点、原则；了解建筑施工场地的控制网类型以及施工坐标和测量坐标的转换。

2. 掌握已知水平距离、水平角和高程的测设方法，点的平面位置测设方法以及已知坡度线的测设方法；掌握建筑基线、建筑方格网的测设方法以及施工高程控制测量方法；掌握建筑物定位、放线方法以及基础工程施工测量、墙体工程施工测量、建筑物轴线竖向投测方法。

能力目标

1. 能够计算放样数据。

2. 能够用全站仪进行角度、距离测设。

3. 能够用全站仪进行坐标放样。
4. 能够用水准仪进行高程放样、高程传递、坡度线测设。
5. 能够进行建筑基线和建筑方格网测设。
6. 能够进行建筑物的定位与放线。
7. 能够进行建筑基础工程施工测量。
8. 能够进行建筑物墙体施工测量、建筑物轴线竖向投测。

素养目标

1. 具备良好的沟通能力，能够与施工团队、设计单位、监理单位等各方进行有效的沟通和协调，以确保测量工作的顺利进行。

2. 具备较强的学习能力，能够不断学习新知识、新技能，以适应行业发展的需求。

学习重点

1. 已知水平距离、水平角和高程的测设方法，点的平面位置的测设。
2. 建筑物定位方法以及基础工程施工测量、墙体施工测量、建筑物轴线竖向投测。

学习难点

1. 点的高程传递，用极坐标法测设点的平面位置，用全站仪进行坐标放样。
2. 建筑物放线以及建筑物轴线竖向投测。

延伸阅读

1. 《工程测量通用规范》（GB 55018—2021）。
2. 《工程测量标准》（GB 50026—2020）。
3. 《国家三、四等水准测量规范》（GB/T 12898—2009）。

案例引入

施工测量（施工放样）目的是将设计图纸上的各项数据精确地放到施工现场，为后续的施工作业提供依据。近年来，随着科学技术的发展和工程测量技术的进步，测量仪器如全站仪、放样机器人等经过升级后，不仅降低了测量难度，还提高了测量的精度和准确率。

徕卡 TZ16 国产测量机器人如图 6-1 所示，其在测量方面具有很大的优势：性能稳定，经久耐用，测量不停顿，马达驱动转动，一键转向待放样点，工作不繁复，放样更轻松；自动照准目标棱镜，无须人工精瞄，测量更高效，精度有保障；自动锁定棱镜，自动跟随棱镜移动，降低桥梁、市政工程、码头等场景的施工放样工作强度；可搭配 AP20 智能对中杆使用，畅享倾斜补偿、自动目标高、目标识别功能。天宝 BIM 放样机器人如图 6-2 所示，其不仅测量精度高，而且对放样人员的专业程度和数量要求更低，并且由于大部分放样工作都由天宝 BIM 放样机器人（可自主识读、分析、判断、记忆等）完成，放样人员只需要执行监管和授权的工作，使得放样效率比传统放样提高数倍。BIM 放样机器人的放样步骤也十分简单。

图 6-1　徕卡 TZ16 国产测量机器人

图 6-2　天宝 BIM 放样机器人

引导问题 1：施工放样的原理是什么？

引导问题 2：常规的施工测量是怎么做的？

引导问题 3：什么是施工控制网？具有什么作用？

任务一
测设的基本工作

施工测量是建筑工程在施工阶段的测量工作，又称为测设或放样。测量是指利用测量仪器获取地面上已有的地物、地貌、控制点的平面坐标或高程的过程，因此地面上的点是已经存在的。测设可以视为测量的逆过程，它是根据设计图纸上待建建筑物的轴线位置、尺寸及高程，反算出各特征点与控制点之间的距离、角度和高差等测设数据，以地面控制点为基础，利用测量仪器在实地找到对应的点并标记的过程，并作为施工的依据。

知识点

一、角度测设

角度测设是根据地面上的一个已知方向和图纸上设计的角度值，用全站仪在地面上标出设计方向作为施工依据的过程。

1. 一般方法测设水平角

当测设精度要求不高时，可采用盘左、盘右取中点的方法测设。如图 6-3 所示，OA 为地面已知方向，β 为已知设计的水平角，OB 为待测设方向。测设步骤如下：

① 在 O 点安置全站仪，盘左位置瞄准 A 点，在角度测量模式下，按置零键，使水平角为 0°00′00″。

② 转动照准部，使水平度盘读数恰好为 β 值，在此视线上定出 B_1 点。

③ 盘右位置重复上述步骤，再测设一次，定出 B_2 点。

④ 取 B_1 和 B_2 的中点 B，则 $\angle AOB$ 就是要测设的 β 角，OB 方向就是要标记于地面的设计方向。

2. 精确方法测设水平角

如图 6-4 所示，当测设精度要求较高时，可按照以下步骤测设：

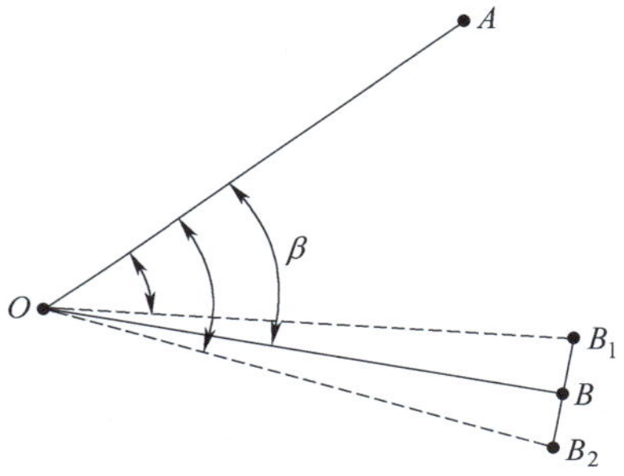

图 6-3　一般方法测设水平角

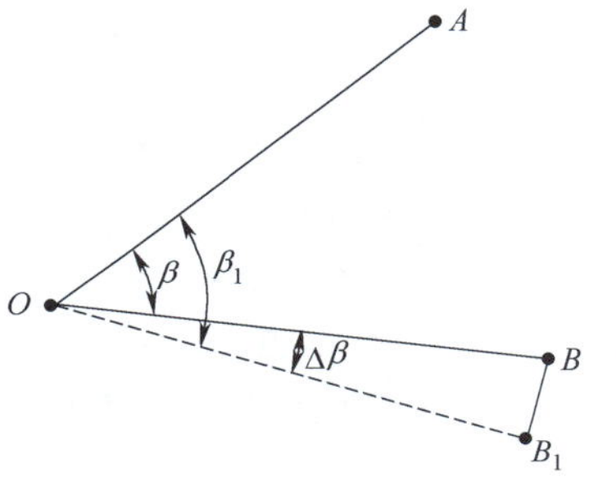

图 6-4　精确方法测设水平角

① 先用一般方法测设出 B_1 点。

② 用测回法对 $\angle AOB_1$ 观测若干个测回，求各测回平均值 β_1，计算出 $\Delta\beta$（$\Delta\beta=\beta-\beta_1$）。

③ 量取 OB_1 的水平距离。

④ 计算改正距离，可按式（6-1）计算。

$$BB_1=OB_1\tan\Delta\beta\approx OB_1\frac{\Delta\beta}{\rho} \tag{6-1}$$

式中　$\Delta\beta$——以″为单位的角度差值；

ρ——常数，表示 1°对应的以″为单位的角度值，$\rho=206265''$。

⑤ 自 B_1 点沿 OB_1 的垂直方向量出距离 BB_1，定出 B 点，则 $\angle AOB$ 就是要测设的角度。若 $\Delta\beta$ 的值为正，则向外侧量取距离 BB_1 后标记 B 点；反之，则向内侧量取距离 BB_1 并标记 B 点。

二、距离测设

距离测设是从地面上一个已知点出发，沿给定的方向，量出已知（设计）的水平距离，在地面上定出这段距离另一端点的位置。

1. 钢尺测设水平距离

如图 6-5 所示，当测设精度要求不高时，从已知点 O 开始，沿给定的方向，用钢尺直接丈量出已知水平距离，定出这段距离的另一端点。为了校核，应再丈量一次，若两次丈量的相对误差在 1/5000～1/3000，则取平均位置作为该端点的最后位置。

2. 测距仪（全站仪）测设水平距离

如图 6-6 所示，当测设精度要求较高时，可采用测距仪（全站仪）测设水平距离。测设步骤如下：

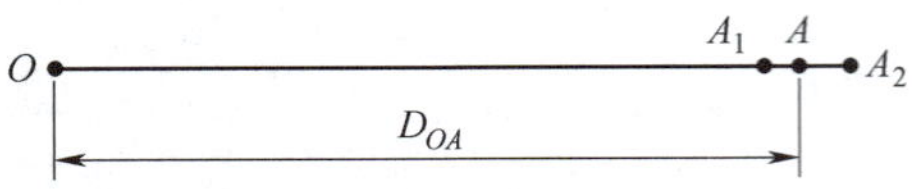

图 6-5 钢尺测设水平距离

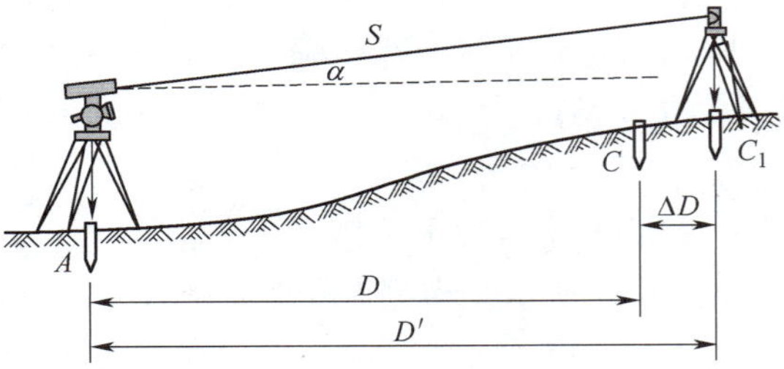

图 6-6 测距仪（全站仪）测设水平距离

① 在 A 点安置全站仪，输入气压、温度、棱镜常数，瞄准已知方向，沿此方向前后移动反光棱镜的位置，使仪器显示值略大于测设的距离，定出 C_1 点。

② 在 C_1 点安置反光棱镜，测出棱镜到测站的水平距离 D'，求出 D' 与应测设的水平距离 D 之差 ΔD（$\Delta D=D-D'$）。

③ 根据 ΔD 的数值，在实地用钢尺沿测设方向将 C_1 改正至 C 点，并用木桩标定其点位。

④ 将反光棱镜安置于 C 点，再实测 AC 两点间的水平距离，其不符值应在限差之内，否则应再次进行改正，直至符合限差为止。

三、高程测设

高程测设是根据已知高程点，利用水准测量的方法，将设计高程在施工现场标记出来。

1. 在地面上测设已知高程

如图 6-7 所示，某建筑物的室内地坪设计高程为 44.000m，附近有一水准点 BM1，其高程为 $H_1=43.650$m。现要求将该建筑物的室内地坪高程测设到木桩 A 上，作为施工时控制高程的依据。测设步骤如下：

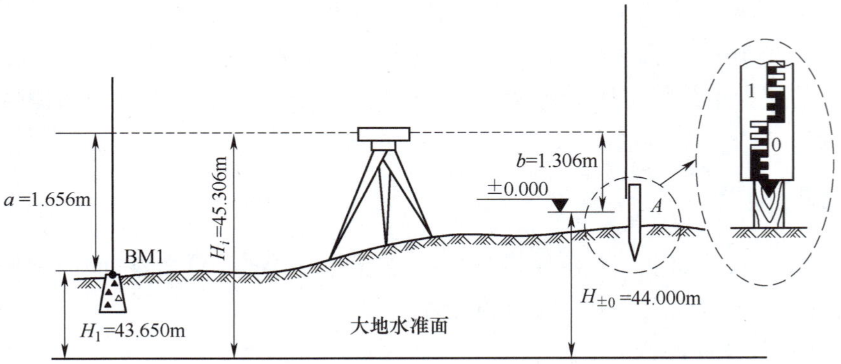

图 6-7 在地面上测设已知高程

① 在水准点 BM1 和木桩 A 间大致中点位置安置水准仪，在 BM1 立水准尺，用水准仪的水平视线测得后视读数为 $a=1.656$m，视线高程为 $H_i=H_1+a=43.650+1.656=45.306$（m）。

② 计算 A 点水准尺尺底为室内地坪高程时的前视读数 b：$b=45.306-44.000=1.306$（m）。

③ 上下移动竖立在木桩 A 侧面的水准尺，直至水准仪的水平视线在尺上截取的读数为 1.306m 时，紧靠尺底在木桩上画一水平线并做出标志，其高程即为 44.000m。

2. 高程传递

当向较深的基坑或较高的建筑物上测设已知高程点时，如水准尺长度不够，可利用钢尺向下或向上引测。如图 6-8 所示，欲在深基坑内设置一点 A，使其高程为 H。地面附近有一水准点 BMO，其高程为 H_O。测设步骤如下：

① 在基坑一边架设吊杆，杆上吊一根零点向下的钢尺，尺的下端挂上 10kg 的重锤，放入油桶中。

② 在地面安置水准仪，设水准仪在 BMO 点在水准尺上读数为 a_1，在钢尺上读数为 b_1。

③ 在坑底安置另一台水准仪，设水准仪在钢尺上读数为 a_2。

④ A 点水准尺底高程为 H 时，A 点处水准尺的读数可按式（6-2）计算。

$$b_2=(H_O+a_1)-(b_1-a_2)-H \tag{6-2}$$

同理，可从低处向高处测设已知高程的点。

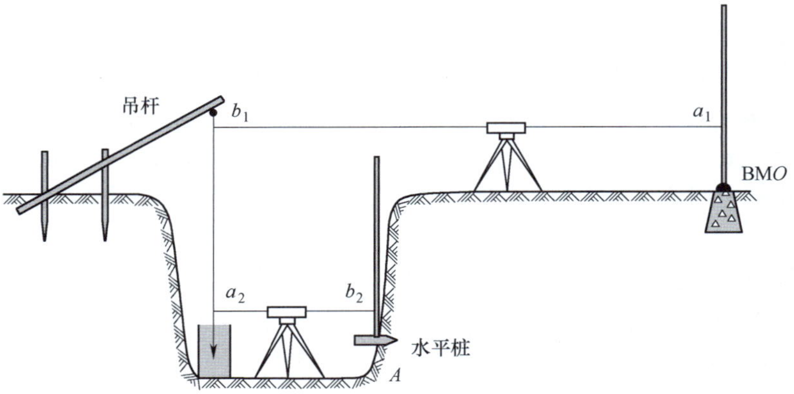

图 6-8　高程传递

技能点

平面坐标测设

将图中设计的房屋、道路，桥梁的轴线等已知平面坐标的特征点通过仪器测量并标记在施工现场的工作称为已知平面坐标的测设。已知平面坐标的测设方法有两种：一是基于反算要素的测设方法，即根据反算的角度、距离要素的测设方法；二是全站仪直接测设方法。

（一）基于反算要素的测设方法

1. 直角坐标法

直角坐标法是根据建筑方格网或矩形控制网，利用坐标差测设点位的方法。这种方法较为准确、快捷。

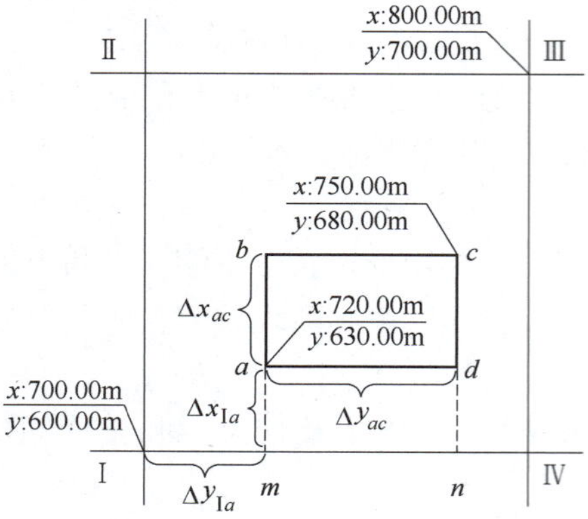

图 6-9　直角坐标法

（1）计算测设数据

如图 6-9 所示，Ⅰ、Ⅱ、Ⅲ、Ⅳ为建筑施工场地的建筑方格网点，a、b、c、d 为待测设建筑物的四个角点。根据设计图上各点坐标值，可求出建筑物的长度、宽度及测设数据如下：

建筑物的长度 $=y_c-y_a=680.00\text{m}-630.00\text{m}=50.00\text{m}$

建筑物的宽度 $=x_c-x_a=750.00\text{m}-720.00\text{m}=30.00\text{m}$

则 a 点的测设数据（Ⅰ点与 a 点的纵横坐标之差）可按式（6-3）计算。

$$\begin{cases}\Delta x_{\mathrm{I}a}=x_a-x_{\mathrm{I}}=720.00\text{m}-700.00\text{m}=20.00\text{m}\\ \Delta y_{\mathrm{I}a}=y_a-y_{\mathrm{I}}=630.00\text{m}-600.00\text{m}=30.00\text{m}\end{cases} \tag{6-3}$$

（2）点位测设步骤

点位测设步骤如下：

① 在Ⅰ点安置全站仪，瞄准Ⅳ点，用钢尺或全站仪沿视线方向测设距离 30.00m，定出 m 点，继续向前测设 50.00m，定出 n 点。

② 在 m 点安置全站仪，瞄准Ⅳ点，按逆时针方向测设 90°，由 m 点沿视线方向测设距离 20.00m，定出 a 点，做出标志；再向前测设 30.00m，定出 b 点，做出标志。

③ 在 n 点安置全站仪，瞄准Ⅰ点，按顺时针方向测设 90°，由 n 点沿视线方向测设距离 20.00m，定出 d 点，做出标志；再向前测设 30.00m，定出 c 点，做出标志。

④ 检查建筑物四角是否为 90°以及各边长是否等于设计长度，其误差应在限差以内。

2. 极坐标法

极坐标法是根据已知水平角和水平距离测设地面点的平面位置的方法。这种方法适用于量距方便且测设点距控制点较近的地方。

（1）计算测设数据

如图 6-10 所示，A、B 为已知平面控制点，坐标为 A（x_A，y_A）、B（x_B，y_B）；E 为建筑物一个角点，坐标为（x_E，y_E）。现根据 A、B 两点，用极坐标法测设 E 点，测设数据如下：

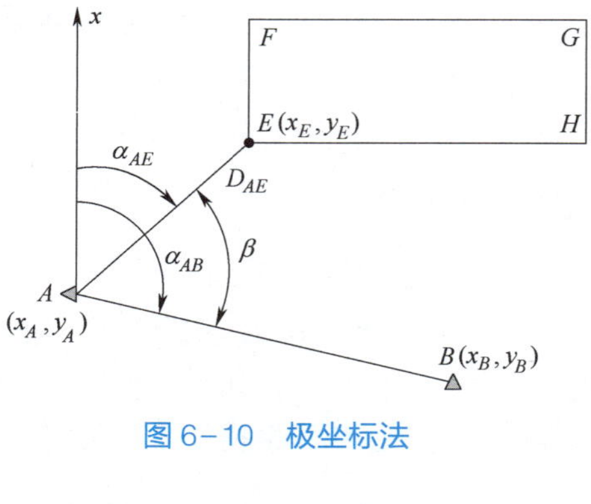

图 6-10　极坐标法

① AB、AE 边的坐标方位角可按式（6-4）计算。

$$\alpha_{AB}=\arctan\frac{\Delta y_{AB}}{\Delta x_{AB}}$$

$$\alpha_{AE}=\arctan\frac{\Delta y_{AE}}{\Delta x_{AE}} \tag{6-4}$$

② AE 与 AB 之间的夹角可按式（6-5）计算。

$$\beta=\alpha_{AB}-\alpha_{AE} \tag{6-5}$$

③ A、E 两点间的水平距离可按式（6-6）计算。

$$D_{AE}=\sqrt{(x_E-x_A)^2+(y_E-y_A)^2}=\sqrt{\Delta x_{AE}^2+\Delta y_{AE}^2} \tag{6-6}$$

（2）点位测设步骤

点位测设步骤如下：

① 在 A 点安置全站仪，瞄准 B 点，按逆时针方向测设 β 角，定出 AE 方向。

② 沿 AE 方向，自 A 点测设水平距离 D_{AE}，定出 E 点，做出标志。

③ 用同样的方法测设 F、G、H 三点。测设完毕后，检查建筑物四角是否等于 90°以及各边长是否等于设计长度，其误差均应在限差以内。

3. 角度交会法

角度交会法是在两个或多个控制点上安置全站仪，通过测设两个或多个已知水平角角度，交会出点的平面位置的方法。这种方法适用于待测设点距控制点较远，且量距较困难的场地。

（1）计算测设数据

如图 6-11（a）所示，A、B、C 是已知平面控制点，E 为待测设点。根据 A、B、C 三点，用角度交会法测设 E 点，测设数据如下：

① 按坐标反算公式，分别计算出 α_{AB}、α_{AE}、α_{BE}、α_{BA}、α_{CB} 和 α_{CE}。

② 计算水平角 β_1、β_2 和 β_3。

（2）点位测设步骤

点位测设步骤如下：

① 在 A、B 两点处同时安置全站仪，同时测设水平角 β_1、β_2，标定出两条视线，在两条视线相交处钉下一个大木桩，并在木桩上依 AE、BE 绘出方向线及其交点。

② 在 C 点安置全站仪，测设水平角 β_3，在木桩上依 CE 绘出方向线。

③ 交会如果没有误差，CE 方向线应通过 AE、BE 两方向线的交点，否则将会如图 6-11（b）所示，形成一个“示误三角形”。如果其边长在限差以内，则取示误三角形的重心作为待测设点 E 的最终位置。

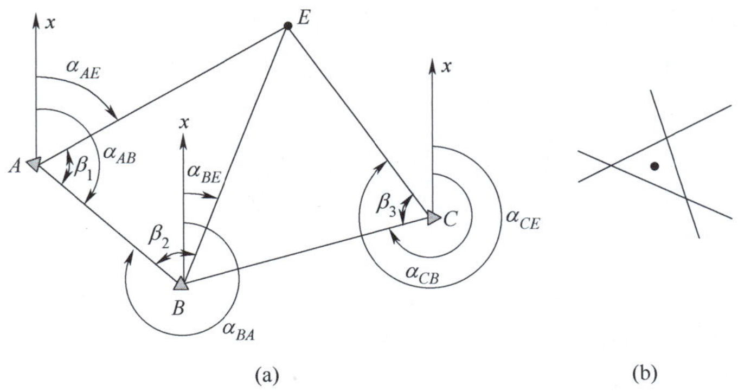

图 6-11　角度交会法

4. 距离交会法

距离交会法是由两个控制点测设两段已知水平距离，交会定出点的平面位置的方法。这种方法适用于待测设点至控制点的距离不超过一尺段长，且地势平坦、量距方便的建筑施工场地。

（1）计算测设数据

如图 6-12（a）所示，A、B 为已知平面控制点，E 为待测设点。现根据 A、B 两点，用距离交会法测设 E 点。根据 A、B、E 三点的坐标值，可按式（6-7）计算出 D_{AE} 和 D_{BE}。

$$D_{AE}=\sqrt{(x_E-x_A)^2+(y_E-y_A)^2}$$
$$D_{BE}=\sqrt{(x_E-x_B)^2+(y_E-y_B)^2} \tag{6-7}$$

（2）点位测设步骤

点位测设步骤如下：

① 如图 6-12（b）所示，将钢尺的零点对准 A 点，以 D_{AE} 为半径在地面上画圆弧。

② 将钢尺的零点对准 B 点，以 D_{BE} 为半径在地面上画圆弧。两圆弧交点为 E 点的平面位置。

③ 同理，测设出 H 点的平面位置，丈量 E、H 两点间的水平距离，与设计长度进行比较，其误差应在限差以内。

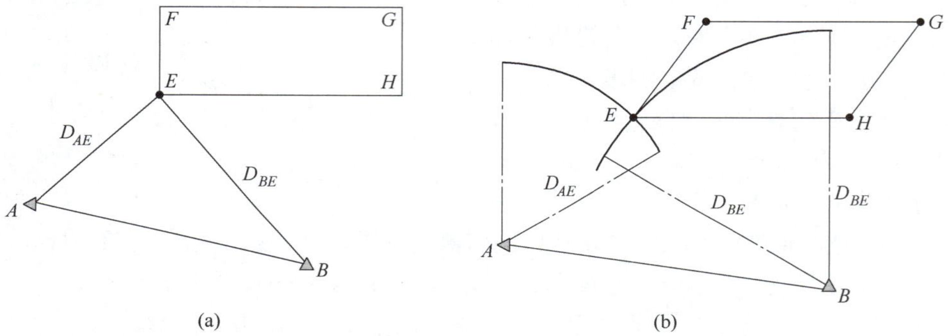

图 6-12　距离交会法

（二）全站仪直接测设方法

全站仪直接测设方法（坐标放样）是将控制点和待测设点的坐标输入全站仪中，利用全站仪的测设功能直接测设待定点的方法。全站仪直接测设的原理与极坐标法相同，区别是全站仪直接测设法由全站仪内置的程序模块直接计算出测设数据，并给出相应的操作提示。全站仪测设方法需要首先利用控制点建站，然后选择全站仪的测设模式（有些仪器中也称为放样），再按屏幕的提示逐步操作，最终完成测设。以 Penlax TS802 全站仪为例，其坐标放样步骤如下：

① 确认仪器处于基本测量界面下并已经完成建站，进入“放样”菜单，然后选择“已知坐标放样”模式，如图 6-13（a）所示。

② 若待放样点的坐标已存储于数据文件中，则输入点号检索出待放样点，否则采用键盘输入待放样点的平面坐标，如图 6-13（b）所示。

③ 将全站仪照准测量目标后按“测量”键，则屏幕显示待移动的距离，如图 6-13（c）所示。

④ 按屏幕上的数据移动目标直至屏幕上待移动的数据显示为零为止，如图 6-13（d）

所示。最后标记测设点并检核。

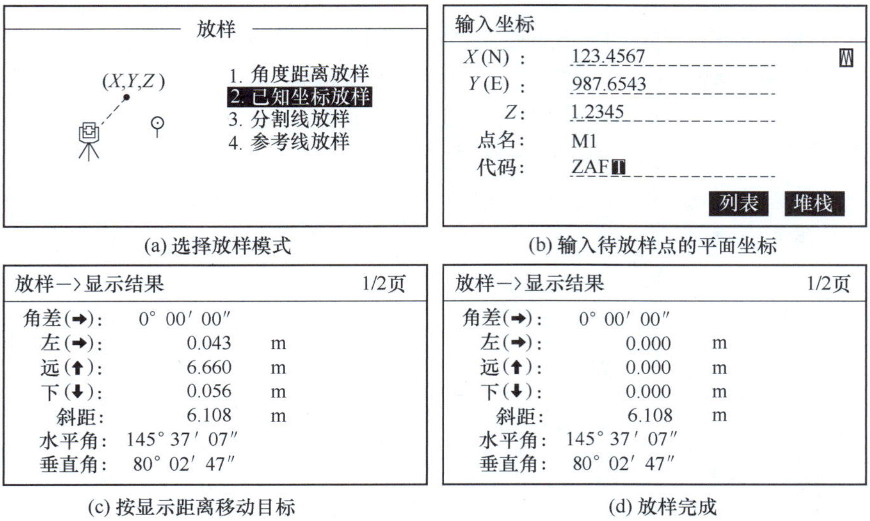

(a) 选择放样模式　(b) 输入待放样点的平面坐标

(c) 按显示距离移动目标　(d) 放样完成

图 6-13　Penlax TS802 全站仪坐标放样操作步骤

任务二
施工控制测量

建筑工程在勘测阶段建立的控制网是为测图而建，但由于未考虑施工要求，控制点的分布、密度和精度都难以满足施工测量要求。此外，施工现场由于平整场地、基础开挖等工作易导致原有的控制点破坏。因此，在施工前需要根据勘测单位提供的测量控制点重新建立施工控制网。施工控制网分为平面控制网和高程控制网。

施工平面控制网可以布设成导线网、三角网、建筑基线和建筑方格网四种形式。导线网适用于地势平坦、通视困难的施工场地；三角网适用于地势起伏大、通视情况良好的施工场地；建筑基线适用于地势平坦的小型施工场地；建筑方格网适用于建筑物多为矩形且布置规则、密集的施工场地。施工高程控制网采用水准网。

知识点

一、建筑基线

对于面积不大而又不太复杂的建筑设计，常采用平行于主要建筑物的轴线布设一条或若干条基线，作为建筑施工的平面控制，称为“建筑基线”。建筑基线的布置形式应根据建筑物的分布情况、施工现场的地形等确定，主要有“一”字形、“L”形、“十”字形和“T”形，如图 6-14 所示。

二、建筑方格网

根据设计建筑群的主轴线将平面控制网布置成矩形网，也称建筑方格网，如图6-15所示。建筑方格网适用于按矩形布置的建筑群或大型建筑场地。建筑方格网的轴线与建筑物的轴线平行或垂直，因此，可用直角坐标法进行建筑物定位，其计算简单，测设方便，且精度较高。但由于建筑方格网网点的数量多，而且必须按平行和正交关系布置，其点位易被破坏，故测设工作量较大。在布设建筑方格网时，应根据建筑物、道路、管线的分布，结合场地的地形因素，先确定方格网的主轴线 *AOB* 和 *COD*，再全面布设方格网。

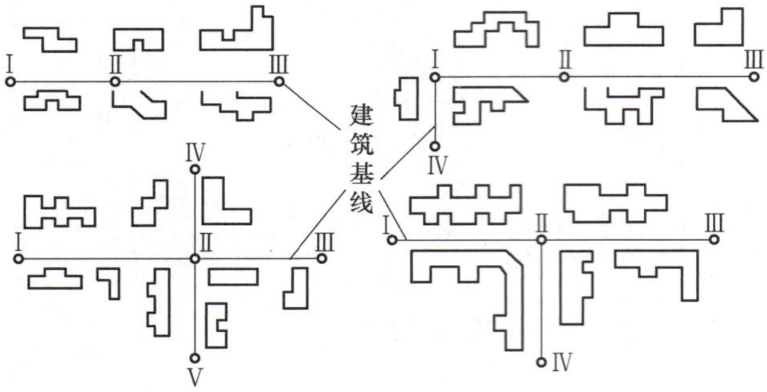

图 6-14　建筑基线的布置形式

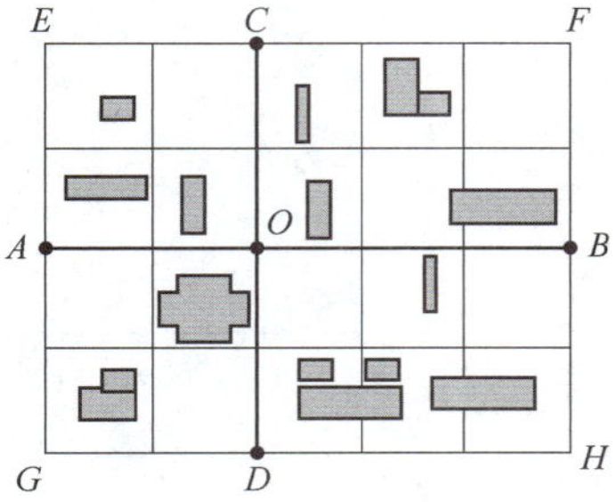

图 6-15　建筑方格网

三、施工高程控制测量

建筑场地高程控制点的密度应尽可能满足在施工放样时安置一次仪器即可测设出所需的高程点，并且在施工期间高程控制点的位置应稳固且不易被破坏。对于小型施工场地，高程控制网可一次性布设；当场地面积较大时，高程控制网可分为首级网和加密网两级，相应的水准点称为基本水准点和施工水准点。

基本水准点是施工场地高程首级控制点，用来检核其他基准点高程是否有变动。其位置应设在不受施工影响、无震动、便于施测和保存的地方。在小型建筑场地上，通常埋设三个基本水准点，布设成闭合水准路线，并按城市四等水准测量的要求进行施测。

施工水准点可用于直接测设建筑物的高程。为了测设方便和减少误差，水准点应靠近建筑物，通常可以采用建筑方格网点的标桩加设圆头钉作为施工水准点。对于中、小型建筑场地，施工水准点应布设成闭合水准路线或附合水准路线，并按城市四等水准点或图根水准测量的要求施测。为了便于施工放样，施工水准点的位置可选择在较稳定的建筑物墙、柱的侧面。用红漆绘成上顶为水平线形如▼BM1 15.035 的形式。施工水准点还需要定期与基本水准点联测，以检查水准点的高程有无变动。

四、施工坐标系与测量坐标系坐标换算

施工坐标系也称建筑坐标系，其坐标轴与主要建筑物主轴线平行或垂直，以便用直角坐标法进行建筑物的放样。施工控制测量的建筑基线和建筑方格网一般采用施工坐标系，而施工坐标系与测量坐标系往往不一致，因此，施工测量前常常需要进行施工坐标系与测量坐标系的坐标换算。

如图 6-16 所示，设 xOy 为测量坐标系，$AO'B$ 为施工坐标系，$x_{O'}$、$y_{O'}$ 为施工坐标系的原点 O' 在测量坐标系中的坐标，α 为施工坐标系的纵轴 $O'A$ 在测量坐标系中的坐标方位角。

若已知 E 点的施工坐标为（A_E，B_E），则 E 点的测量坐标（x_E，y_E）可按式（6-8）计算。

$$\begin{cases} x_E = x_{O'} + A_E\cos\alpha - B_E\sin\alpha \\ y_E = y_{O'} + A_E\sin\alpha + B_E\cos\alpha \end{cases} \tag{6-8}$$

若已知 E 点的测量坐标（x_E，y_E），则 E 点的施工坐标（A_E，B_E）可按式（6-9）计算。

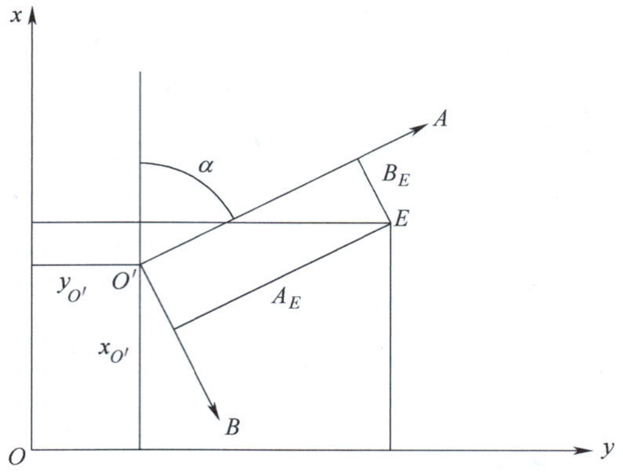

图 6-16　施工坐标系与测量坐标系的坐标换算

$$\begin{cases} A_E = (x_E - x_{O'})\cos\alpha + (y_E - y_{O'})\sin\alpha \\ B_E = -(x_E - x_{O'})\sin\alpha + (y_E - y_{O'})\cos\alpha \end{cases} \tag{6-9}$$

技能点

一、建筑基线测设

根据施工场地的条件不同，建筑基线的测设方法主要有以下两种。

1. 根据建筑红线测设建筑基线

由城市测绘部门测定的建筑用地界定基准线称为建筑红线，建筑红线可作为建筑基线测设的依据。如图 6-17 所示，CA、CB 为建筑红线，1、2、3 为建筑基线点，根据建筑红线测设建筑基线步骤如下：

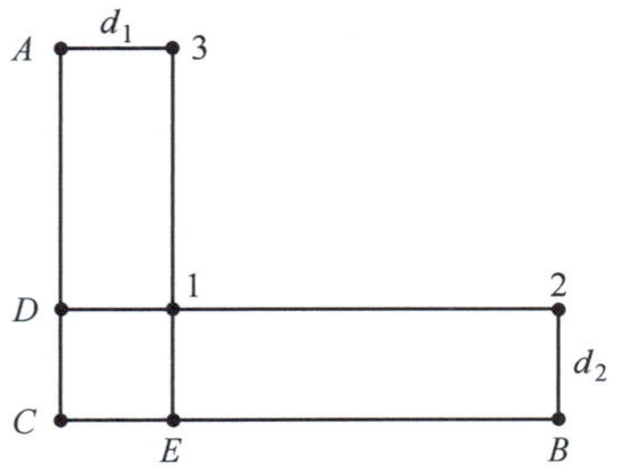

图 6-17　根据建筑红线测设建筑基线

① 从 C 点沿 CA 方向量取 d_2 定出 D 点，沿 CB 方向量取 d_1 定出 E 点。

② 过 B 点作 CB 的垂线，沿垂线量取 d_2 定出 2 点，做出标志；过 A 点作 CA 的垂线，沿垂线量取 d_1 定出 3 点，做出标志。

③ 用细线拉出直线 $D2$ 和 $E3$，则两条直线的交点即为 1 点，做出标志。

④ 在 1 点安置全站仪，精确观测 ∠213，其与 90°的差值（绝对值）应小于 20″。

2. 根据控制点测设建筑基线

在新建筑区，利用建筑基线点的设计坐标和附近已有控制点的坐标，用极坐标法测设建筑基线。如图 6-18 所示，1、2、3 为附近已有控制点，C、P、D 为选定的建筑基线点，测设步骤如下：

① 计算测设数据，根据建筑基线点 C、P、D 的设计坐标和控制点 1、2、3 的坐标，

反算测设数据 d_1、d_2、d_3 和 β_1、β_2、β_3。

② 测设建筑基线点，分别在控制点 1、2、3 处安置全站仪，按极坐标法测设出三个基线点的定位点 C'、P'、D'，并做出标志。

③ 检查三个定位点的直线性，安置仪器于 P' 点，检查 $\angle C'P'D'$，如图 6–19 所示，若观测角 β 和 180°之差绝对值大于 15″，则进行调整。

④ 如图 6–19 所示，调整三个定位点的位置，先根据基线点 C、P 之间距离 a 和 P、D 之间距离 b，按式（6–10）计算改正数 δ。

$$\delta = \frac{ab}{a+b} \times \frac{\beta - 180°}{2\rho} \tag{6-10}$$

在式（6–10）中，ρ 为单位变换常数，为 206265″，计算时需要将角度差值换算为“秒”后再计算。

随后，将定位点 C'、P'、D' 三点按照 δ 值进行移动（P' 点移动方向和 C'、D' 两点相反），重复检查和调整定位点，直至误差在限差范围之内。

⑤ 调整三个定位点间的距离，先检查 C、P 和 P、D 间的距离，如果检查结果和设计长度之差的相对误差大于 1/1000，则以 P 点为准，按照设计长度调整 C、D 两点，最终确定 C、P、D 三点的位置。

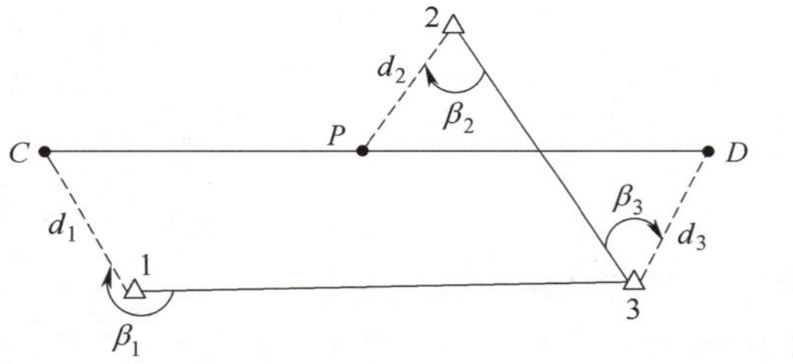

图 6–18　根据控制点测设建筑基线

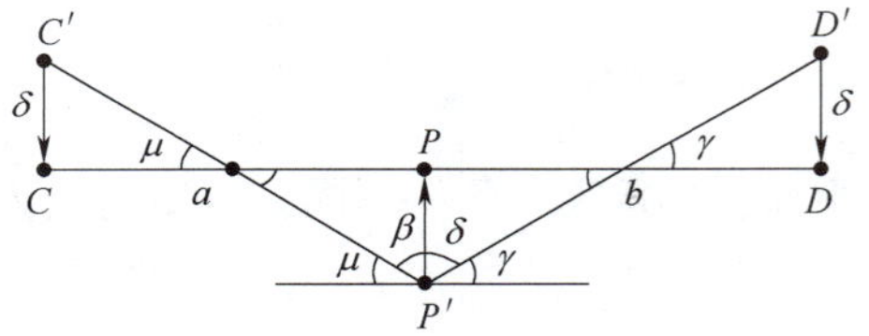

图 6–19　调整基线点的直线性

二、建筑方格网测设

1. 主轴线测设

主轴线测设与建筑基线测设方法相似，其步骤如下：

① 准备测设数据。

② 测设两条互相垂直的主轴线 AOB 和 COD，主轴线实际上是由五个主点 A、B、O、C、D 组成。

③ 检测主轴线点的相对位置关系并与设计值相比，如果超限，则进行调整。建筑方格网主要技术要求如表 6–1 所示。

表 6–1　建筑方格网主要技术要求

等级	边长/m	测角中误差	边长相对中误差	测角检测限差	边长检测限差
Ⅰ级	100~300	5″	1/30000	10″	1/15000
Ⅱ级	100~300	8″	1/20000	16″	1/10000

2. 方格网点测设

方格网点测设步骤如下：

① 主轴线测设后，分别在主点 A、B 和 C、D 安置全站仪，后视主点 O，向左右测设 90°水平角，即可交会出“田”字形方格网点。

② 测量相邻两点间的距离，检核与设计值是否相等，测量其角度是否是 90°，误差应在允许范围内，并埋设永久性标志。

任务三
民用建筑施工测量

民用建筑是指住宅、学校、办公楼等建筑物。民用建筑施工测量的主要任务是按照设计要求，把建筑物的位置测设到地面上。民用建筑施工测量主要包括建筑物的定位和放线、基础工程施工测量、墙体工程施工测量等。

技能点

一、建筑物定位

建筑物定位是指根据设计图纸，将拟建建筑物的外廓（墙）轴线交点（简称角桩）测设到地面上，为建筑物基础放样及细部测设提供依据。建筑物定位采用的方法如下：根据与原有建筑物的关系定位、根据建筑方格网定位和根据控制点的坐标定位。

1. 根据与原有建筑物的关系定位

如图 6-20 所示，某拟建教学楼与左侧原有建筑物之间的水平距离为 14.000m，根据设计条件、定位条件、现场地形等因素绘制的测设略图如图 6-21 所示。其中，M、N、P、Q 四点即为该拟建教学楼的外廓（墙）轴线交点。根据左侧原有宿舍楼的关系定位步骤如下：

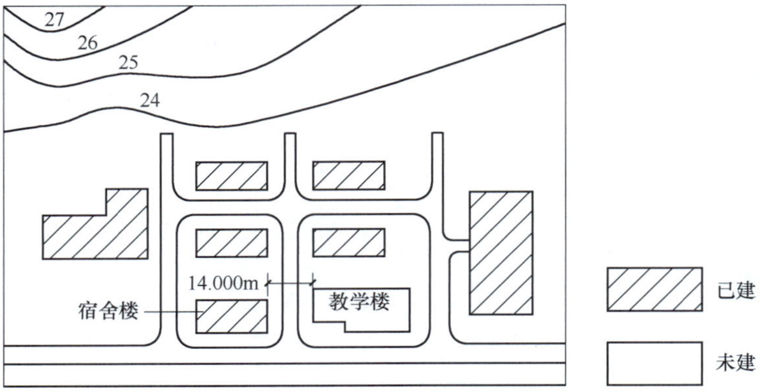

图 6-20　某拟建教学楼总平面图

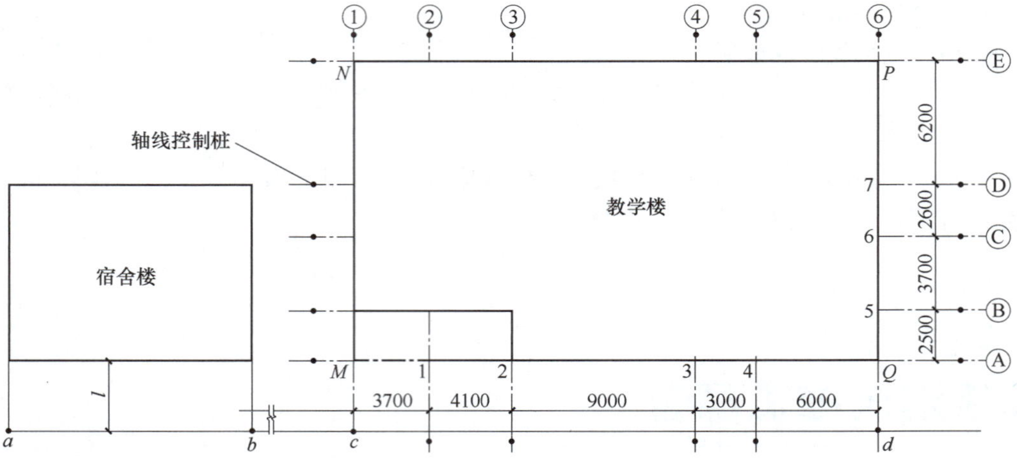

图 6-21　测设略图

① 如图 6-22（a）所示，沿宿舍楼外墙边用钢尺向南量取一小段距离 *l* 定出 *a*、*b* 两点，做出标志；在 *a* 点安置全站仪，瞄准 *b* 点，并从 *b* 沿 *ab* 方向量取 14.240m，定出 *c* 点，做出标志；再继续沿 *ab* 方向从 *c* 点起量取 25.800m，定出 *d* 点，做出标志。*cd* 就是测设教学楼平面位置的建筑基线。

② 如图 6-22（b）至图 6-22（f）所示，分别在 *c*、*d* 两点安置全站仪，瞄准 *a* 点，后视水平读数置零；然后顺时针方向旋转至水平读数为 90°，沿此视线方向量取距离（*l*+0.240）m，定出 *M*、*Q* 两点，做出标志；再继续量取 15.000m，定出 *N*、*P* 两点，做出标志。*M*、*N*、*P*、*Q* 四点即为教学楼外廓定位轴线的交点（角桩）。

③ 检查 *NP* 的距离是否等于 25.800m，∠*MNP* 和∠*NPQ* 是否等于 90°，其误差应在允许范围内。

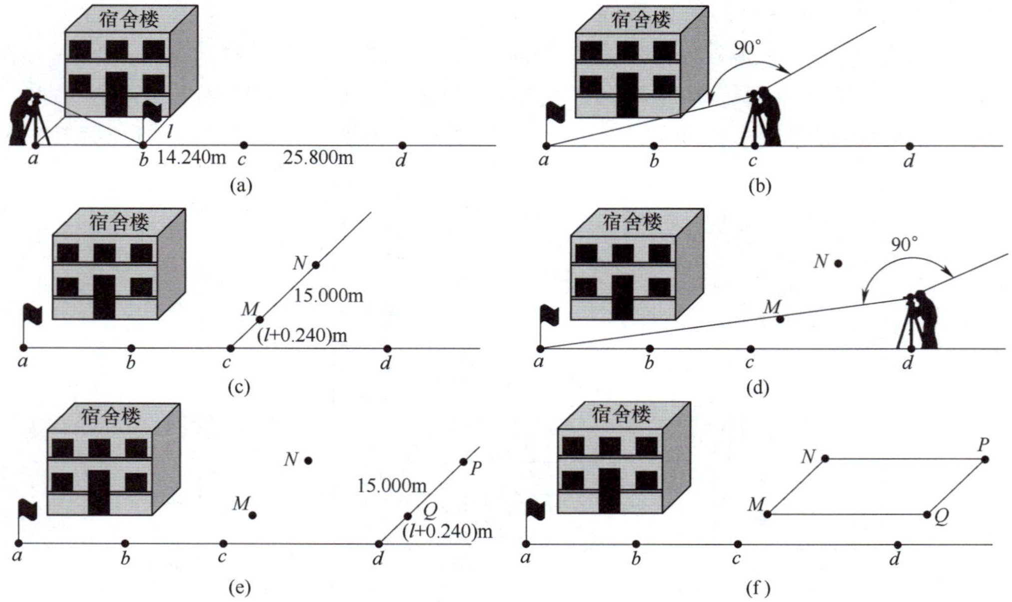

图 6-22　根据左侧原有宿舍楼的关系定位步骤

2. 根据建筑方格网定位

可根据建筑方格网定位建筑物。在建筑场地上，已建立建筑方格网且设计建筑物轴线与方格网线平行或垂直的建筑，可用直角坐标法进行角桩测设。

3. 根据控制点的坐标定位

如果在待建建筑附近有测量控制点可以利用，则可根据控制点的坐标和建筑物定位点的设计坐标，反算出角度与距离，然后用极坐标法或角度交会法进行测设。

二、建筑物放线

建筑物放线是指根据现场已测设好的建筑物的外墙轴线交点桩，详细测设出建筑物各轴线交点桩（又称中心桩）的位置，并将其延长到安全的地方做好标志；然后以细部轴线交点桩为依据，按基础宽度和放坡要求用白灰撒出基槽开挖边界线。下面介绍建筑物放线步骤。

1. 测设细部轴线交点

如图6-23所示，测设出拟建教学楼外廓定位轴线的交点 M、N、P、Q 之后，在 M 点安置全站仪，瞄准 Q 点，用钢尺或全站仪沿 MQ 方向量出相邻两轴线间的距离，定出1、2、3等点，同理可定出5、6、7等点。量距精度应达到设计精度要求。测量各轴线之间距离时，钢尺零点要始终对在同一点上。

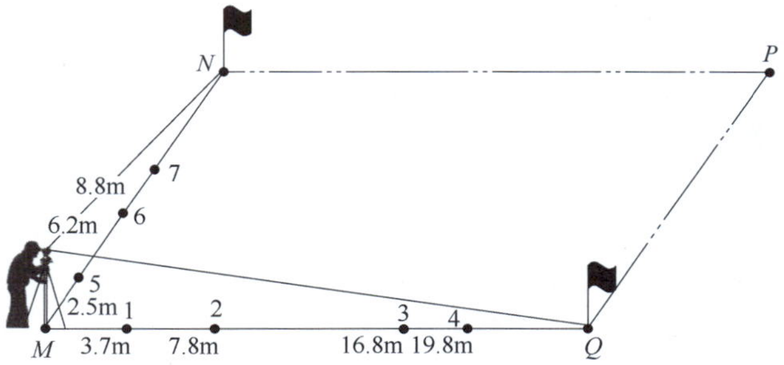

图6-23　测设细部轴线交点

2. 引测轴线

在基槽或基坑开挖时，角桩和中心桩均会被挖掉。为了使开挖后各阶段施工能准确地恢复各轴线位置，应把各轴线延长到开挖范围以外的地方并做好标志，这个工作称为引测轴线，具体有设置轴线控制桩和设置龙门板两种形式。

（1）设置轴线控制桩

轴线控制桩的测设是在建筑物定位测设完成后进行的。轴线控制桩设置在基槽外基础轴线的延长线上，作为开槽后各施工阶段恢复轴线的依据。如图6-24所示，测设完细部轴线交点之后，在 M 点安置全站仪，瞄准 N 点，在 MN 视线延长方向上适当距离（轴线控制桩一般设置在基槽外2~4m处）定出轴线控制桩 n_1；然后打下木桩，桩顶钉上小钉，准确标出轴线位置，并用混凝土包裹木桩，如图6-25所示；接着倒转望远镜，在 NM 视线延长方向上定出轴线控制桩 m_1；同法，用望远镜瞄准 Q 点，在 MQ 视线延长方向上定出轴线控制桩 q_1；倒转望远镜，在 QM 视线延长方向上定出轴线控制桩 m_2。同理，在 P

点安置全站仪可得控制桩 n_2、p_1、q_2、p_2。

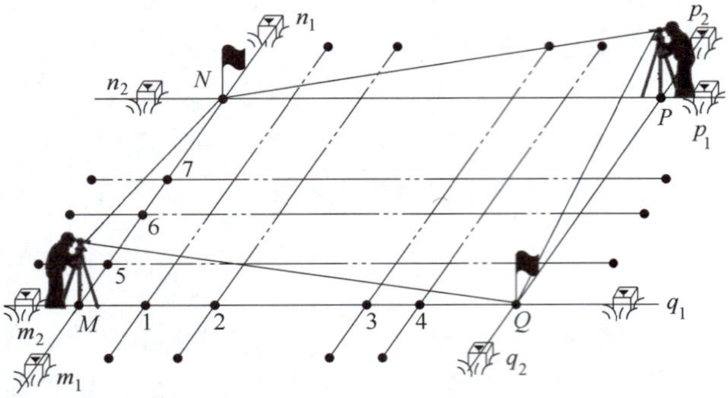

图 6-24　轴线控制桩测设

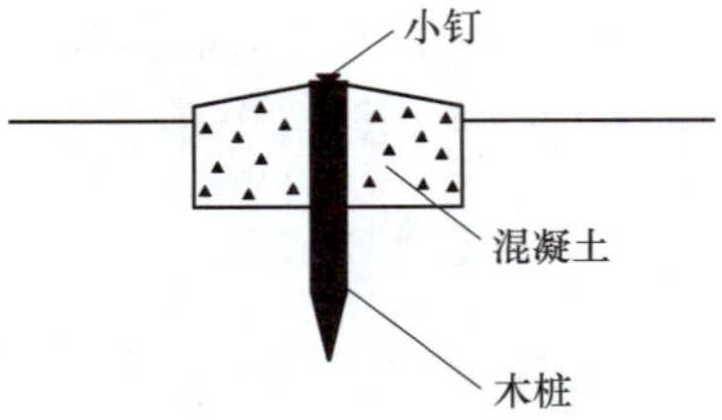

图 6-25　轴线控制桩

（2）设置龙门板

在小型民用建筑施工中，常将各轴线引测到基槽外的水平木板上。水平木板称为龙门板，固定龙门板的木桩称为龙门桩，如图 6-26 所示。龙门板由于在挖基槽施工时不易保存，且耗木材多、占用施工场地，现已较少采用。目前主要采用在基槽外轴线延长线上设置轴线控制桩的方法。

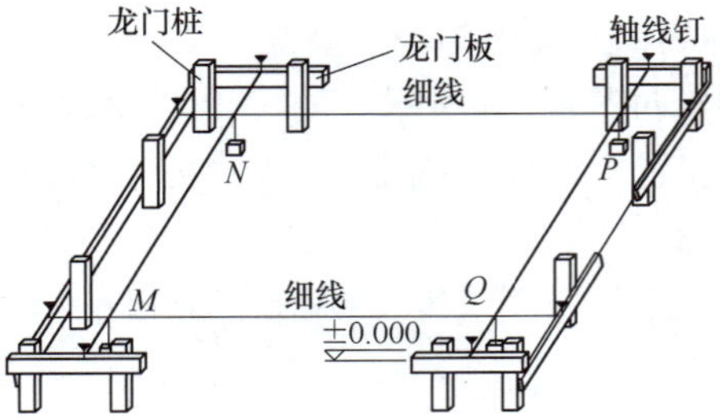

图 6-26　龙门板

三、基础工程施工测量

1. 基槽抄平

建筑施工中的高程测设又称为抄平。

（1）设置水平桩

如图 6-27 所示，为了控制基槽开挖深度，当挖到接近槽底设计标高时，应用水准仪根据地面上±0. 000m 点，在槽壁上设置一些水平小木桩（称为水平桩），使小木桩的上表面距离槽底的设计标高为一固定值（如 0. 500m）。为了施工时使用方便，一般在槽壁各拐角处和槽壁上每隔 3～5m 测设一水平桩。必要时，可沿水平桩的上表面拉上白线绳，作为清理槽底和打基础垫层时控制标高的依据。

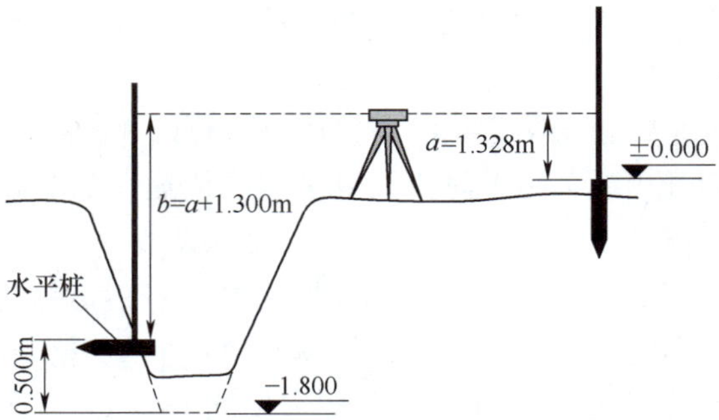

图 6-27　设置水平桩

（2）水平桩测设

如图 6-27 所示，槽底设计标高为-1. 800m，欲测设比槽底设计标高高 0. 500m 的水平桩，测设步骤如下：

① 在地面上安置水准仪，在±0. 000m 标高线位置上立水准尺，读取后视读数 a：$a=1.328$m。

② 计算测设水平桩的应读前视读数 b：$b=a-h=1.328-(-1.800+0.500)=2.628$m。

③ 在槽内立一水准尺并上下移动，至水准仪的水平视线在水准尺上截取的读数为 2. 628m 时，沿水准尺尺底在槽壁水平打入一小木桩。

2. 基础垫层轴线投测

基础垫层打好后，根据轴线控制桩或龙门板上的轴线钉，用全站仪或用拉线吊垂球的方法，将轴线投测到垫层上，并用墨线弹出墙中心线和基础边线，作为砌筑基础的依据。由于整个墙身砌筑以垫层中线为依据，所以上述过程为确定建筑物位置的关键环节，因此要严格校核后才可以进行砌筑施工。基础放线尺寸的允许误差一般为±20mm。

（1）拉线吊垂球法

如图 6-28 所示，当建筑物长度、宽度较短或只需投测局部轴线时，可采用拉线吊垂球法。

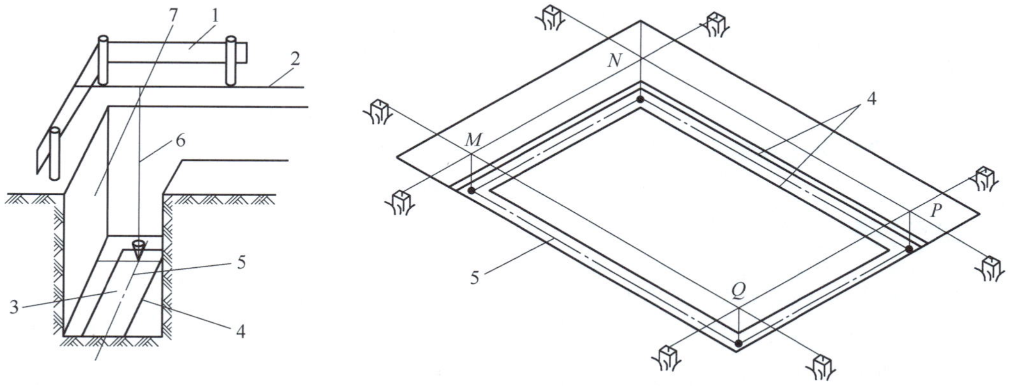

(a) 根据龙门板恢复基础轴线　　(b) 根据轴线控制桩恢复基础轴线

1—龙门板；2—细线；3—垫层；4—基础边线；5—墙中线；6—线锤；7—槽壁。

图 6-28　拉线吊垂球法

（2）全站仪投测法

如图 6-29 所示，当轴线较长或基坑较深，且精度要求较高时，可采用全站仪投测法。全站仪投测法具体步骤如下：

① 将全站仪安置在轴线一端的控制桩上，瞄准另一端轴线控制桩，固定照准部后，将望远镜视线向下投到垫层上，并做好标志。

② 将全站仪换位安置在刚才所瞄准的轴线控制桩上，瞄准第一次所安置的轴线控制桩，在垫层上同法做一标志。这样便将基坑外侧的轴线控制桩投测至基坑底部的垫层上，在坑底即得到了基础轴线。

③ 基础边线可沿与该轴线垂直的另外两条轴线通过量距得到。

3. 基础墙标高控制

建筑物基础若为砖砌基础墙，则在±0. 000m 以下的基础墙高度利用基础皮数杆控制。基础皮数杆是一根木制的杆子，如图 6-30 所示，在杆上事先按照设计尺寸，按照砖、灰缝厚度画出线条，并标明±0. 000m 和防潮层等的标高位置。立皮数杆时，可先在立杆处打一木桩，用水准仪在木桩侧面定出一条高于垫层标高某一数值（如 10cm）的水平线，然后将皮数杆上标高相同的一条线与木桩上的水平线对齐，并用大铁钉将皮数杆与木桩钉在一起，作为基础墙的标高依据。建筑物基础若为现浇钢筋混凝土基础墙，则采用水准仪抄平的方法，将基础墙设计标高测设在基础墙模板的内侧面，3~5m 测设一处，以控制混凝土基础墙的浇筑。

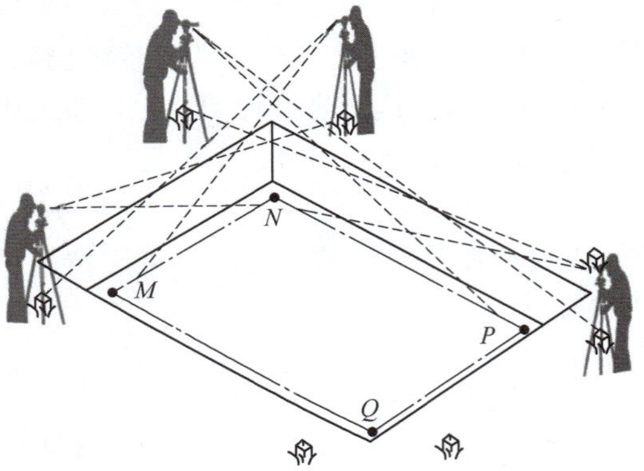

图 6-29　全站仪投测法

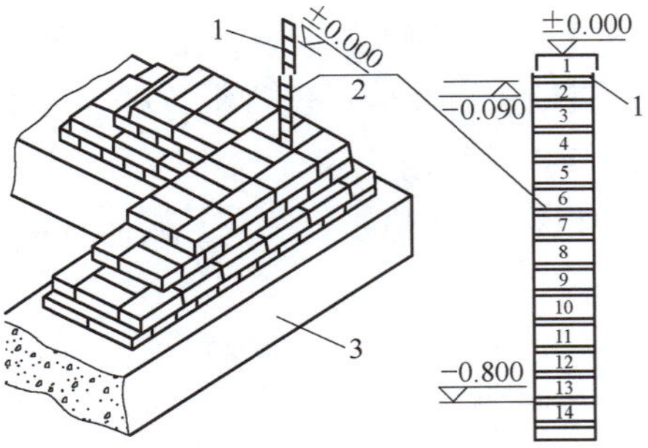

1—防潮层；2—皮数杆；3—垫层。

图 6-30　基础皮数杆

典型任务描述

某学校建筑工程专业大三学生小谢假期来到一建筑工地实习，现面临一个放样任务。施工员给他相关设计图纸，让他根据现场条件、地形情况及精度要求等因素试着对施工场地的拟建建筑物进行点位放样，并将拟建建筑物的室内地坪设计高程测设到木桩上。

小谢从工程项目部领取任务书和施工图纸等资料后，查看了施工现场，并与工程项目部相关人员进行了沟通。对于平面点位的放样，小谢首先熟悉了设计图纸，明确待放样点的坐标和已知控制点信息；然后检查并校准测量全站仪，确保精度符合要求；接着在现场选取合适的控制点，建立控制网，确保控制点具有较高的精度和稳定性；随后使用全站仪测量控制点之间的角度和距离，记录数据；最后选择合适的测设方案进行平面点位的放样，对放样结果进行校核，确保精度满足要求，记录所有观测数据和放样结果，绘制放样草图。对于高程测设，首先熟悉了设计图纸，了解待放样点的高程信息；然后检查水准仪和水准尺，确保仪器性能良好；接着在现场选取已知高程的控制点，作为高程放样的基准；最后在已知高程控制点和待放样点之间架设水准仪，根据设计图纸上的高程信息，计算待放样点相对于已知控制点的高差，使用水准尺读取数据，并在地面上标定放样点位置。

在放样过程中，应严格遵守《工程测量通用规范》（GB 55018—2021）、《工程测量标准》（GB 50026—2020）、《国家三、四等水准测量规范》（GB/T 12898—2009）等规范和标准，按照放样方案和企业作业规范等要求进行放样。

专题实训

下面通过三个实训，了解测量员小谢的放样实习内容。

实训 1　直角坐标法平面点位放样

1. 实训目的

① 掌握测设数据的计算方法。

② 掌握直角坐标法平面点位放样的过程。

2. 仪器设备

每组配备全站仪 1 台、测钎若干、钢尺 1 把、记录板 1 个、铅笔和纸张若干。

3. 实训任务

如图 6-31 所示，Ⅰ、Ⅱ、Ⅲ、Ⅳ为建筑施工场地的建筑方格网点，a、b、c、d 为待测设建筑物的四个角点。根据设计图上各点坐标值，测设 a、b、c、d 四点的平面位置。

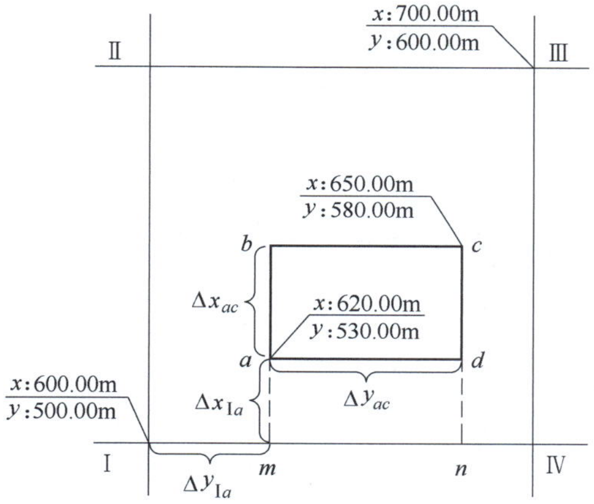

图 6-31　直角坐标法平面点位放样

4. 实训步骤

（1）计算测设数据

根据设计图上各点坐标值，可求出建筑物的长度、宽度及测设数据：

建筑物的长度：$\Delta y_{ac}=y_c-y_a=$____________

建筑物的宽度：$\Delta x_{ac}=x_c-x_a=$____________

a 点的测设数据（Ⅰ点与 a 点的纵横坐标之差）：

$\Delta x_{\mathrm{I}a}=x_a-x_{\mathrm{I}}=$____________

$\Delta y_{\mathrm{I}a}=y_a-y_{\mathrm{I}}=$____________

（2）测设各点平面位置

根据测设数据用直角坐标法测设 a、b、c、d 四点的平面位置。

实训 2　全站仪坐标放样

1. 实训目的

① 了解全站仪坐标放样的流程、操作要点、精度要求。

② 能够使用坐标正反算进行计算。

③ 能够使用全站仪进行坐标放样。

④ 能够对放样位置进行检查。

2. 仪器设备

每组配备全站仪 1 台、脚架 1 副、支架对中杆 1 副、棱镜 1 个、铅笔、记录板、卷尺、计算器、直尺或三角板等。

3. 实训任务

如图 6-32 所示，由实训指导教师现场指定两个已知控制点：*A* 点坐标（62871.526，59922.890）、*B* 点坐标（62884.777，59929.921）。各小组将图纸上设计好的建筑基线 1、2、3、4 等点测设到地面上并做好标记。测设完成后，检查各边长和该基线是否垂直。

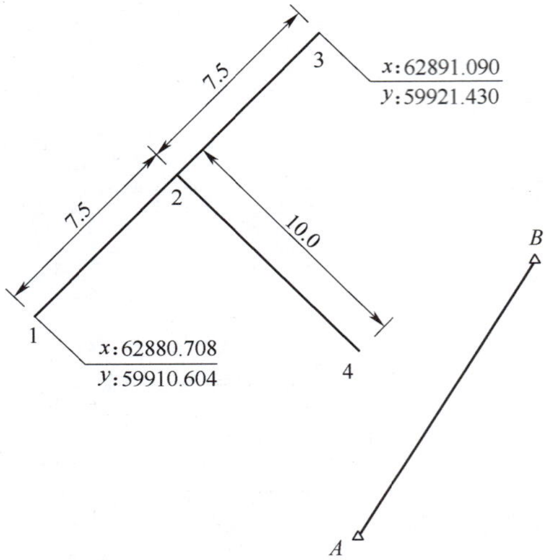

图 6-32　建筑基线放样示意图

4. 实训步骤

① 选择坐标数据文件，可进行测站坐标数据及后视坐标数据的调用。

② 设置测站点。

③ 设置后视点，确定方位角（瞄准后视方向后按“确定”）。

④ 输入或调用所需的放样坐标，开始放样。

⑤ 放样过程中主要注意两点：角度差 dH*R* 调为 0；距离差 dH*D* 测为 0。

⑥ 请各小组将图中 2、4 两点的坐标计算出来，填写在实训报告相应表格中。

⑦ 将四个点测设在地面上，并按照要求用“×”做好标志。将放样参数填入实训报告相应表格中。

⑧ 检查放样精度，用测回法测量∠124，与 90°比较，误差（绝对值）不大于 60″。用全站仪测量三边的距离，并计算相对精度。距离检查结果应满足 1/1000 的精度要求。将结果分别填入实训报告相应表格中。

5. 实训报告

（1）坐标计算

请完成图 6-32 所示的“T”形建筑基线中 2、4 两点的坐标计算，并填入表 6-2 中。

表 6-2　　坐标计算表

点号	*x* 坐标	*y* 坐标
2		
4		

（2）平面位置测设记录

将测设数据认真填入表 6-3 中。

（3）放样检查记录

进行角度检查，用测回法测量∠124，并将测量数据填入表 6-4 中。

表 6-3　　放样点测设数据表

放样点编号	测站点→放样点坐标方位角/(°　′　″)	测站点→放样点设计距离/m	放样点坐标实测值与设计值偏差/m	
			Δx	Δy
1				
2				
3				
4				

表 6-4　　角度检查记录表

测站	竖盘位置	目标	水平度盘读数/(°　′　″)	半测回角值/(°　′　″)	一测回角值/(°　′　″)

（4）距离检查记录

进行距离检查，用全站仪测量三边的距离，并计算相对精度，将相应数据填入表 6-5 中。

表 6-5　　距离检查记录表

直线段	设计水平距离/m	实测水平距离/m	相对误差

实训 3　高程放样

1. 实训目的

① 能够使用水准仪进行设计高程的测设。

② 能够进行测设检查。

2. 仪器设备

每组配备自动安平水准仪 1 台、脚架 1 副、水准尺 2 根、记录板、计算器、铅笔等。

3. 实训任务

由实训指导教师现场指定已知高程点。设 A 点高程 $H_A=257.998$m，试用水准仪在墙上测设表 6-6 所示的设计高程值。

表 6-6 高程放样点的设计高程值

点号	设计高程值/m	点号	设计高程值/m
$B1$	257.780	$B5$	258.990
$B2$	258.000	$B6$	259.500
$B3$	258.250	$B7$	260.150
$B4$	258.537		

测设完成后，重新调整仪器高度，将实测抄平位置的高程与设计值比较，误差不应超过±2mm。

4. 实训步骤

① 在已知点 A 与测设点 B 之间安置水准仪，读取水准点上的后视读数 a，根据水准点高程 H_A 计算出视线高程 $H_{视}$：$H_{视}=H_A+a$。

② 根据测设点的高程 H_B，计算出测设点在水准尺的应视读数 b：$b=H_{视}-H_B$，并将计算结果填入实训报告相应表格中。

③ 将水准尺紧贴在指定位置并上下移动，当水准尺的水平视线在尺上的读数为 b 时，沿水准尺底部画一横线，此为设计高程的位置。

④ 重新调整水准仪高度，调平后，根据已知水准点 A，测量测设部位的实测高程，填入实训报告相应表格中。实测高程与设计值比较，误差不应超过±2mm。

⑤ 测设误差超过精度要求的，应重新测设。

5. 实训报告

（1）水准仪抄平记录表

将水准仪抄平数据填入表 6-7 中。

表 6-7 水准仪抄平记录表

已知水准点号	已知水准点高程/m	后视读数/m	视线高/m	测点点号	设计高程/m	桩顶应读数/m	桩顶实读数/m

(2) 高程检查记录表

将高程检查数据填入表 6-8 中。

表 6-8　　高程检查记录表

已知水准点号	已知水准点高程/m	后视读数/m	视线高/m	测点点号	前视读数/m	检测高程/m	偏差/m

项目测试

班级：　　　　　　学号：　　　　　　组别：　　　　　　姓名：

一、判断题

1. 极坐标法通过在控制点上测设一个角度和一段距离来确定点的平面位置。(　　)
2. 施工测量精度的要求之一是各建筑物主轴线相对于场地主轴线或它们相互之间位置的精度要求。(　　)
3. 测设是将建筑物和构筑物的特征点由设计图纸上标定到实际地面上。(　　)
4. 当施工坐标系与国家测量坐标系不统一时，在方格网测设之前，应将主点的施工坐标换算为测量坐标，以便计算测设数据。(　　)
5. 水平距离测设若要求测设精度较高，应根据钢尺量距的精密方法进行测设。(　　)

二、简答题

1. 施工测量遵循的原则是什么？
2. 测设的基本工作主要有哪些？
3. 测设和测量的区别是什么？
4. 点的平面坐标测设方法主要有哪些？分别适用于什么场合？
5. 施工平面控制网有哪几种形式？
6. 民用建筑施工测量包括哪些工作？
7. 轴线控制桩和龙门板作用是什么？如何设置？
8. 多层建筑轴线竖向投测的方法有哪些？

三、分析题

1. 某测量员要测设已知数值的水平角，如何用一般方法测设?

2. 某测量小组为某建筑工地进行建筑施工测量。为了提高测设精度和测设速度，该建筑工地为测量小组提供了一台全站仪。已知该建筑工地处于山地地区，且近几天天气变化情况较大。测量人员为了能够直接测设点的位置，经与建筑工地协商后，决定采用全站仪坐标法进行测设。请简略写出采用全站仪坐标测设法的操作步骤。

链接执考

一、判断题

1. 在测图过程中，可根据地物情况和仪器状况选择不同的测绘方法，如极坐标法、方向交会法、距离交会法等。(　　)

2. 建筑方格网使用方便且精度较高，但该网必须按照建筑总平面图进行设计，其点位易被破坏，因而自身的测设工作量较大，测设的精度要求较高，难度也相应较大。(　　)

3. 施工控制网是工程施工和运行管理阶段中进行各种测量的依据。(　　)

4. 建筑工程测量中，经常采用极坐标法放样点位的平面位置。(　　)

5. 建筑物放线测量中，延长轴线的标志有龙门桩和轴线控制桩两种做法。(　　)

6. 平面控制测量只有导线一种形式。(　　)

7. 建筑方格网是一种基于建筑基线形成的方格形建筑控制网。(　　)

8. 建筑红线桩由城市规划部门测定，起着规范建设用地四周边界的作用，可以作为定位放线的依据。(　　)

9. 对同类建筑物和构筑物来说，当测设整个建筑物和构筑物的主轴线，便于确定其相对其他地物的位置关系时，其测量精度要求可以相对高一些。(　　)

10. 为了保证施工能够满足设计要求，在施工之前，先在施工现场建立统一的施工平面控制网和高程控制网，然后以此为基础，再放样建筑物的细部位置。(　　)

二、单选题

1. 建筑方格网主要用于建筑物排列比较规整的场地，其轴线与建筑物的主要轴线呈(　　)或(　　)的关系。

A. 平行；重合　　B. 一致；垂直　　C. 平行；垂直　　D. 一致；重合

2. 对于地势平坦，建筑物排列整齐的大中型建筑场地，施工平面控制网多采用(　　)。

A. 导线网　　B. 三角网　　C. 建筑基线　　D. 建筑方格网

3. 建筑基线布设的常用形式有(　　)、(　　)、(　　)和(　　)。

A. 矩形；“十”字形；“丁”字形；“L”形

B. “山”字形；“十”字形；“丁”字形；交叉形

C. “一”字形；“十”字形；“丁”字形；“L”形

D. “X”形；“Y”形；“O”形；“L”形

4. 当建筑施工场地有彼此垂直的主轴线或建筑方格网，待测设的建（构）筑物的轴线平行且靠近基线或方格网边线时，常用（　　）测设点位。

A. 直角坐标法　　B. 极坐标法　　C. 角度交会法　　D. 距离交会法

5.（　　）适用于场地平坦、量距方便且控制点离待测设点的距离不超过一整尺长的地区。

A. 直角坐标法　　B. 距离交会法　　C. 前方交会法　　D. 后方交会法

6. 角度交会法适用于（　　）。

A. 待测设点离控制点较近的地区

B. 待测设点离控制点较远或量距较困难的地区

C. 待测设点离控制点较近且便于量距的地区

D. 场地平坦、量距方便的地区

7. 临街建筑宜采用（　　）控制，并进行定位。

A. 建筑基线　　B. 建筑方格网　　C. 导线控制网　　D. 建筑红线

8. 下列关于施工测量原则的叙述，错误的是（　　）。

A. 应使用经过检校的测量仪器和工具进行测量作业

B. 测量人员应严格执行质量管理规定，仔细复核放样数据，避免错误的出现

C. 内业计算和外业测量时均应细心操作，注意复核，防止出错

D. 测量仪器应符合有关的测量规范和施工规范的要求

9. 在施工控制网中，高程控制网一般采用（　　）。

A. 水准网　　B. 三角网　　C. 导线网　　D. 建筑方格网

10. 测设方格网各交点时，主轴线测设好后，分别在各主点上安置全站仪，均以 O 点为后视方向，向左、向右精确地测设出 90°方向线，即形成（　　）方格网。

A. “田”字形　　B. “口”字形　　C. “十”字形　　D. “丁”字形

三、多选题

1. 采用极坐标法测设点的平面位置可使用的仪器包括（　　）。

A. 水准仪、测距仪　　B. 全站仪　　C. 经纬仪、钢尺

D. 电子经纬仪　　E. 测距仪

2. 为了满足施工进度对测量的要求，提高测量人员的操作熟练程度，应事先根据（　　），研究采用效率最高的测量方法，并准备好所有相应的测设数据。

A. 设计图纸　　B. 施工进度　　C. 现场情况

D. 测量仪器设备条件　　E. 测量精度

3. 下列选项属于测设点平面位置的方法的有（　　）。

A. 极坐标法　　B. 直角坐标法　　C. 距离交会法

D. 角度交会法　　E. 前方交会法

4. 一般来说，施工阶段的测量控制网具有（　　）的特点。

A. 控制的范围小　　B. 测量精度要求高　　C. 控制网点使用频繁

D. 控制点的密度小　　E. 不易受施工干扰

5. 民用建筑施工测量的过程主要包括（　　）。

A. 建筑物定位　　B. 细部轴线放样　　C. 基础工程施工测量

D. 墙体施工测量　　　　E. 地面施工测量

四、分析计算题

如图 6-33 所示，已知 $\alpha_{AB}=300°04'00''$，$x_A=14.22$m，$y_A=86.71$m；$x_1=34.22$m，$y_1=66.71$m；$x_2=54.14$m，$y_2=101.40$m。试使用 CASIO FX-3950P 计算器编程计算。将仪器安置于 A 点，用极坐标法测设 1 点与 2 点的测设数据及检核角 γ、检核长度 D_{1-2}，并简述测设点位过程。

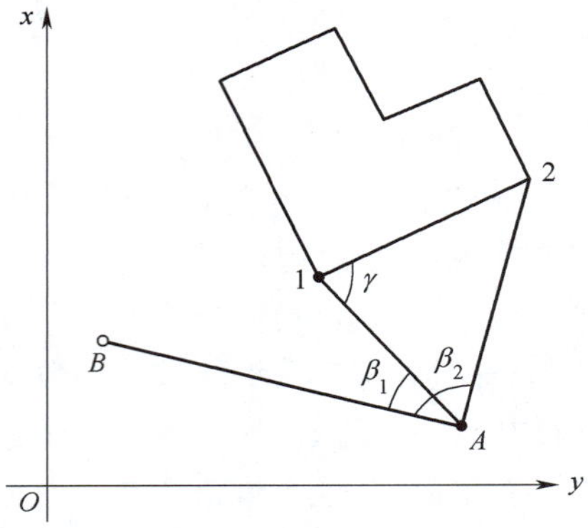

图 6-33　极坐标法放样点位

项目七　变形观测与竣工测量

思维导图

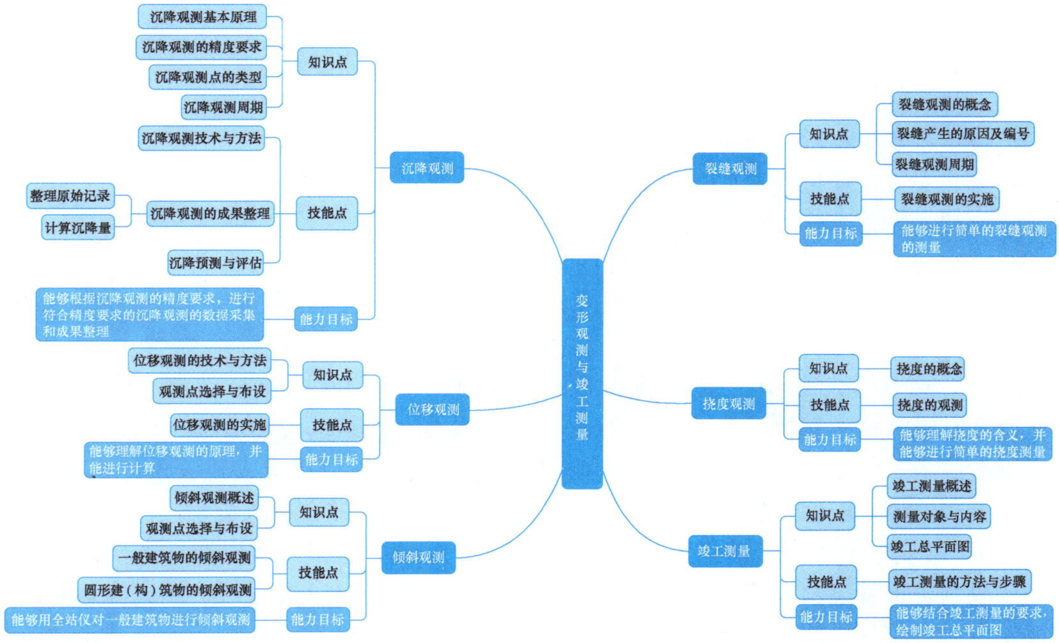

知识目标

1. 了解建筑物变形观测与竣工测量的基本概念。
2. 理解各种变形观测的原理。
3. 掌握变形观测与竣工测量的方法。

能力目标

1. 能够对建筑物进行变形观测并分析观测成果。
2. 能够进行建筑物竣工测量，绘制竣工总平面图。

素养目标

1. 持续深化对变形观测与竣工测量专业知识的理解，紧跟行业动态，学习并掌握最新的技术方法和工具。

2. 具备优秀的项目管理能力，能够独立完成变形观测与竣工测量项目的规划、执行、监控和收尾等各个环节。

学习重点

1. 变形观测的基本原理及测量方法。
2. 竣工测量的测量技术和方法。

学习难点

1. 变形观测数据处理及测量结果的解释。
2. 竣工总平面图的绘制。

延伸阅读

1. 《工程测量标准》（GB 50026—2020）。
2. 《露天煤矿边坡变形监测技术规范》（GB/T 37697—2019）。
3. 《建筑变形测量规范》（JGJ 8—2016）。
4. 《建筑工程施工质量验收统一标准》（GB 50300—2013）。

案例引入

2021 年 8 月 5 日 10 时 20 分，湘西自治州湘西高新区（经开区）双河社区湘西同华置业发展有限公司“凤栖云庭”项目万山垄堰塞体排水管涵基坑边坡发生坍塌。首次边坡坍塌造成施工作业人员 5 人被困，抢险救援时第二次边坡坍塌造成救援人员 6 人被困。最终，首次坍塌中被困人员有 1 人死亡，第二次坍塌中被困的救援人员中，包括 1 名施工单位人员、2 名政府专职消防人员死亡，另有 7 人受轻伤；直接经济损失高达 695 万元。

事故调查报告显示，该工程安全保证措施缺失。建设、施工单位没有聘请专业队伍对边坡安全进行监测；施工单位安全管理人员均无证进行施工；施工单位没有开展事故应急演练；安全管控和应急处置能力不足。

基坑坍塌大多是因为放坡不足或者支护措施不到位导致的边坡坍塌，在基坑边坡出现变形趋势时未能及时发现、预警并组织相关人员离开危险区域。

引导问题 1：试述边坡监测的重要性。

引导问题 2：除了基坑监测，在建筑施工中，还有哪些变形监测？

引导问题 3：变形监测的方法主要有哪些？

引导问题 4：变形监测中，有哪些注意事项？

任务一
沉降观测

沉降观测是指采用合理的仪器和方法，通过定期测量建筑物、构筑物或其地基在垂直方向上的高程变化（即沉降量），以监测其稳定性并评估其安全状态的过程。其目的一是为了及时发现并预警结构物因地基不均匀沉降、地下水位变化等因素导致的安全隐患；二是为结构设计、施工质量及地基处理效果提供数据支持，评估结构性能是否符合设计要求；三是为积累沉降数据及相关领域的科学研究、标准制定及技术进步提供依据。

知识点

一、沉降观测基本原理

沉降观测的原理是定期测量观测点相对于稳定水准点的高差以计算观测点的高程，并将同一观测点不同时间所测得的高程加以比较，从而得出该观测点在该时间段内的沉降量 ΔH，可按式（7-1）计算。

$$\Delta H = H_{i+1} - H_i \tag{7-1}$$

式中　H_{i+1}——观测点第 $i+1$ 次观测所得的高程；

H_i——观测点第 i 次观测所得的高程。

二、沉降观测的精度要求

沉降观测的精度应根据建筑物性质而定。多层建筑物的沉降观测，可采用 DS3 水准仪，用普通水准测量的方法进行，其水准路线的闭合差不应超过 $\pm 2.0\sqrt{n}$ mm（n 为测站数）。高层建筑物的沉降观测，则应采用 DS1 精密水准仪，用二等水准测量的方法进行，其水准路线的闭合差不应超过 $\pm 1.0\sqrt{n}$ mm（n 为测站数）。

三、沉降观测点的类型

沉降观测作为工程建设与地质环境研究中不可或缺的一环，对于确保工程安全、评估地质稳定性及预防灾害具有重要意义。合理布设沉降观测点是实现有效监测的基础，沉降观测点一般分为水准基点、工作基点和监测点三种。沉降观测点的布设形式如图 7-1 所示。

① 水准基点。通常埋设在稳固的基岩上或变形区域以外，尽可能长期保存，稳定不动。

② 工作基点。埋设在被研究对象附近，要求在观测期间保持稳定，其点位由基准点定期检测。

③ 监测点。直接埋设在变形体上，能反映建筑物的变形特征，一般埋设在建筑物

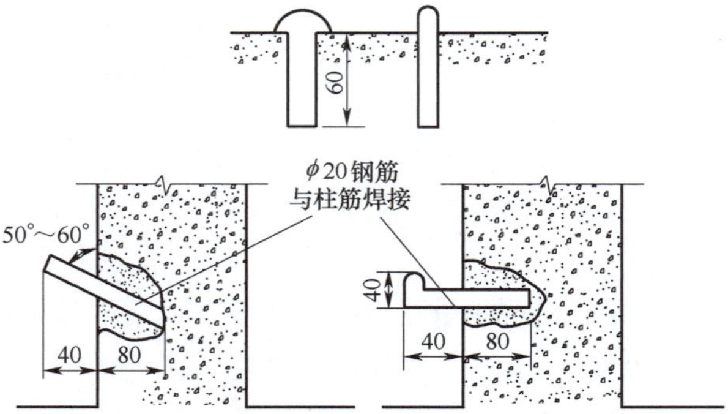

图 7-1　沉降观测点的布设形式

内部。

四、沉降观测周期

沉降观测的周期和时间要求因建筑物类型、施工阶段以及地基土类型等因素而有所不同。具体如下：

① 在建筑物施工阶段，普通建筑可在基础完工后或地下室砌完后开始观测；大型、高层建筑可在基础垫层或基础底部完成后开始观测。

② 观测次数与间隔时间视地基与加荷情况而定，如民用高层建筑可每加高 1~5 层观测一次；工业建筑可按不同施工阶段进行观测。施工过程中若暂时停工，应在停工时及重新开工时各观测一次，停工期间可每隔二至三个月观测一次。

③ 一般高层建筑每层应至少进行一次沉降观测；主体封顶后一年内，每三个月应观测一次；第二年每半年观测一次。对于一般建筑，观测次数不得少于 5 次。

④ 在建筑物使用阶段，观测次数视地基土类型和沉降速率大小而定，第一年观测 3~4 次，第二年观测 2~3 次，第三年后每年观测一次，直至稳定为止。

⑤ 当建筑突然发生大量沉降、不均匀沉降或严重裂缝时，应立即进行逐日或 2~3 天一次的连续观测。竣工后半年内每隔二至三个月观测一次，以后每隔四至六个月观测一次，直至建筑物沉降稳定。若建筑物出现下沉、上浮或不均匀沉降等特殊情况，应增加观测次数。

技能点

一、沉降观测技术与方法

在对建筑物进行沉降观测时，首次观测应在观测点设置稳固后及时进行。沉降观测点首次观测的高程值是以后各次观测用以比较的依据，若初测精度不够或存在错误，不仅无法补测，而且会造成沉降工作中的矛盾现象，因此必须提高初测精度。如有条件，最好采用精密型水准仪进行首次测定。同时，每个沉降观测点的首次高程，应在同期进行两次观测后决定。然后每施工一层或几层就复测一次，直至竣工。

沉降观测的技术方法有多种，下面介绍几种常用方法。

① 水准测量法。通过水准仪和水准尺测量地面或建筑物的观测点相对于某一基准点的高程变化。这种方法具有较高的精度，适用于各种规模的沉降观测。

② 全站仪测量法。利用全站仪进行三维坐标测量，能够同时获取观测点的水平位移和垂直沉降信息。这种方法适用于需要高精度、高效率观测的场合。

③ GNSS 测量法。通过卫星定位技术实时监测观测点的位置变化。这种方法适用于大面积、长时间跨度的沉降观测。

在选择观测方法时，需要考虑观测目的、精度要求、观测环境以及经济成本等因素。

二、沉降观测的成果整理

1. 整理原始记录

每次观测结束后，测量人员应检查记录的数据和计算是否正确、精度是否合格，调整高差闭合差，推算出各沉降观测点的高程。

2. 计算沉降量

沉降量的计算内容和方法如下。

（1）计算各沉降观测点的本次沉降量

沉降观测点的本次沉降量=本次观测所得的高程-上次观测所得的高程

（2）计算累积沉降量

累积沉降量=本次沉降量+上次累积沉降量

（3）绘制沉降曲线

图7-2所示为沉降曲线图。沉降曲线分为两部分，即时间与沉降量关系曲线和时间与荷载关系曲线。

① 绘制时间与沉降量关系曲线。首先，以沉降量为纵轴，以时间为横轴，组成直角坐标系。然后以累积沉降量为纵坐标、观测日期为横坐标，标点。最后，用曲线将标出的各点连接起来，并在曲线的一端注明沉降观测点号码，即可绘制出时间与沉降量关系曲线。

② 绘制时间与荷载关系曲线。首先，以荷载为纵轴，以时间为横轴，组成直角坐标系。然后根据每次观测时间和相应的荷载标出各点。最后，将各点连接起来，即可绘制出时间与荷载关系曲线。

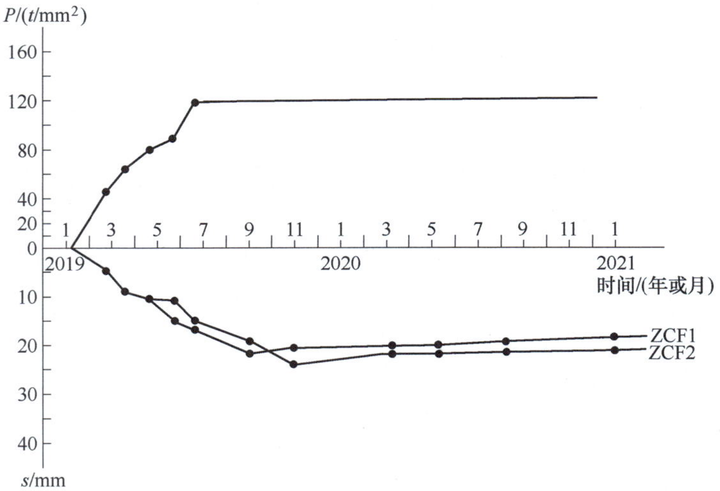

图7-2　沉降曲线图

（4）沉降观测汇交成果

观测工作结束后，应提交下列成果：

① 沉降观测表。

② 沉降观测点位分布图。

③ 沉降曲线图。

④ 沉降观测分析报告。

根据沉降观测表和沉降曲线图，分析建筑物的沉降趋势，将建筑物的沉降情况及时反馈给有关主管部门，正确地指导施工。在沉陷性较大的地基上对重要建筑物不均匀沉降的观测更为重要。

三、沉降预测与评估

沉降的预测与评估对于确保工程安全、稳定及使用寿命具有至关重要的意义。沉降预测与评估的全过程包括沉降观测资料收集、观测数据处理分析、预测模型的建立、沉降趋势预测、评估报告编制、风险控制措施的制订以及后续的监测与反馈调整。

1. 沉降观测资料收集

① 确定观测对象与范围。根据工程特点，明确需要观测的区域，如建筑物的地基、桥梁的墩台、道路的路基等。

② 布设观测点。采用合适的方法，如水准测量、GPS 测量、雷达干涉测量等，在选定的观测区域布设观测点，确保观测点分布合理、覆盖全面。

③ 定期观测记录。按照预定的时间间隔，如月、季、年，进行观测，并记录每次观测的数据，包括沉降量、时间、环境条件等。

2. 观测数据处理分析

① 数据清洗。剔除异常值、缺失值等不符合要求的数据，保证数据的准确性和可靠性。

② 统计分析。运用统计学方法，如平均值、标准差、趋势线分析等，对数据进行分析，识别沉降规律。

③ 图形化展示。通过绘制沉降曲线图、散点图等，直观展示沉降变化趋势，便于后续分析。

3. 预测模型的建立

① 模型选择。根据沉降数据的特性，选择合适的预测模型，如时间序列分析模型、灰色预测模型、神经网络模型等。

② 模型参数估计。利用观测数据对模型参数进行估计，确保模型能够准确反映沉降规律。

③ 模型验证。采用交叉验证、留一验证等方法，评估模型的预测精度和稳定性。

4. 沉降趋势预测

① 短期预测。基于当前及历史数据，预测未来短期内的沉降趋势，为工程安全预警提供依据。

② 长期预测。考虑工程生命周期内可能的影响因素，如地质条件变化、荷载增加等，进行长期沉降趋势预测。

5. 评估报告编制

① 现状分析。总结观测数据和模型分析结果，明确当前沉降状况。

② 趋势预测。展示短期和长期沉降趋势预测结果。

③ 风险评估。根据预测结果，评估沉降对工程安全、稳定性及使用寿命的影响程度。

④ 建议措施。针对可能的风险，提出相应的控制措施和建议。

6. 风险控制措施的制订

① 工程加固。对存在沉降风险的区域进行加固处理，如增加地基承载力、加固结构等。

② 施工管理。优化施工方案，减少施工对地基的影响。

③ 监测强化。增加观测点的密度和观测频率，及时发现并处理异常情况。

④ 应急预案。制订应急预案，确保在出现重大沉降事件时能够迅速响应。

7. 监测与反馈调整

① 持续监测。在工程运营期间，持续进行沉降观测，确保数据的连续性和实时性。

② 反馈分析。定期将检测数据与预测模型进行对比分析，评估模型的有效性并进行必要的调整。

③ 策略优化。根据监测结果和评估报告，不断优化风险控制措施和监测方案，确保工程安全稳定。

沉降预测与评估是一个系统工程，需要综合运用多种技术手段和专业知识。通过科学严谨的观测、分析、预测和评估过程，可以有效识别和控制沉降风险，保障工程的安全性和稳定性。同时，持续的监测与反馈调整机制也是确保预测评估结果准确有效的关键。沉降观测工作结束后，须提交沉降观测表、沉降观测点位分布图、沉降曲线图、沉降观测分析报告。

沉降观测新技术

任务二 位移观测

位移观测是指对自然或人工结构（如建筑物、桥梁、边坡、地下工程、山体等）在各种外部因素（如重力、地震、风力、水流冲刷、地下水变化、人为活动等）作用下产生的位置或形状变化的测量过程。这一过程通过高精度的测量技术，实时监测或定期记录目标物的空间位置变化，为评估其稳定性、安全性及变形趋势提供科学依据。

位移观测的主要目的如下：

① 及时发现并预警潜在的安全隐患，防止结构破坏或事故发生。

② 评估工程结构在施工及运营过程中的变形情况，验证设计理论的合理性。

③ 研究地质构造、地震活动、沿途工程行为等自然现象，推动相关学科发展。

④ 基于长期观测数据，分析变形规律，预测自然灾害（如滑坡、地面沉降）的发生。

知识点

一、位移观测的技术与方法

位移观测通常包括水平位移（即横向和纵向的线性移动）和垂直位移（即升降或沉降）的测量。具体观测内容根据监测对象的特性和需求而定，可能还包括倾斜、扭转、裂缝扩展等复杂变形现象的监测。

观测方案的制订须综合考虑监测目标、环境条件、精度要求、成本效益等因素。一般包括以下内容：

① 监测点布置。根据结构特点、应力分布及潜在变形区域，合理布置监测点。

② 观测周期。根据变形速率和监测需求，确定观测频率，可为每日、每周、每月或不定期。

③ 观测精度。依据工程重要性及规范要求，设定合理的观测精度指标。

④ 应急响应机制。建立变形异常预警及应急处理流程，确保安全。

位移观测方法有多种，常用方法如下：

① 大地测量法。大地测量法如全站仪测量、GPS（全球定位系统）测量，适用于大范围、高精度的位移监测。大地测量法是水平位移观测的传统方法，其基本原理是利用三角测量、交会等方法多次测量变形监测点的平面坐标，再将坐标与起始值相比较，从而求得水平位移量。该方法通常需要人工观测，劳动强度高、速度慢。

② 近景摄影测量。近景摄影测量利用高分辨率相机捕捉变形前后的图像，通过图像处理技术分析位移。

③ 遥感技术。遥感技术如卫星遥感、无人机航拍，适用于大范围、难以接近地区的变形监测。

④ 自动化监测技术。自动化监测技术包括固定式或移动式传感器（如倾角计、应变计、位移传感器等），可实现连续、实时的数据采集。

位移观测广泛应用于各个领域：

① 土木工程。桥梁、隧道、高层建筑、水利工程的稳定性监测。

② 地质工程。滑坡、泥石流、地面沉降等地质灾害的稳定性监测。

③ 矿产资源开发。矿山边坡、地下采空区的稳定性监测。

④ 交通运输。道路、铁路沿线的地基沉降及结构变形监测。

⑤ 环境工程。垃圾填埋场、污水处理厂等基础设施的变形监测。

⑥ 文物保护。古建筑、历史遗迹的变形监测与保护。

通过位移观测，可以有效保障工程安全、预防自然灾害、促进科学研究，具有极其重要的社会效益和经济效益。

二、观测点选择与布设

位移观测作为评估结构稳定性和安全性的重要手段，其观测点的选择与布设直接关系到观测数据的准确性和有效性。位移观测点可按两个层次布设，即由控制点组成控制网、由观测点组及所联测的控制点组成扩展网。对于单个建筑物上部或构件的位移监测，可将控制点连同观测点按单一层次布设。

控制点是整个观测网络的基础，用于确定观测点的绝对或相对位置。控制点的布设应遵循稳定可靠、易于识别和测量等原则，通常选在地基稳定、无显著变形的区域。控制点的数量和位置应根据观测范围、精度要求和现场条件确定。

观测点应布设在结构或区域的关键部位，如应力集中区、潜在变形区、重要支撑点等。观测点的数量和密度应根据监测目标和精度要求确定，以确保能够全面、准确地反映结构的变形情况。同时，观测点的布设还需要考虑后续测量的方便性和安全性。

基准点是整个观测网络的参考点，用于确定观测点的初始位置和后续变形量。基准点应选在地质条件稳定、远离监测区域、不易受外界干扰的地方。基准点的稳定性和精度对整个观测结果至关重要。

工作基点是连接基准点和观测点的中间点，用于在观测过程中进行转折点测量。工作基点的布设应便于观测，同时要保证其稳定性和精度。观测点的设计应考虑观测技术的要求、结构的特性以及现场条件。对于自动化监测技术，观测点须设计与之匹配的传感器安装位置，并确保传感器的稳定性和准确性。对于传统的大地测量技术，观测点须设计反射棱镜、觇标等标志物，便于观测。

现场条件是观测点选择与布设的重要考虑因素，包括地形、地貌、气候条件、交通状况、施工干扰等。在选择和布设观测点时，应充分考虑这些因素对观测工作的影响，并采取相应的措施减少其干扰。

在完成观测点的选择与布设后，须制订详细的观测计划。观测计划应包括观测的时间安排、测量频次、观测人员分工、数据处理与分析流程等内容。同时，还须制订应急响应机制，以应对突发情况和观测数据异常时的处理。

技能点

位移观测的实施

当建筑物在平面上产生位移时，为了进行位移测量，应在其纵、横方向上设置观测点及控制点。若已知其位移的方向，则只在位移方向或其垂直方向上进行观测。

观测点与控制点应位于同一直线上，控制点至少埋设 3 个，以便检核。控制点间的距离及观测点与相邻控制点的距离应大于 30m，以保证测量的精度。如图 7-3 所示，A、B、C 为控制点，M 为观测点。控制点必须埋设牢固稳定的标桩，每次观测前，应对所使用的控制点进行检查，以防止其变化。建筑物上的观测点标志应牢固、明显。

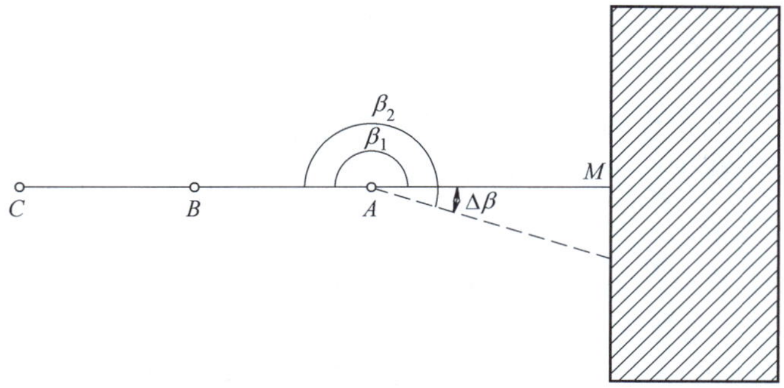

图 7-3　位移观测

位移观测可采用投点法求出位移值，也可采用测角的方法。如图 7-3 所示，设第一次在点所测的角度为 β_1，第二次测得的角度为 β_2，两次观测的角度差 $\Delta\beta=\beta_2-\beta_1$，则建筑物的位移可按式（7-2）计算。

$$\delta=\frac{\Delta\beta\times|AM|}{\rho} \tag{7-2}$$

在式（7-2）中，$\rho=206265''$。

任务三
倾斜观测

知识点

一、倾斜观测概述

倾斜观测作为重要的工程测量手段，主要用于监测建筑物、构筑物、边坡、地下工程等结构体的倾斜状态，对于评估其稳定性和安全性具有重要意义。

倾斜观测是指通过专门的测量技术和仪器，对结构体或地表面在重力或其他外力作用下产生的倾斜角度或倾斜量进行精确测量的过程。这一过程能够实时或定期地获取结构体的倾斜变化信息，为结构安全评估、变形预警、灾害预测等提供数据支持。

倾斜观测广泛应用于土木工程、地质工程、环境工程、交通运输工程等领域。在高层建筑、桥梁、隧道、边坡、大坝、地铁等工程中，倾斜观测是评估结构稳定性的重要手段。同时，在地震、滑坡、地面沉降等自然灾害的监测预警中，倾斜观测也发挥着不可替代的作用。

倾斜观测的主要内容如下：

① 倾斜方向。确定结构体或地表面倾斜的方向。

② 倾斜量。测量结构体或地表面倾斜的具体量值。

③ 倾斜速率。分析倾斜量随时间的变化趋势，评估倾斜的速率。

④ 倾斜分布。研究倾斜在空间上的分布情况，了解倾斜的规律和特征。

在倾斜观测时，应注意以下事项：

① 确保观测仪器的精度和稳定性，定期进行校准和维护。

② 选择合适的观测方法和观测周期，根据结构体的特性和观测需求制订观测方案。

③ 观测过程中须避免外界干扰，如风力、温度变化等因素对观测结果的影响。

④ 及时处理和分析观测数据，及时发现并报告异常情况。遵守相关的安全规范和操作规程，确保人员和设备的安全。

地倾斜观测是倾斜观测的一个重要分支，主要用于监测地壳微小倾斜变化，研究地壳形变、地震活动等地质现象。地倾斜观测通常采用高精度的倾斜仪或激光测距仪等仪器进行，能够实时、连续地记录地倾斜的微小变化。地倾斜观测数据对地震预测、地质灾害防治等具有重要意义。

倾斜观测作为一种重要的工程测量手段，在土木工程、地质工程等领域发挥着重要作用。通过科学合理的观测方法和严格的观测过程控制，可以获取准确可靠的倾斜数据，为结构安全评估和灾害预警预测等提供有力支持。

二、观测点选择与布设

1. 观测点的选择

对于整体倾斜的观测，应在建筑物的顶部和底部沿同一竖直线分别布设监测点。对于局部倾斜的观测，应在所测范围的上部和下部沿同一竖直线分别布设监测点。

建筑顶部的监测点标志宜采用固定的觇牌和棱镜；墙体上的监测点可采用埋入式照准标志或粘贴反射片标志；对于不便埋设标志的塔形、圆形建筑及竖直构件，可粘贴反射片标志或利用符合位置与照准要求的建筑特征部位。

位于地面的测站点和定向点可根据观测要求使用带有强制对中装置的观测墩或混凝土标石。一次性倾斜观测项目的观测点标志采用标记形式或直接利用符合位置与照准要求的建筑特征部位，测站点可采用小标识或临时性标志。

2. 布设方法

当从建筑外部观测时，测站点的位置应选在与倾斜方向正交的方向线上，距离照准目标 1.5~2.0 倍目标高度的固定位置。利用建筑内部竖向通道观测时，可将通道底部中心点作为观测点。

对于整体倾斜，观测点及底部固定点应沿着对应测站点的建筑主体竖直线在顶部和底部上下对应布设；对于分层倾斜，应按分层部位上下对应布设。

按前方交会法布设的测站点，基线端点的选择应考虑测距或长度丈量的要求；按方向线水平角法布设的测站点，应设置好定向点。

技能点

一、一般建筑物的倾斜观测

建筑物产生倾斜的原因主要是地基承载力不均匀、建筑物体型复杂形成不同荷载及受外力风荷、地震等影响引起建筑物基础的不均匀沉降。测定建筑物倾斜度随时间变化的工作称为倾斜观测。倾斜观测一般使用水准仪、经纬仪、垂球或其他专用仪器测量建筑物的倾斜度。

1. 水准仪观测法

水准仪观测法通过精密水准仪测量建筑物基础的沉降量以确定建筑物的倾斜度，是一种简单的测量建筑物倾斜的方法。如图 7-4 所示，定期测出基础两端点的沉降量，并计算出沉降量的差 Δh，再根据两点的距离 L，即可计算出建筑物基础的倾斜度 i。i 可按式（7-3）计算。

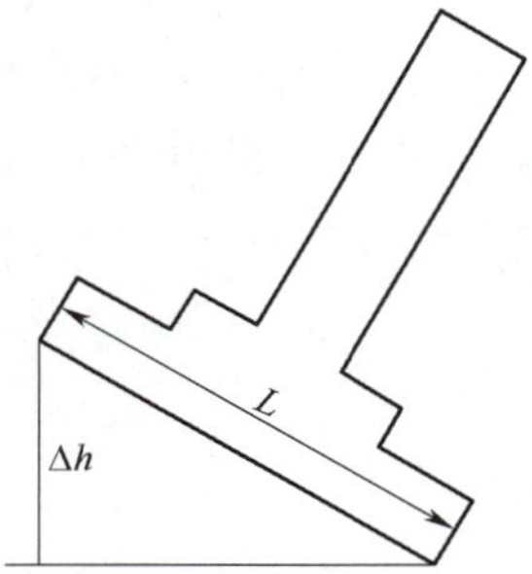

图 7-4　基础倾斜观测

$$i=\frac{\Delta h}{L} \tag{7-3}$$

2. 悬挂垂球法

悬挂垂球法是直接测量建筑物倾斜度的最简单的方法，适合内部有垂直通道的建筑物。从建筑物垂直通道的上部悬挂垂球，根据上、下应在同一位置上的点，直接量出建筑物的倾斜位移值 ΔD，最后按式（7-4）计算出倾斜度。

$$i=\frac{\Delta D}{H} \tag{7-4}$$

3. 全站仪观测法

全站仪观测法是指利用全站仪测出建筑物顶部的倾斜位移值，并计算出建筑物的倾斜度，也称投点法。对于倾斜方向确定的建筑物，可在与倾斜方向正交的方向上设置测站观测。在观测之前，首先要在待倾斜观测的建筑物上设置上、下两点作为观测点，两点应位于同一铅垂面内。如图 7-5（a）所示，M、N 为观测点。如果建筑物发生倾斜，MN 将由垂直线变为倾斜线。观测时，测站的位置到建筑物的距离应大于建筑物的高度，瞄准上部观测点 M，用正倒镜取中法向下投点得 N'，若 N' 与 N 点不重合，则说明建筑物发生倾斜，以 a 表示 N' 与 N 的水平距离，a 即为建筑物的倾斜位移值。若以 H 表示其高度，则倾斜度可按式（7-5）计算。

$$i=\frac{a}{H} \tag{7-5}$$

对于建筑物倾斜方向不确定的倾斜观测，应在互相垂直的两个方向上观测建筑物的倾斜位移值 a 和 b，如图 7-5（b）所示。此时倾斜度可按式（7-6）计算。

$$i=\frac{\sqrt{a^2+b^2}}{H} \tag{7-6}$$

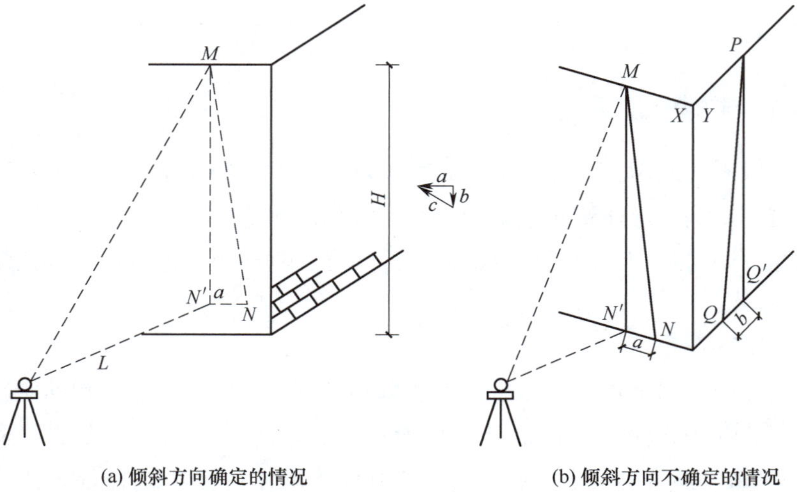

图 7-5　建筑物的倾斜观测

二、圆形建（构）筑物的倾斜观测

圆形建（构）筑物主体的倾斜观测是在互相垂直的两个方向上，测定其顶部中心相对底部中心的偏移值，具体观测方法如下：

① 如图 7-6 所示，在烟囱底部横放一根标尺，在标尺中垂线方向上安置经纬仪，使经纬仪到烟囱的距离为烟囱高度的 1.5 倍。

② 用望远镜将烟囱顶部边沿两点 A、A' 及底部边缘两点 B、B' 分别投到标尺上，得出读数 y_1、y_1' 及 y_2、y_2'。烟囱顶部中心 O 对底部中心 O' 在 y 方向上的偏移值 Δy 可按式（7-7）计算。

$$\Delta y=\frac{y_1+y_1'}{2}-\frac{y_2+y_2'}{2} \tag{7-7}$$

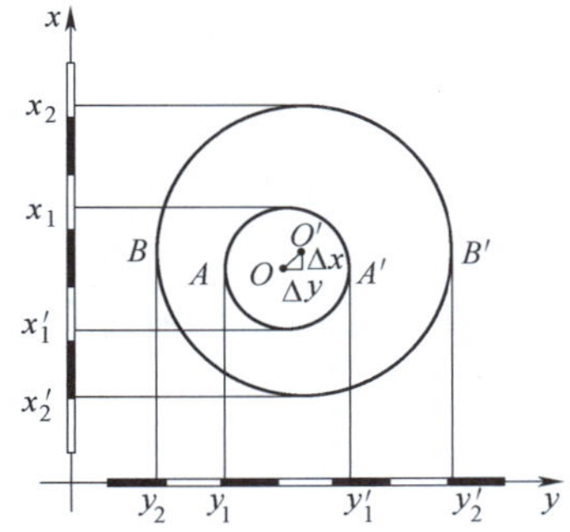

图 7-6　圆形建（构）筑物主体的倾斜观测

③ 用同样的方法，测得在 x 方向上，顶部中心的偏移值 Δx 可按式（7-8）计算。

$$\Delta x=\frac{x_1+x_1'}{2}-\frac{x_2+x_2'}{2} \tag{7-8}$$

④ 用矢量相加的方法，计算出顶部中心 O 对底部中心 O' 的总偏移值 ΔD，即按式（7-9）计算。

$$\Delta D=\sqrt{\Delta x^2+\Delta y^2} \tag{7-9}$$

⑤ 根据总偏移值 ΔD 和圆形建（构）筑物的高度 H，按式（7-3）计算出倾斜度。测量人员也可以采用激光铅垂仪或悬挂垂球法，直接测定建筑物的倾斜量。

任务四
裂缝观测

知识点

一、裂缝观测的概念

裂缝观测是测定建（构）筑物上裂缝扩展情况的工作。裂缝观测的主要目的是查明裂缝情况，掌握变化规律，分析其成因和危害，以便采取对策，保证建（构）筑物的安全运行。对建（构）筑物产生的裂缝应进行位置、长度、宽度和深度等的定期观测，对建（构）筑物内部及表面可能产生裂缝的部位，应预埋标志，进行定期观测或临时采用适宜方法进行探测。

二、裂缝产生的原因及编号

裂缝的产生往往与不均匀沉降有关，因此裂缝观测时，通常也安排沉降观测，以便于综合分析，及时采取措施，确保建（构）筑物的安全。当建（构）筑物多处产生裂缝时，应先对裂缝进行编号，分别观测裂缝的位置、走向、宽度和长度等，并绘制裂缝位置图。

对于砖砌或混凝土建（构）筑物，可在裂缝的两侧用油漆绘制两条平行线标记至裂缝位置图，如图 7-7 所示的 1、2。每次观测时用尺量取两个标记的间距 d，d 的变化值反映裂缝发展的情况。常用的裂缝测量方法为单向标点测缝法，如图 7-8 所示。

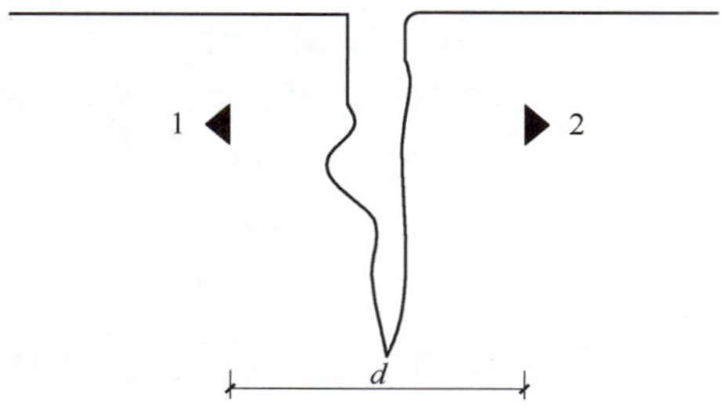

图 7-7　建（构）筑物的裂缝观测

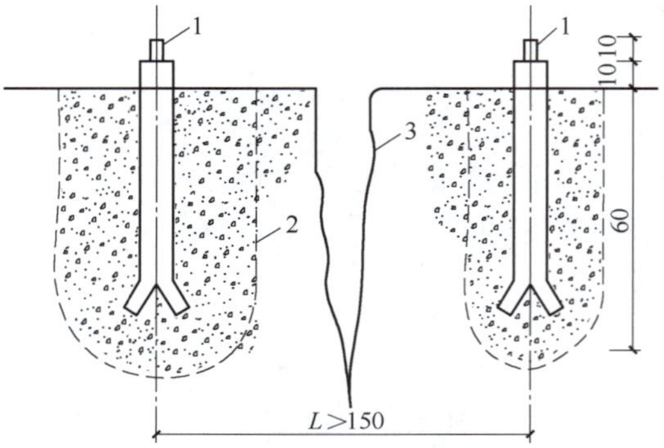

1—标点；2—钻孔线；3—裂缝。

图 7-8　单向标点测缝法

三、裂缝观测周期

裂缝观测的周期应视其裂缝变化速度而定，通常开始半月观测 1 次，以后一月观测 1 次。当发现裂缝加大时，应增加观测次数，直至几天 1 次或逐日 1 次的连续观测。裂缝观测时，其宽度应量至 0.1mm，每次观测应量出裂缝位置、形态和尺寸，注明日期并附照片资料。

技能点

裂缝观测的实施

1. 测微器法

测微器法主要包括单向标点测缝法和三向标点测缝法，主要用于测量表面裂缝的宽度和错距。

单向标点测缝法一般用于测量裂缝的宽度。在实际应用中，可根据裂缝分布情况，对重要的裂缝，选择有代表性的位置，在裂缝两侧各埋设一个标点。标点采用直径为 20mm、长约 80mm 的金属棒，埋入混凝土内 60mm，外露部分为标点，标点上各有一个保护盖。两标点的距离不得少于 150mm。用游标卡尺定期测量两个标点之间距离，以此掌握裂缝的发展情况，其测量精度一般可达到 0.1mm。

2. 超声波检测法

超声波用于非破损检测，是指以超声波为媒介，获得物体内部信息的一种方法。目前超声波检测法已应用于医疗诊断、钢刷探伤、鱼群探测等领域。当声波通过混凝土的裂缝时，绕过裂缝顶端而改变方向，使传播路程增加，即通过的时间加长，由此可通过对裂缝绕射声波在最短路程 L 上通过的时间与良好混凝土在水平距离上声波通过的时间进行比较以确定裂缝的深度。

超声波检测具体实施步骤如下：

① 清洁待检测表面，去除油污、锈蚀、涂层等，以确保良好的耦合。

② 在待检测表面涂抹适量的耦合剂，以提高超声波信号的传导效果。

③ 根据材料类型和检测要求选择合适的探头，调整超声波探伤仪的频率和增益。

④ 将探头垂直于待检测表面放置，确保良好接触。

⑤ 启动超声波探伤仪，观察屏幕显示的波形和信号。记录回波信号，包括反射波、透射波等。

⑥ 通过移动探头，探测和定位裂缝位置。注意观察信号幅度的变化，判断裂缝的存在和大小。

任务五
挠度观测

知识点

挠度的概念

挠度是指建（构）筑物或其构件在水平方向或竖直方向上的弯曲值。例如桥的梁部在中间会产生弯曲，高耸建筑物会产生侧向弯曲。

对于直立的构件，要设置上、中、下三个位移监测点进行位移监测，利用三点的位移量可求出挠度大小。在这种情况下，把在建筑物垂直面内各不同高程点相对于底点的水平位移称为挠度。

技能点

挠度的观测

监测挠度时常采用正垂线法，即从建筑物顶部悬挂一根铅垂线，直通到底部。在铅垂线的不同高程上设置测点，借助光学式或机械式的坐标仪表量测出各点与铅垂线最低点之间的相对位移。任意点的挠度 f 等于顶点与铅垂线最低点的相对位移减去任一点与铅垂线最低点的相对位移。任一点 P 的挠度可按式（7-10）计算。

$$f_P = S_0 - S_P \tag{7-10}$$

式中　f_P——任一点 P 的挠度；

S_0——顶点与铅垂线最低点的相对位移；
S_P——任一点与铅垂线最低点的相对位移。

任务六
竣工测量

知识点

一、竣工测量概述

竣工测量作为工程建设周期中的重要环节，是确保工程项目按照规划、设计要求精确实施并完成的关键步骤。它不仅是对工程实体尺寸、位置、高程等几何特性的全面复核，也是后续工程验收、产权界定、城市规划更新等工作的基础数据。

1. 竣工测量

竣工测量是指在工程项目竣工后，依据国家或地方测绘规范及项目设计要求，对工程项目实际完成情况进行实地测量，获取准确的几何形态、位置关系及高程等信息的活动。

2. 竣工测量目的

竣工测量的目的如下：

① 验证施工质量。通过测量验证工程是否按设计施工，确保各项技术指标达标。

② 编制竣工资料。为工程竣工验收提供详实、准确的测量数据，编制竣工图纸和报告。

③ 服务后续管理。为工程后期的维护、改造、扩建及城市管理提供可靠的地理空间信息支持。

二、测量对象与内容

竣工测量的测量对象主要包括建筑物（含地下建筑）、构筑物、道路、桥梁、管线、绿化、广场、停车场等工程实体及其附属设施。

竣工测量的内容如下：

① 位置测量。测定各工程实体的中心点、边线等关键位置坐标。

② 尺寸测量。精确测量建筑物的长宽高、道路宽度、桥梁跨度、管线长度等尺寸参数。

③ 高程测量。确定各工程实体地面高程、建筑物楼层高程、管线埋深等。

④ 空间关系测量。记录建筑物间的间距、朝向、层高等空间关系。

⑤ 变形监测（如适用）。对大型或特殊工程进行变形监测，评估结构稳定性。

三、竣工总平面图

竣工总平面图是根据竣工测量数据绘制的，是反映工程项目竣工后整体布局、空间关系及各项技术指标的图件。它是工程竣工验收、存档及后续管理的重要依据。竣工总平面图须清晰标注各工程实体的位置、尺寸、高程、坐标等信息，并符合相关制图标准。

（一）绘制竣工总平面图的目的

绘制竣工总平面图的目的如下：

① 在施工过程中可能由于设计时没有考虑到的问题而使设计有所变更，这种临时变更设计的情况必须通过测量反映到竣工总平面图上。

② 能够便于日后进行各种设施的维修工作，特别是地下管道等隐蔽工程的检查和维修工作。

③ 为企业的扩建提供了原有各项建（构）筑物、地上和地下各种管线及交通线路的坐标、高程等资料。

新建企业的竣工总平面图的绘制，最好随着工程的陆续竣工相继进行。一边竣工，一边利用竣工测量成果绘制竣工总平面图。若发现地下管线的位置有问题，可及时到现场比对，使竣工图能真实反映实际情况。边竣工边绘制的优点如下：当企业全部竣工时，竣工总平面图也大部分绘制完成；既可作为交工验收的资料，又可大大减少实测工作量，从而节约了人力和物力。

（二）竣工总平面图绘制的内容

1. 室外实测

在每一个单项工程完成后，必须由施工单位进行竣工测量，提出工程的竣工测量成果。其内容包括以下方面。

（1）工业厂房及一般建筑物

包括房角坐标、各种管线进出口的位置和高程；并附房屋编号、结构层数、面积和竣工时间等资料。

（2）铁路和公路

包括起止点、转折点、交叉点的坐标，曲线元素、桥涵等构筑物的位置和高程。

（3）地下管网

转折点的坐标，井底、沟槽和管顶等的高程；并附注管道及管井的编号、名称、管径、管材、间距、坡度和流向。

（4）架空管网

包括转折点、结点、交叉点的坐标，支架间距，基础面高程。

（5）其他

竣工测量完成后，应提交完整的资料，包括工程的名称、施工依据、施工成果，作为绘制竣工总平面图的依据。

2. 室内资料编结

竣工总平面图应包括建筑方格网点、水准点、厂房、辅助设施、生活福利设施、架空及地下管线、铁路等建筑物或构筑物的坐标和高程，以及厂区内空地和未建区的地形。有关建筑物、构筑物的符号应与设计图例相同，有关地形图的图例应使用国家地形图图式符号。

厂区地上和地下所有建筑物、构筑物在一张竣工总平面图上时，如果线条过于密集而不醒目，则可采用分类编图，如综合竣工总平面图、交通运输竣工总平面图和管线竣工总平面图等。比例尺一般采用 1 : 1000。如果不能清楚地表示某些特别密集的地区，也可局部采用 1 : 500 的比例尺。

如果施工的单位较多，多次转手造成竣工测量资料不全、图面不完整或与现场情况不符时，则要进行实地施测，这样绘出的平面图称为实测竣工总平面图。

技能点

竣工测量的方法与步骤

1. 竣工测量方法

竣工测量方法如下：

① GPS 测量。GPS 测量用于大范围的空间定位，提供高精度坐标数据。

② 全站仪测量。全站仪测量适用于近距离高精度测量，包括角度、距离和高度测量。

③ 无人机测绘。无人机测绘能够快速获取大面积区域的影像数据，用于三维建模或辅助测量。

④ 激光扫描。激光扫描能够高精度捕捉三维表面信息，适用于复杂结构测量。

2. 竣工测量步骤

竣工测量步骤如下：

① 准备阶段。收集设计资料，了解工程概况，制订测量方案。

② 现场踏勘。实地勘查，确定控制点位置，设置测量标志。

③ 外业测量。按照方案进行实地测量，记录数据。

④ 内业处理。数据整理、计算、校核，绘制竣工测量图。

⑤ 成果编制。编写竣工测量报告，提交成果资料。

典型任务描述

沉降观测实训　　位移观测实训

某测绘公司中标一危旧房屋倾斜沉降缺陷变形观测任务。甲方要求监测方案设计的总体思路按照“先整体后局部，先控制后变形”的原则进行，即首先逐次布测变形监测的基准控制网、工作基点，再在基准点或工作基点上观测某高层建筑物的沉降和水平位移。当观测条件较好时，尽可能少设或不设工作基点，直接利用基准点测量变形观测点，以降低工作量和提高变形测量精度。监测方案包括监测精度设计，基准网及工作基点布测，观测点布设，监测周期及频次的确定，观测方法的选择，监测数据的采集、处理、分析及整理等内容。

专题实训

下面通过一个实训，了解倾斜沉降缺陷变形观测的内容。

实训　倾斜观测实训

1. 实训目的

掌握建筑物倾斜观测的方法。

2. 仪器设备

每组配备全站仪 1 台、棱镜 1 个。

3. 实训任务

每组用全站仪观测校园内一栋楼房房顶的 *A*、*B*、*C* 或 *D* 点，计算其倾斜度。

4. 实训步骤

① 建筑物观测点选取。

② 选横向观测测站并测距、测高。

③ 横向观测倾斜量。

④ 选纵向观测测站并测距、测高。

⑤ 纵向观测倾斜量。

⑥ 计算倾斜度。

5. 实训报告

进行实训报告，将相应观测数据填入建筑物倾斜观测记录表中，如表 7-1 所示。

表 7-1　建筑物倾斜观测记录表

班级：　　组别：　　观测员：　　记录员：　　日期：

观测量	观测点				备注
	A	*B*	*C*	*D*	
至横向倾斜平距					
至横向倾斜仰角					
至横向倾斜偏角					
横向倾斜量					
至纵向倾斜平距					
至纵向倾斜仰角					
至纵向倾斜偏角					
纵向倾斜量					
总倾斜量					
倾斜度					

6. 实训总结与反馈

项目测试

班级：　　学号：　　组别：　　姓名：

一、单选题

1. 在普通地区，高程控制点标石埋设（　　）后，可以开始使用。

A. 不宜少于 15d　　B. 一个月　　C. 半年　　D. 不宜少于一周

2. 根据高程控制网布设的要求，每个测区的基准点一般不应少于（　　）。

A. 5 个　　B. 2 个　　C. 6 个　　D. 3 个

3. 建筑物沉降观测，一般宜（　　）复测一次。

A. 一年　　B. 一个月　　C. 15d　　D. 半年

4. 沉降观测的视线高度不宜低于（　　）。

A. 0.5m　　B. 1m　　C. 1.5m　　D. 0.3m

5. 建筑沉降是否进入稳定阶段，应由沉降量与时间关系曲线判定。当沉降速度小于（　　）时，可认为已进入稳定阶段。具体数值宜根据各地区地基土的压缩性能确定。

A. 0.01~0.02mm/d　　B. 0.02~0.40mm/d

C. 0.01~0.04mm/d　　D. 0.02~0.06mm/d

6. 竣工总平面图常用（　　）的比例尺施测。

A. 1∶200　　B. 1∶150　　C. 1∶500 或 1∶1000　　D. 1∶2000

二、简答题

1. 建筑物变形观测的目的是什么？
2. 水平位移测量的常用方法有哪些？
3. 简述位移测量的含义及其监测原理。
4. 变形监测点分为哪几类？各有什么要求？
5. 沉降观测的观测周期和观测时间，在建筑物施工阶段如何确定？
6. 建筑物变形观测的主要内容有哪些？
7. 沉降观测完成后应提交哪些成果？
8. 竣工总平面图包括哪些内容？

三、绘图题

某点的沉降观测数据如表 7-2 所示，试绘图表示沉降量与时间的关系。

表 7-2　　某点的沉降观测数据

观测日期	2010 年 9 月 10 日	2010 年 11 月 12 日	2010 年 12 月 15 日	2011 年 2 月 28 日	2011 年 4 月 20 日	2011 年 6 月 9 日	2011 年 7 月 26 日
观测高程/m	7.344	7.336	7.333	7.333	7.317	7.311	7.303
观测日期	2011 年 10 月 3 日	2011 年 12 月 6 日	2012 年 2 月 4 日	2012 年 4 月 10 日	2012 年 6 月 3 日	2012 年 8 月 3 日	2012 年 10 月 6 日
观测高程/m	7.297	7.292	7.288	7.284	7.282	7.281	7.280

四、计算题

在一建筑上设一变形观测点，通过三次观测，其坐标值分别为 $x=9929.089$m，$y=10211.976$m；$x=9929.076$m，$y=10211.980$m；$x=9929.064$m，$y=10211.975$m。求此变形观测点每次观测的水平位移量及总位移量。

链接执考

选择题（第 1 至 8 题为单选题，第 9 题为多选题）

1. 沉降观测是用（　　）。

A. 水准测量方法　　B. 经纬仪观测方法　　C. 视准观测方法　　D. A 和 B

2. 倾斜观测是在（　　）。

A. 建筑物中、下部设置观测标志

B. 建筑物上、下部设置观测标志

C. 建筑物中、上部设置观测标志

D. 建筑物上、中、下部设置观测标志

3. 沉降观测时工作基点一般不少于（　　）个。

A. 1　　B. 2　　C. 3　　D. 4

4. 建筑物的变形观测包括（　　）。

A. 沉降观测　　B. 倾斜观测与位移观测

C. 裂缝观测与挠度观测　　D. 以上都是

5. 水准基点距观测点距离不宜大于（　　）m。

A. 100　　B. 150　　C. 200　　D. 250

6. 建筑物倾斜的表示方法是（　　）。

A. 倾斜角　　B. 竖向偏移量　　C. 水平向偏移量　　D. 斜率

7. 建筑物的倾斜观测通常采用（　　）。

A. 吊线坠投测法　　B. 经纬仪投影法

C. 钢尺丈量法　　D. 激光垂准仪法

8. 垂直位移测量时，基准点的数量一般不应少于（　　）个。

A. 1　　B. 2　　C. 3

D. 4　　E. 5

9. 变形观测的频率与（　　）有关。

A. 变形速度　　B. 荷载变化情况　　C. 变形的性质

D. 观测的精度　　E. 变形点的数量　　F. 观测的仪器

项目八　无人机航测

思维导图

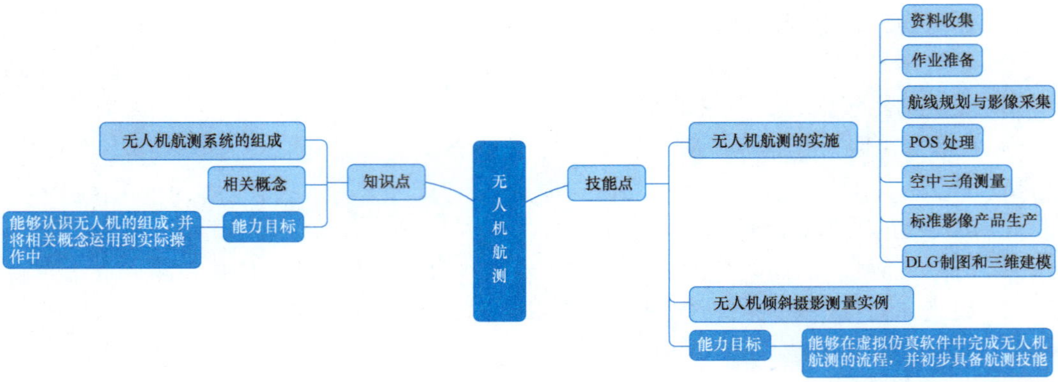

知识目标

1. 掌握无人机航测的相关概念。
2. 熟悉无人机航测的流程。
3. 了解无人机航测的应用领域。

能力目标

1. 能够认识无人机的组成，将相关概念运用到实际操作中。
2. 能够在虚拟仿真软件中完成无人机航测的流程，并初步具备航测技能。
3. 能够在基本掌握无人机航测的基础上，了解无人机航测的应用。

素养目标

1. 具有法律意识，关注最新的法律法规动态，及时调整飞行策略。
2. 勇于创新，敢于挑战新技术、新方法，不断提升自身的专业素养和技能水平。
3. 具备创新思维和创新能力，能够针对无人机航测领域的实际问题提出有效的解决方案。

学习重点

1. 无人机航测的相关概念。
2. 无人机航测的流程。

学习难点

无人机航测的内业数据处理。

延伸阅读

1.《民用无人驾驶航空器实名制登记管理规定》（AP—45—AA—2017—03）。

2.《通用航空飞行管制条例》。

3.《1∶500　1∶1000　1∶2000 地形图航空摄影测量内业规范》（GB/T 7930—2008）。

4.《1∶500　1∶1000　1∶2000 地形图航空摄影测量外业规范》（GB/T 7931—2008）。

5.《数字航空摄影测量　空中三角测量规范》（GB/T 23236—2024）。

6.《基础地理信息数字成果 1∶500　1∶1000　1∶2000 数字线划图》（CH/T 9008.1—2010）。

7.《基础地理信息数字成果 1∶500　1∶1000　1∶2000 数字高程模型》（CH/T 9008.2—2010）。

8.《基础地理信息数字成果 1∶500　1∶1000　1∶2000 数字正射影像图》（CH/T 9008.3—2010）。

案例引入

中国无人机的产业发展起步虽晚，在技术水平等各个方面跟发达国家相比有明显差距，但其发展较为迅速。20 世纪 50 年代中国正式开始研制无人机，60 年代生产出了低速遥控靶机，70 至 80 年代成功发展了“长虹”以及“长空 1 号”无人机。20 世纪 90 年代，中国测绘科学研究院开始了民用无人机的研制，较早应用于测绘领域。直到 21 世纪以后，中国的无人机工业才进入了飞速发展的阶段。北京航空航天大学、南京航空航天大学、西安爱生技术集团、南京模拟技术研究所等研制了各种类型的无人机，但其主要用途仍以军事侦察为主。2012 年开始国内消费级无人机市场出现了爆炸性增长，深圳大疆创新科技有限公司将多旋翼的无人机飞行平台推向消费级市场，航拍开始成为普通大众的一种爱好。

如今，我国无人机技术更上一层楼。翼龙 3 型无人机可挂载多型导弹，展现出惊人的战斗力，其作为战时的多面手机型，能够滞空长达 40h，航程 10000km，是一款察打一体机。此外，2024 年 8 月 11 日，我国自主研发的大型双发无人运输机在四川自贡凤鸣通航机场进行了首次飞行试验，飞行试验持续了约 20min，在飞行过程中，各系统工作正常。这款无人机翼展 16.1m、高 4.6m，具备 $12m^3$ 装载空间，2t 级商载能力，是国内目前按照市场需求研制的最大且全国产化的大型无人运输机。飞机具有易装卸、高可靠、高安全以及高度智能化等特点，为我国拓展航空货运新场景、打造低空经济智慧物流新业态提供支撑。

引导问题 1：无人机在测绘领域的应用和在其他领域的应用有何不同？

引导问题 2：无人机航测有哪些关键步骤？

引导问题 3：无人机航测可以用在哪些方面？

知识点

一、无人机航测系统的组成

无人机航测系统主要由数据获取和地面数据处理两部分组成。数据获取部分的功能是通过无人机对目标进行影像数据获取。数据获取系统由无人机、相机、无人机飞控系统等组成，通常将这一部分称为航空摄影系统。地面数据处理部分的功能是通过相关软件对获得的数据进行专业处理，包括空中三角测量、DEM 生产作业、DOM 生产作业、DLG 生产作业等，最终形成目标区域的三维模型信息，这一部分也被称为摄影测量系统。

各种类型的无人机组成不同，本教材以多旋翼无人机为例进行介绍。多旋翼无人机机体主要由动力系统、主体、飞行控制系统（简称飞控系统）以及其他辅助设备组成。图 8-1 所示为广州南方测绘科技股份有限公司睿影 RS100 四旋翼无人机的组成。

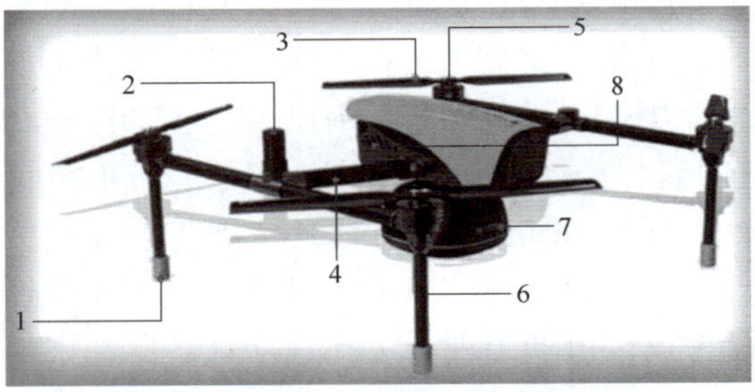

1—起落架；2—天线；3—螺旋桨；4—机身；5—电机；6—飞控系统；7—任务设备；8—电池。

图 8-1　广州南方测绘科技股份有限公司睿影 RS100 四旋翼无人机

以四轴飞行器为例，它是结构最简单的飞行器。其前后左右各一个电机，其中位于中心的主控板接受来自遥控发射机的控制信号，在收到操作者的控制后通过数字的控制总线控制四个电调，电调再将控制命令转化为电机的转速，以达到操作者的控制要求。根据所安装的飞控系统来确定电机的转动顺序和螺旋桨的正反，机械结构上只需保持重量分布的均匀，四电机保持在一个水平线上，可以说结构非常简单。

（1）机身

机身是大多数设备的安装位置，也是多旋翼无人机的主体，也称为机架。根据机臂个数不同，分为三旋翼、四旋翼、六旋翼、八旋翼、十六旋翼、十八旋翼，也有四轴八旋翼等，结构不同名称也不同。出于结构强度和重量考虑，一般采用碳纤维材质。

（2）起落架

起落架是多旋翼无人机唯一和地面接触的部位。作为整个机身在起飞和降落时候的缓冲，也为了保护机载设备，起落架要求强度高，结构牢固，和机身保持相当可靠的连接，能够承受一定的冲力。一般在起落架前后安装或者涂装上不同的颜色，用于在远距离飞行时能够区分多旋翼无人机的前后。

（3）天线

天线是通信系统中的关键组件，主要用于接收和发送无线电信号，确保无人机与遥控器或地面站之间的稳定连接。常见的天线类型包括鞭状天线、螺旋天线和隐藏式天线，每种类型都有其特定的设计优势和应用场景。天线的位置通常位于无人机的顶部或底部，以减少机身对信号的干扰，从而提升通信质量。

（4）马达

对于电动无人机而言，马达就是电机，是多旋翼无人机的动力结构，用于提供升力、推力等。无刷电机去除了电刷，其最直接的变化就是消除了有刷电机运转时产生的电火花，从而极大地减少了电火花对遥控无线电设备的干扰。无刷电机没有电刷，运转时摩擦力大大减小，运行顺畅，噪声显著降低，这个优点对于模型运行稳定性是一个巨大的支持。

（5）电调

电调的全称为电子调速器，在整个飞行系统中，电调主要提供驱动电机的指令，控制电机完成规定的速度和动作。因为电机的电流很大，通常每个电机正常工作时平均电流约为3A，如果没有电调，飞控系统无法承受如此高的电流，同时也没有驱动无刷电机的功能。此外，电调在多旋翼无人机中充当变压器的作用，能够将11.1V电压变为5V电压，从而为飞控系统供电。

（6）电池

电池是电动多旋翼无人机的供电装置，为电机和机载电子设备供电。一般采用锂电池，最小的是1S（1S代表3.7V电压），常用的有3S、4S、6S。

（7）螺旋桨

螺旋桨安装在电机上，多旋翼无人机安装的都是不可变总距的螺旋桨，主要指标有螺距和尺寸。四轴飞行为了抵消螺旋桨的自旋，由于相邻桨的旋转方向不同，所以需要正、反桨。正、反桨的风向均向下，适合顺时针旋转的是正桨，适合逆时针旋转的是反桨。

（8）任务设备

目前，最多挂载的设备是云台，常用的有两轴云台和三轴云台。云台作为相机或摄像机的增稳设备，能够提供两个方向或三个方向的稳定控制。云台控制可以和电机的控制集成在一个遥控器中，也可以使用单独的遥控器进行控制。

（9）飞控系统

飞控系统是无人机的核心控制装置，相当于无人机的大脑。是否装有飞控系统也是无人机区别于普通航空模型的重要标志。飞控系统主要由机载部分和地面控制系统（地面站）两部分组成。

机载部分主要包括任务载荷、飞行控制器和舵机，其主要作用是实时采集无人机在空中的各种参数，控制无人机维持稳定的飞行状态。其中，任务载荷负责高度、经纬度、速度、平衡姿态等各种信息的采集，主要包括GNSS接收机、风速传感器、高度传感器、红外姿态传感器等；飞行控制器负责对传感器采集的各种信息进行处理，然后将处理后的信息转化成相应的电压信号指令传递给舵机；舵机负责按照控制器传送的指令带动舵面或者油门发生相应的变化而改变飞机的飞行姿态，主要包括升降舵机、副翼舵机、尾翼舵机。

飞控系统集成了高精度的感应器原件，通过高效的控制算法内核，能够精准地感应并计算出飞行器的飞行姿态等数据，再通过主控制单元实现精准定位悬停和自主平稳飞行。

地面控制系统用于地面操作人员能够有效地对无人机的飞行状态和机载任务载荷的工作状态进行控制。其主要功能包括任务规划、飞行航迹显示、测控参数显示、图像显示与任务载荷管理、系统监控、数据记录和通信指挥。地面控制系统主要由 PC、信号接收设备、遥控器组成，负责对接收到的无人机各种参数进行分析处理，并在需要时对无人机航迹进行修正，可以手动遥控无人机，也可以通过数码电台遥控设备进行遥控。无人机地面控制设备如图 8-2 所示。

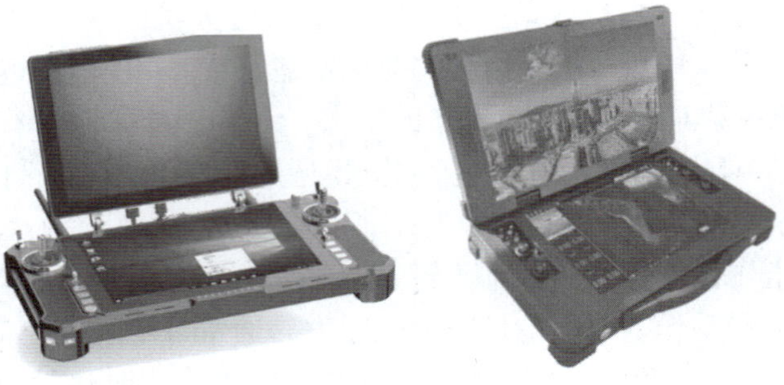

图 8-2　无人机地面控制设备

二、相关概念

1. 航空摄影

为了测绘地形图和获取地面信息，航空摄影应按《航空摄影技术设计规范》（GB/T 19294—2003）要求进行，并确保航摄像片的质量。在执行航测任务时，飞机要严格按照规定的航高和设计的方向直线飞行，并保持各航向相互平行，如图 8-3 所示。

安装在航摄飞机上的航摄仪从空中一定角度对地面物体进行摄影，飞行航线一般为东西方向，或者按照测区确定飞行航线，要求航摄机在摄影曝光的瞬间物镜主光轴保持与地面垂直。但由于摄影瞬间航摄机受各种因素的影响，很难保证其主光轴与地面严格垂直，因此，将摄影瞬间摄影机的主光轴近似与地面垂直，偏离铅垂线的夹角小于 3°的摄影方式称为竖直摄影，如图 8-4 所示。由于主光轴与像片严格保持垂直，所以主光轴与铅垂

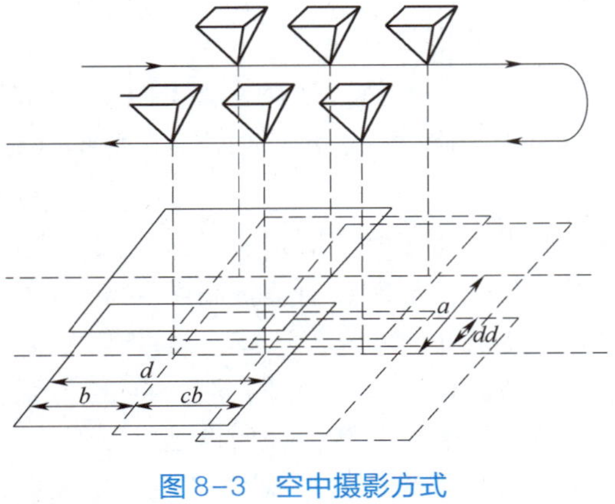

图 8-3　空中摄影方式

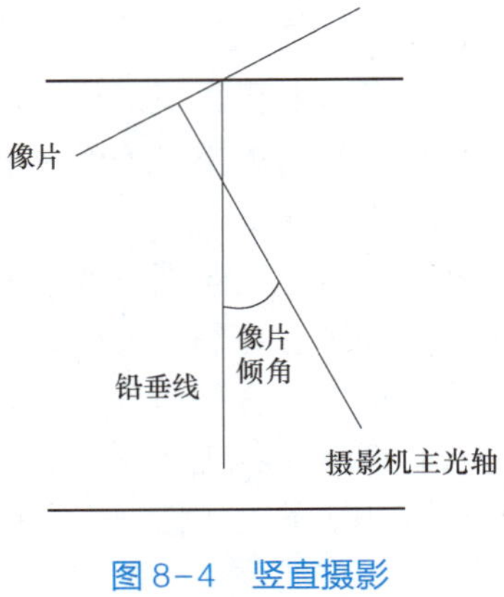

图 8-4　竖直摄影

线的夹角称为像片倾角。

2. 摄影比例尺

由于摄影像片存在一定的倾角，地形有起伏，因此航摄比例尺在像片上处处不相等。摄影比例尺是将摄影像片当成水平像片，地面取平均高程，这时像片上的线段 l 与地面上相应线段 L 之比，称为摄影比例尺，按式（8-1）计算。

$$1/m=l/L=f/H \tag{8-1}$$

式中　H——相对于测区平均水平面的航高；

f——航摄机主距；

m——像片比例尺分母。

航高是指摄影飞机在摄影瞬间相对于某一水准面的高度，从该水准面起算，向上高度值为正号。根据水准面选取的不同，航高可以分为相对航高和绝对航高。

① 相对航高。相对航高是指摄影时相机物镜相对于某一水准面的高度，称为摄影航高，它是相对于被摄区域内地面平均基准面的设计航高，是确定飞机飞行的基本数据，按 $H=mf$ 计算得到。

② 绝对航高。绝对航高是相对于大地水准面的航高，是指摄影物镜在摄影瞬间的真实海拔。通过相对航高 H 和摄影地区地面平均高度 $H_{地}$ 计算得到，即 $H_{绝}=H_{地}+H$。

3. 摄影比例尺的选择

摄影比例尺的选取须综合考虑成图比例尺、摄影测量内业成图方法和成图精度等因素，另外还要考虑经济性和摄影资料的可使用性。

摄影比例尺越大，像片地面分辨率越高，越有利于影像的解译与提高成图的精度。但摄影比例尺过大，则会增加费用和工作量，因此应根据测绘地形图的精度要求与获取地面信息的需要，按测图规范使用摄影比例尺。

选定摄影机和摄影比例尺后，航空摄影的地面分辨率（GSD）便由飞行高度确定，依据相似三角形原理，地面分辨率可按式（8-2）计算。

$$a/\mathrm{GSD}=f/H \tag{8-2}$$

式中　H——飞行高度；

f——镜头焦距；

a——像元尺寸；

GSD——地面分辨率。

航空摄影的航高可根据式（8-1）计算，即 $H=mf$，以获取相应的航摄像片。然而，由于受到空中气流等因素的影响，使得摄影时的飞机航高发生变化。为确保摄影质量，同一航线上相邻像片的航高差不应大于 30m，最大航高与最小航高之差不应大于 50m，实际航高与设计航高之差不应大于 50m。

4. 像片重叠度

为了立体测图及航线间的接边，要求像片间有一定的重叠。同一航线内相邻两张像片的重叠称为航向重叠，重叠部分与整个像幅长的百分比称为航向重叠度，如图 8-5 所示；两个相邻航带像片之间也需要一定的影像重叠，此重叠影像部分称为旁向重叠，重叠部分与整个像幅长的百分比称为旁向重叠度，如图 8-6 所示。

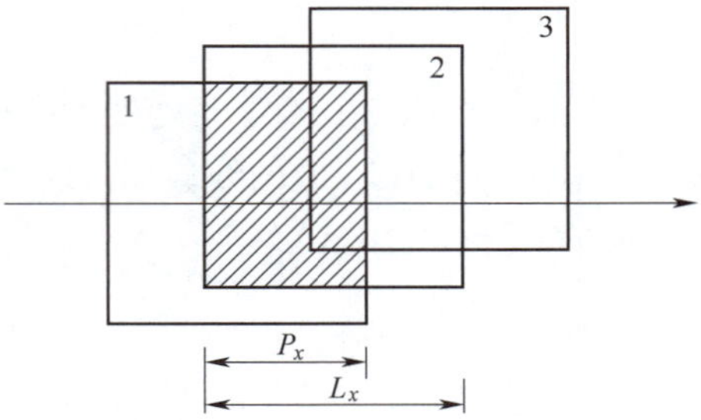

图 8-5　航向重叠

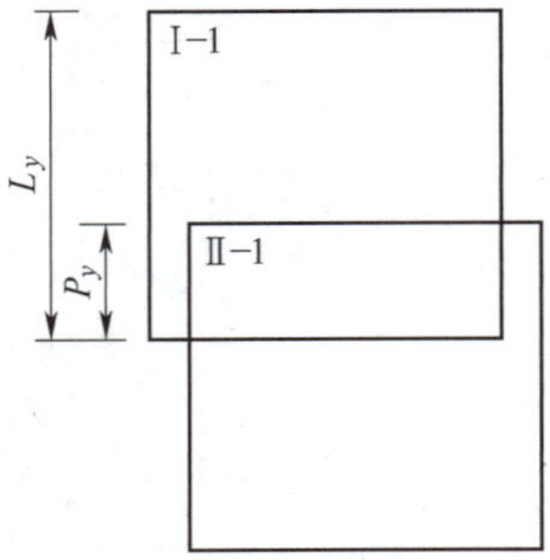

图 8-6　旁向重叠

航向重叠度 P_x 可按式（8-3）计算。

$$P_x=\frac{p_x}{l_x}\times100\% \tag{8-3}$$

旁向重叠度 P_y 可按式（8-4）计算。

$$P_y=\frac{p_y}{l_y}\times100\% \tag{8-4}$$

以上两式中，p_x、p_y 表示航向和旁向重叠影像部分的长度，l_x、l_y 表示像幅的边长。

像片的重叠部分是进行立体观察和像片连接的必要条件。除航向重叠和旁向重叠外，在航线方向必须确保三张相邻像片有公共重叠影像，称为三度重叠。三度重叠是摄影测量选定控制点的要求。由于像片边缘部分的影像清晰度差，会影响量测的精度，所以三度重叠中 1、3 像片的重叠部分不应过小。地面起伏较大时，为保持像片立体量测与拼接，重叠度应相应增大。一般情况下，航向重叠度应为 60%～80%，不得低于 53%；旁向重叠度应为 15%～60%，不得低于 8%。

5. 航线弯曲度

航线弯曲度是指航带两端像片主点之间的直线距离 L 与偏离该直线最远的像主点到该直线的垂距 l 之比的倒数，如图 8-7 所示，一般采用百分数表示。航线的弯曲度会影响航向重叠、旁向重叠的一致性，如果弯曲度过大，可能会产生航摄漏洞，甚至影响摄影测量作业。因此，航线弯曲度一般规定不超过 3%。

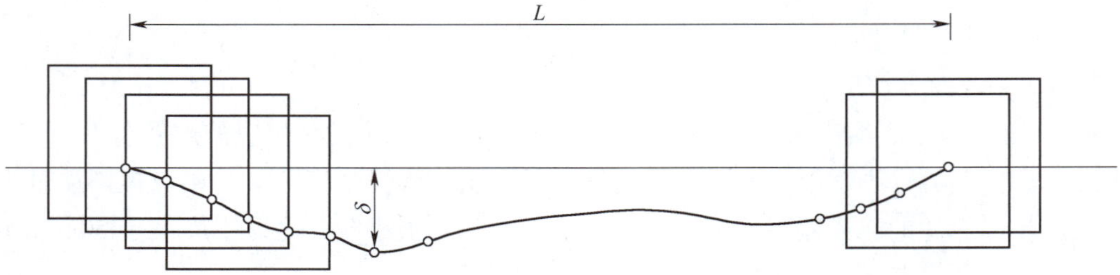

图 8-7　航线弯曲度

6. 像片旋偏角

两张相邻像片主点连线与同方向框标连线间的夹角称为像片旋偏角，如图 8-8 所示。像片旋偏角是由于摄影时摄影机定向不准确产生的，能够影响像片的重叠度，减少立体像对的有效范围，给航测内业作业增加困难。对于低空摄影，像片旋偏角一般不大于 15°，

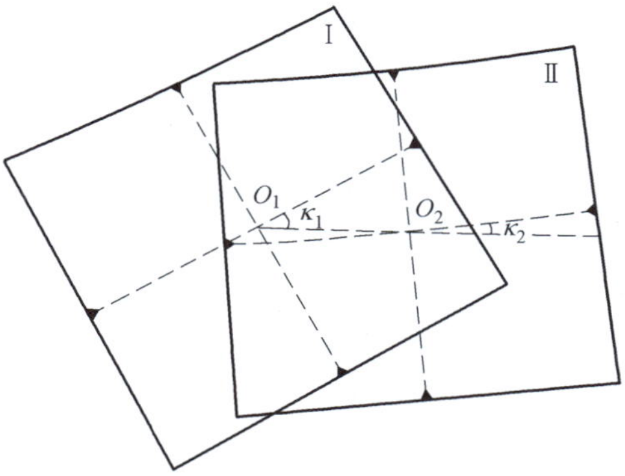

图 8-8　像片旋偏角

在确保像片航向和旁向重叠度满足要求的前提下，个别最大旋偏角不超过 30°。在同一条航线上旋偏角超过 20°的像片数不应超过 3 片，超过 15°的像片数不得超过分区像片总数的 10%。像片倾角和像片旋偏角不应同时达到最大值。

7. 摄影测量中常用的坐标系

摄影测量中常用的坐标系包括两大类：一类是用于描述像点位置的坐标系，称为像方坐标系；另一类是用于描述物点位置的坐标系，称为物方坐标系。像方坐标系包括像平面坐标系、像空间坐标系和像空间辅助坐标系；物方坐标系包括摄影测量坐标系、地面测量坐标系和地面摄影测量坐标系。

（1）像平面坐标系 $O\text{-}xy$

像平面坐标系是影像平面的直角坐标系，表示像点在像平面上的位置。如图 8-9 所示，若摄影中心为 S，摄影方向与影像平面的交点 O 称为影像的像主点。像平面坐标系的原点就是像主点。

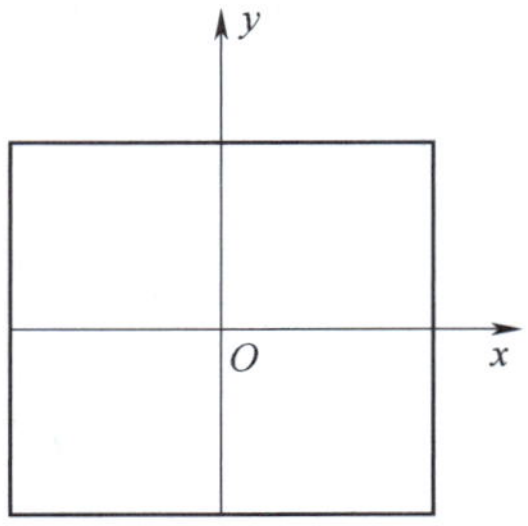

图 8-9　像平面坐标系

（2）像空间坐标系 $S\text{-}xyz$

像空间坐标系用于表示像点在像空间的位置，是一种过渡坐标系。该坐标系以投影中心 S 为坐标原点，摄影机的主光轴 SO 为坐标系的 z 轴，像空间坐标系的 x、y 轴分别与像平面坐标系 x、y 轴平行，如图 8-10 所示。像空间坐标系可以方便地与像平面坐标系联系起来，在这个坐标系中，每一个像点的 z 坐标都等于 SO 的长度，即主距（焦距 f），但其符号为负；每一个像点的 x、y 坐标分别与其在像平面坐标系中的 x、y 坐标值相等。

（3）像空间辅助坐标系 $S\text{-}XYZ$

像空间辅助坐标系是一种过渡坐标系，以投影中心 S 为坐标原点，在应用中有三种像空间辅助坐标系的确定方法，如图 8-11 所示。

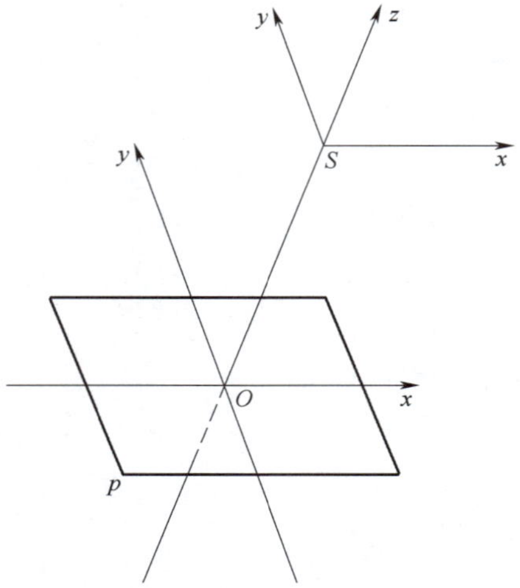

图 8-10　像空间坐标系

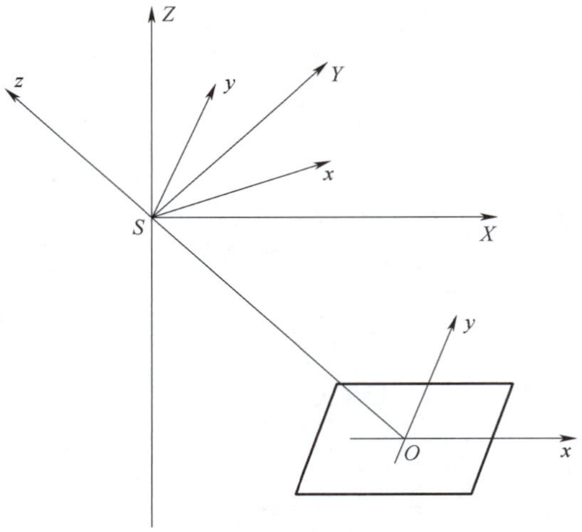

图 8-11　像空间辅助坐标系

① 铅垂方向为 Z 轴，航线方向为 X 轴，为右手直角坐标系，有利于改正航线方向累积的系统误差。

② 以每条航线内第一张像片的像空间坐标系作为像空间辅助坐标系，用于连续像对的相对定向。

③ 以每个像对的左片摄影中心为坐标原点，摄影基线为 X 轴，以摄影基线及左片主光轴构成的面作为 XZ 平面构成右手直角坐标系，用于单独像对的相对定向。

（4）摄影测量坐标系 $P\text{-}X_pY_pZ_p$

摄影测量坐标系是一种过渡坐标系，用于描述解析摄影测量过程中模型点的坐标。在航空摄影测量中，通常以地面上某一点 P 作为坐标原点。它的坐标轴与像空间辅助坐标轴平行，如图 8-12 所示。

（5）地面测量坐标系 $t\text{-}x_ty_tz_t$

地面测量坐标系是国家统一坐标系，平面坐标系为高斯-克吕格 3°带或 6°带 2000 国家大地坐标系，高程为 1985 国家高程基准，测量中所用的坐标系为左手直角坐标系，如图 8-13 所示。

（6）地面摄影测量坐标系 $A\text{-}X_{tp}Y_{tp}Z_{tp}$

为便于摄影测量坐标与地面测量坐标之间的转换，通常还需要加上一个过渡坐标系，即地面摄影测量坐标系，如图 8-14 所示。其原点为地面某一控制点 A，Z_{tp} 轴与地面测量坐标系的 Z 轴平行，X_{tp} 轴与航线（X_p）一致，但呈水平状态。

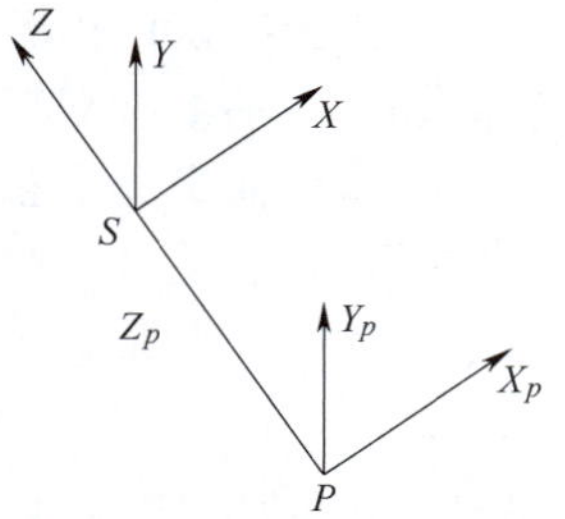

图 8-12　摄影测量坐标系

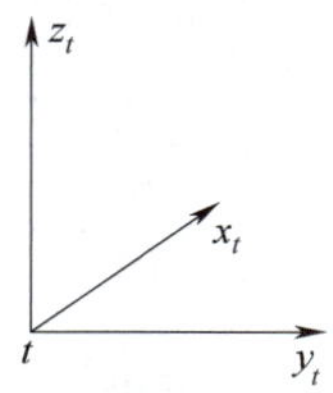

图 8-13　地面测量坐标系

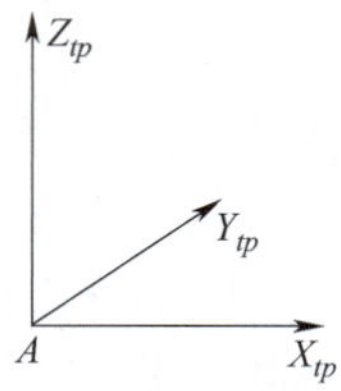

图 8-14　地面摄影测量坐标系

8. **影像的内外方位元素**

航空摄影瞬间，像片和所对应地面之间存在固有的数学关系，因此在像片平面上设定一个平面坐标系，就可以描述任意像点在像平面上的位置和投影中心相对于像片的位置。此外，像片本身也处在一个空间坐标系中，可以利用某些参数确定摄影中心、像片和地面之间的相互关系，这些参数称为像片的方位元素。方位元素分为内方位元素和外方位元素。

（1）内方位元素

确定摄影机的物镜中心相对于影像位置关系的参数称为内方位元素。内方位元素包括像主点相对于影像中心的位置（x_O，y_O）及镜头中心到影像面的垂距f，如图 8-15 所示。对于航空影像即像主点在框标坐标系中的坐标，内方位元素一般由摄影机检校确定。

（2）外方位元素

确定影像或摄影光束在摄影瞬间的空间位置和姿态的参数称为外方位元素，如图 8-16 所示。一幅影像的外方位元素包括六个参数，其中三个是线元素，用于描述投影中心相对于物方空间坐标系的位置；另外三个是角元素，用于描述影像面在摄影瞬间的空中姿态。

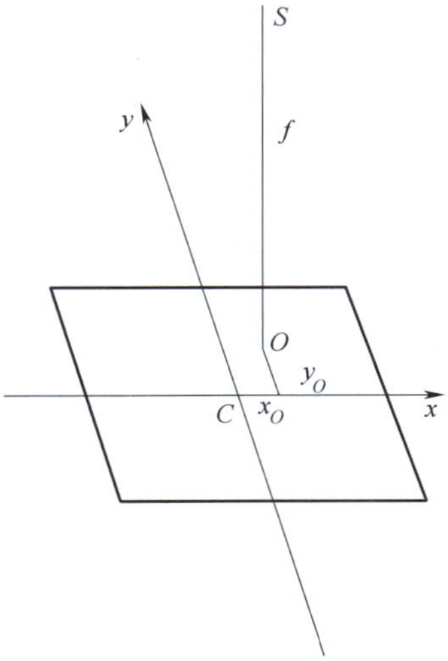

图 8-15　内方位元素

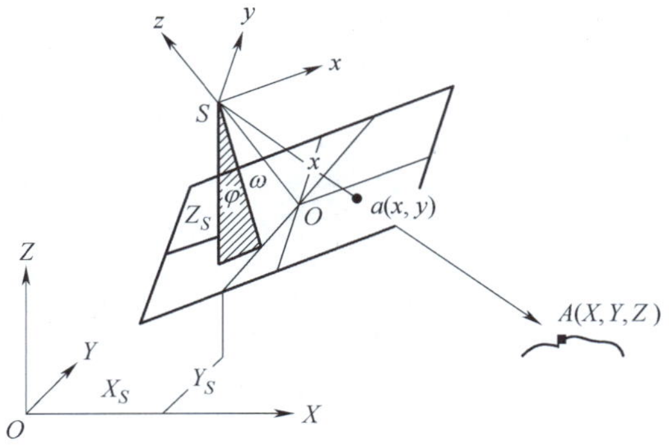

图 8-16　外方位元素

9. **像点空间直角坐标系的旋转变换**

像点空间直角坐标系的旋转变换是指像空间坐标系与像空间辅助坐标系之间的变换。设像点在像空间坐标系中的坐标为（x，y，$-f$），在像空间辅助坐标系中的坐标为（X，Y，Z），两者之间的变换关系可用式（8-5）表示。

$$\begin{pmatrix} X \\ Y \\ Z \end{pmatrix} = R\begin{pmatrix} x \\ y \\ -f \end{pmatrix} = \begin{pmatrix} r_{11} & r_{12} & r_{13} \\ r_{21} & r_{22} & r_{23} \\ r_{31} & r_{32} & r_{33} \end{pmatrix}\begin{pmatrix} x \\ y \\ -f \end{pmatrix} \tag{8-5}$$

或者也可以变换为式（8-6）的形式。

$$\begin{pmatrix} x \\ y \\ -f \end{pmatrix} = R^{\mathrm{T}} \begin{pmatrix} X \\ Y \\ Z \end{pmatrix} = \begin{pmatrix} r_{11} & r_{21} & r_{31} \\ r_{12} & r_{22} & r_{32} \\ r_{13} & r_{23} & r_{33} \end{pmatrix} \begin{pmatrix} X \\ Y \\ Z \end{pmatrix} \tag{8-6}$$

以上两式中，R 为旋转矩阵，是一个正交矩阵；r_{ij} 表示其元素。

考虑三维旋转情况，如图 8-17（a）所示，当坐标系仅绕 z 轴顺时针旋转某一角度 κ 时，从图中的几何关系可知，旋转后 z 坐标不变。因此，相当于图 8-17（b）所示的平面坐标旋转，得到旋转矩阵，用式（8-7）表示。

$$\begin{pmatrix} x' \\ y' \\ z' \end{pmatrix} = R(z,\kappa) \begin{pmatrix} x \\ y \\ z \end{pmatrix}; \ R(z,\kappa) = \begin{pmatrix} \cos\kappa & -\sin\kappa & 0 \\ \sin\kappa & \cos\kappa & 0 \\ 0 & 0 & 1 \end{pmatrix} \tag{8-7}$$

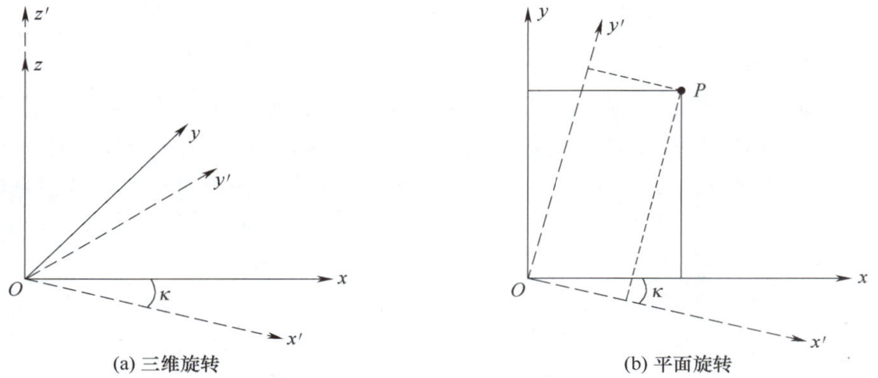

图 8-17　坐标系绕 z 轴旋转某一角度 κ

类似地，在以上旋转的基础上再绕 x 轴、y 轴旋转可以得到任意三维旋转矩阵。以摄影测量中常用的 $\varphi-\omega-\kappa$ 转角系统为例，得到欧拉角表示的三维旋转矩阵，可用式（8-8）表示。

$$R = \begin{pmatrix} r_{11} & r_{12} & r_{13} \\ r_{21} & r_{22} & r_{23} \\ r_{31} & r_{32} & r_{33} \end{pmatrix} = \begin{pmatrix} \cos\varphi & 0 & -\sin\varphi \\ 0 & 1 & 0 \\ \sin\varphi & 0 & \cos\varphi \end{pmatrix} \begin{pmatrix} 1 & 0 & 0 \\ 0 & \cos\omega & -\sin\omega \\ 0 & \sin\omega & \cos\omega \end{pmatrix} \begin{pmatrix} \cos\kappa & -\sin\kappa & 0 \\ \sin\kappa & \cos\kappa & 0 \\ 0 & 0 & 1 \end{pmatrix}$$
$$= \begin{pmatrix} \cos\varphi\cos\kappa-\sin\varphi\sin\omega\sin\kappa & -\cos\varphi\sin\kappa-\sin\varphi\sin\omega\cos\kappa & -\sin\varphi\cos\omega \\ \cos\omega\sin\kappa & \cos\omega\cos\kappa & -\sin\omega \\ \sin\varphi\cos\kappa+\cos\varphi\sin\omega\sin\kappa & -\sin\varphi\sin\kappa+\cos\varphi\sin\omega\cos\kappa & \cos\varphi\cos\omega \end{pmatrix} \tag{8-8}$$

10. 共线方程

如图 8-18 所示，S 为摄影中心，在某一规定的物方空间坐标系中，其坐标为（X_S，Y_S，Z_S）；A 为任意物方空间点，其物方空间坐标为（X_A，Y_A，Z_A）；a 为 A 在影像上的构像，相应的像空间坐标和像空间辅助坐标分别为（x，y，$-f$）和（X，Y，Z）。摄影时 S、A、a 三点位于一条直线上，因此像点的像空间辅助坐标与物方空间坐标之间的关系可用式（8-9）表示。

$$\frac{X}{X_A-X_S} = \frac{Y}{Y_A-Y_S} = \frac{Z}{Z_A-Z_S} = \frac{1}{\lambda} \tag{8-9}$$

如果分别表示成 X、Y、Z 关于 λ 的表达式，则可得到式（8-10）。

$$
\begin{cases}
X=\dfrac{1}{\lambda}(X_A-X_S)\\
Y=\dfrac{1}{\lambda}(Y_A-Y_S)\\
Z=\dfrac{1}{\lambda}(Z_A-Z_S)
\end{cases}
\tag{8-10}
$$

根据式（8-6）可得式（8-11）。

$$
\begin{cases}
\dfrac{x}{-f}=\dfrac{r_{11}X+r_{21}Y+r_{31}Z}{r_{31}X+r_{32}Y+r_{33}Z}\\
\dfrac{y}{-f}=\dfrac{r_{12}X+r_{22}Y+r_{32}Z}{r_{31}X+r_{32}Y+r_{33}Z}
\end{cases}
\tag{8-11}
$$

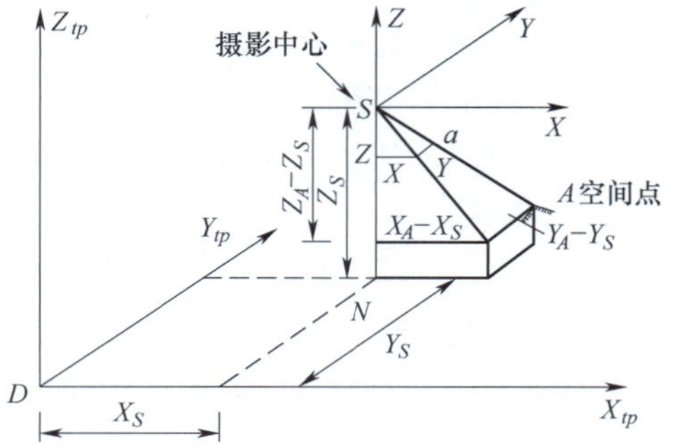

图 8-18　共线方程

将式（8-10）代入式（8-11），可得式（8-12）。

$$
\begin{cases}
\dfrac{x}{-f}=\dfrac{r_{11}(X_A-X_S)+r_{21}(Y_A-Y_S)+r_{31}(Z_A-Z_S)}{r_{31}(X_A-X_S)+r_{32}(Y_A-Y_S)+r_{33}(Z_A-Z_S)}\\
\dfrac{y}{-f}=\dfrac{r_{12}(X_A-X_S)+r_{22}(Y_A-Y_S)+r_{32}(Z_A-Z_S)}{r_{31}(X_A-X_S)+r_{32}(Y_A-Y_S)+r_{33}(Z_A-Z_S)}
\end{cases}
\tag{8-12}
$$

由此可得共线方程，即式（8-13）。

$$
\begin{cases}
x=-f\dfrac{r_{11}(X_A-X_S)+r_{21}(Y_A-Y_S)+r_{31}(Z_A-Z_S)}{r_{31}(X_A-X_S)+r_{32}(Y_A-Y_S)+r_{33}(Z_A-Z_S)}\\
y=-f\dfrac{r_{12}(X_A-X_S)+r_{22}(Y_A-Y_S)+r_{32}(Z_A-Z_S)}{r_{31}(X_A-X_S)+r_{32}(Y_A-Y_S)+r_{33}(Z_A-Z_S)}
\end{cases}
\tag{8-13}
$$

式（8-13）是常用的共线条件方程式，其几何意义是指成像目标、投影中心及其对应的影像应该在一条直线上。共线方程是中心投影构像的数学基础，也是各种摄影测量处理方法的重要理论基础。单像空间后方交会、双像空间前方交会等一系列问题，均以共线方程作为出发点。

技能点

一、无人机航测的实施

无人机摄影测量包括外业拍摄和内业数据处理。外业工作主要包括布设控制点、航线规划和影像拍摄，内业工作主要利用各种软件进行数据处理。无人机摄影测量的作业流程如图 8-19 所示。

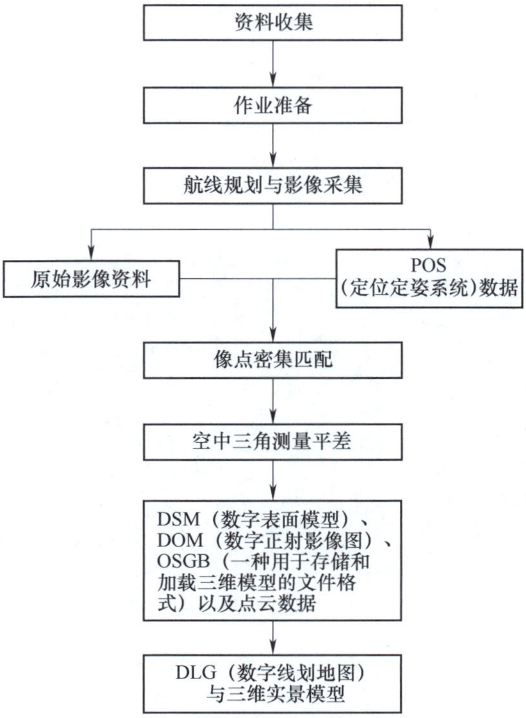

图 8-19　无人机摄影测量的作业流程

1. 资料收集

在收集资料前，首先应明确测绘区域与测绘时限等内容。

测绘区域是指测绘单位承担的测绘任务所覆盖的空间范围。无人机的测绘区域是指无人机测绘单位所承担的遥感测绘任务覆盖的空间范围，这个范围也可能随时间变化，是无人机测绘任务在空间和时间上的表现形式。

测绘时限是指由用户方和工作方共同协商确定的完成无人机测绘任务的起止时间。无人机测绘单位受领任务后，通常要经过组织准备、任务展开、测绘实施、成果处理等阶段。对于不同的测绘任务、不同的任务环境、不同的测绘能力，其在每一阶段所需的时间有很大差别，其中，具体测绘任务的需求最为重要。

收集测区的影像地图、测区的控制点坐标、气象资料、测区的飞行高度限制、有无禁飞区域等情况，作为制订无人机飞行路线和拍摄方案的依据。

2. 作业准备

准备好无人机、倾斜摄影相机、GNSS 基准站等设备，针对轻小型无人机应准备好备用电池（由于大多数轻小型无人机的单块电池续航时间较低，为提高作业效率，还需要配备多块电池或便携式充电设备），同时应布设地面控制点。控制点布置地面标记以对角的三角形或正方形为主，常用的地面控制点标记如图 8-20 所示。控制点应均匀分布在测区内，地势起伏较大时，应尽量在不同高度处布设控制点。无人机测量精度最弱点通常位于测区边缘，因此测区边缘处应布置控制点以提高整体测量精度。在相同的测量条件下，地面控制点越多，摄影测量的精度越高。控制点的测量通常采用 GNSS-RTK 的测量方法，并转换到当地的坐标和高程系统。

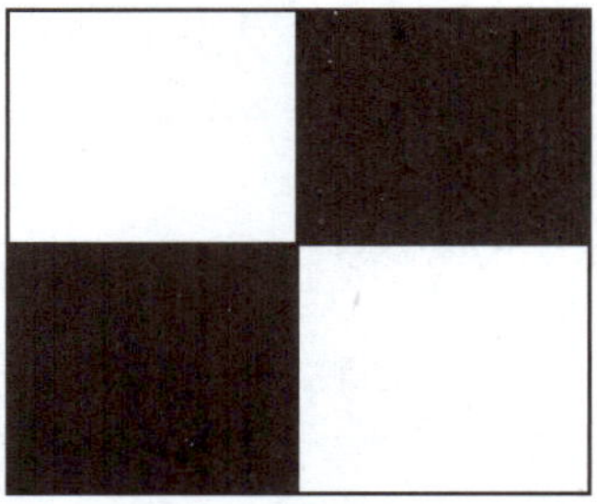

图 8-20 常用的地面控制点标记

3. 航线规划与影像采集

航线规划是一项十分重要的前置工作，它能够使无人机按照既定的路线进行飞行并完成设定的无人机航拍露营或数据采集任务。市面上已有诸多软件提供规则图形的航线规划。图 8-21 所示为某航空摄影的航线。航测范围可以使用 Google Earth（谷歌地球）制作 KML 文件导入航线规划软件。为保证测区的全覆盖，飞行范围应略大于任务区域或者对边缘区域增加偏距。图 8-22 所示为无人机拍摄航线像片展示。

图 8-21 某航空摄影的航线

图 8-22 无人机拍摄航线像片展示

考虑地表高低起伏和影像分辨率等因素，无人机的相对航高一般选择 20~50m，航向重叠度、旁向重叠度通常应大于 80%。

影响无人机飞行航线任务规划的因素包括飞行环境限制、无人机的物理限制、飞行任务要求、实时性要求等。

（1）飞行环境限制

无人机在执行任务时，会受到如禁飞区、障碍物、险恶地形等复杂地理环境的限制。因此，在飞行过程中，应尽量避开这些区域，可将这些区域在地图上标志为禁飞区域，以提升无人机的工作效率。此外，飞行区域内的气象因素也会影响任务效率，应充分考虑大风、雨雪等复杂气象下的气象预测与应对机制。

（2）无人机的物理限制

① 最小转弯半径。无人机飞行转弯形成的弧度受其自身飞行性能限制，意味着无人机只能在特定的转弯半径内转弯。

② 最大俯仰角。最大俯仰角限制了航迹在垂直半径范围内转弯。

③ 最小航迹段长度。无人机飞行航迹由若干个航点与相邻航点之间的航迹段组成，在航迹段飞行途中沿直线飞行，而达到某些航点时有可能根据任务的要求而改变飞行姿态。最小航迹段长度是指限制无人机在开始改变飞行姿态前必须直飞的最短距离。

④ 最低安全飞行高度。限制通过任务区域的最低飞行高度，防止飞行高度过低而撞击地面，导致坠毁。

（3）飞行任务要求

无人机具体执行的飞行任务主要包括到达时间和目标进入方向等，应满足以下要求：

① 航迹距离结束，限制航迹长度不大于预先设定的最大距离。

② 固定的目标进入方向，确保无人机从特定角度接近目标。

（4）实时性要求

一方面，若预先具备完整精确的环境信息，无人机可一次性规划自起点到终点的最优航迹；然而，实际情况往往难以保证获得的环境信息不发生变化。另一方面，由于任务的不确定性，无人机常常需要临时改变飞行任务。在环境变化区域不大的情况下，可通过局部更新的方法进行航迹的在线重规划；而当环境变化区域较大时，无人机任务规划则必须具备在线重规划功能。

4. POS 处理

无人机在飞行作业时，需要得到获取影像的 POS（Position and Orientation System）数据，从而可以便于影像处理和空中三角交会测量。POS 数据主要包括 GNSS 位置数据和 IMU（Inertial Measurement Unit）姿态数据，即纬度、经度、高程、航向角、俯仰角及翻滚角。无人机的位置通常采用 RTK（Real Time Kinematic）或 PPK（Post Processed Kinematic）处理，而且需要将坐标系转换为地方坐标。无人机的姿态由 IMU 测量系统获取。

5. 空中三角测量

空中三角测量利用外业采集的影像、像制点坐标、POS 信息，通过建模获得所有影像的外方位元素，再通过多视影像密集匹配，自动获取高密度三维点云坐标。空中三角测量是无人机摄影测量中最核心的算法，技术难度较高。常用的数据处理软件有 Pix4D、Context Capture（CC）、PhotoScan 等。

6. 标准影像产品生产

（1）数字摄影测量产品介绍

① DOM（数字正射影像图）。DOM 是指将数字摄影测量影像逐像素纠正，按图幅范

围裁切生成的影像数据。DOM 除了具有几何信息外，还包含丰富的色彩和纹理信息，具有良好的可判读性和可量测性，从中可直接提取自然地理和社会经济信息。

② DEM（数字高程模型）。DEM 数字高程模型是以高程表达地面起伏形态的数字集合，可制作透视图、断面图，进行工程土石方计算、表面覆盖面积统计，还可用于与高程有关的地貌形态分析、通视条件分析、洪水淹没区分析。

③ DRG（数字栅格地图）。DRG 是指由图纸地图经扫描、几何纠正和色彩归化后，形成的在内容、几何精度和色彩等方面与地形图基本保持一致的栅格数据文件。DRG 产品是模拟产品向数字产品的过渡，可作为背景用于数据参照，可用于数字线划地图（DLG）的数据采集、评价和更新，还可与数字正射影像图（DOM）、数字高程模型（DEM）等数据信息集成使用，派生出新的可视信息，从而提取、更新地图数据，绘制纸质地图。

④ DLG（数字线划地图）。DLG 有地形图上基础地理要素分层存储的矢量数据集。DLG 既包括空间信息，也包括属性信息，可用于建设规划、资源管理、投资环境分析等方面以及作为人口、资源、环境、交通、治安等各专业信息系统的空间定位基础。

图 8-23 所示为上述四款产品（“4D” 产品）。

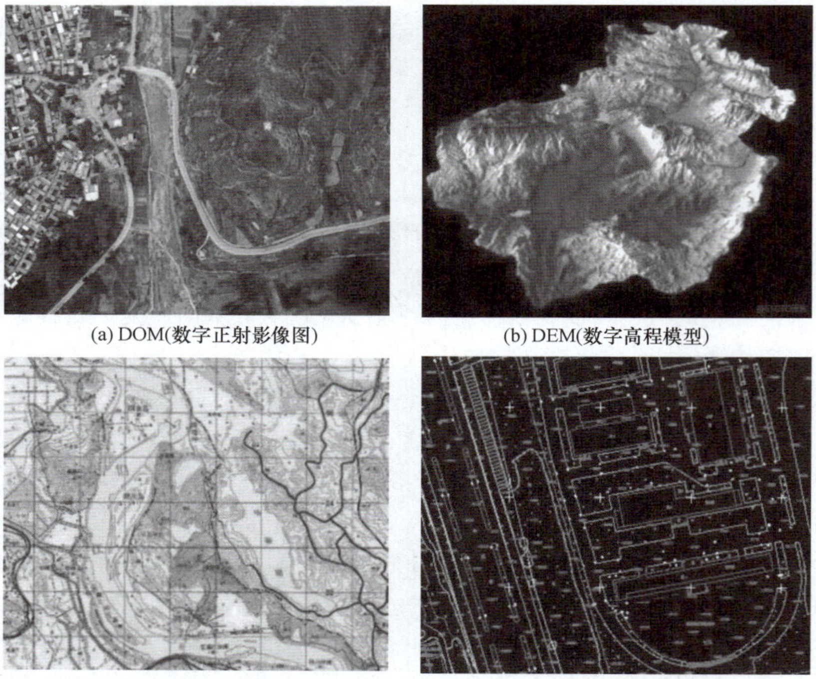

(a) DOM(数字正射影像图)　(b) DEM(数字高程模型)

(c) DRG(数字栅格地图)　(d) DLG(数字线划地图)

图 8-23　摄影测量的“4D”产品

（2）无人机摄影测量产品生产

无人机摄影测量最直接的产品是 DSM（数字表面模型）和 DOM，在此基础上通过后续处理得到 DLG、三维模型等产品。

DSM 建模首先利用密集匹配和空中三角测量得到的高密度真彩色点云构成 TIN 三角

网，进而形成高分辨率以及高精度的数字表面模型。在获取该 DSM 数据后，对其采取滤波处理，同时将有差异的匹配单元融合，构成最终数字表面模型。DSM 可以充分表达地形、地物起伏特征。

DOM 基于数字表面模型，依据物方不间断的地形、地貌以及离散的地物的几何特点，利用提取表面特征、面片拟合以及重建屋顶等方式获取物方语义信息；再由图像分割、边缘信息的获取以及纹理聚类等方式得到像方语义信息；然后利用前期的匹配结果将创建各个方面的同名点对应联系，进行全局优化的采样策略，并对几何辐射特征进行联合纠正；再对图像进行匀色处理，得到倾斜图像的正射纠正影像。

7. DLG 制图和三维建模

将数字正射影像及其地理坐标导入 AutoCAD、ArcGIS 等常用的图形或地理信息软件，通过对图像的矢量化和编辑处理得到 DLG。还可以利用 DP Modeler、Lumnion 等软件进行三维建模和动态展示。三维建模和 DLG 制图成果如图 8-24 所示。

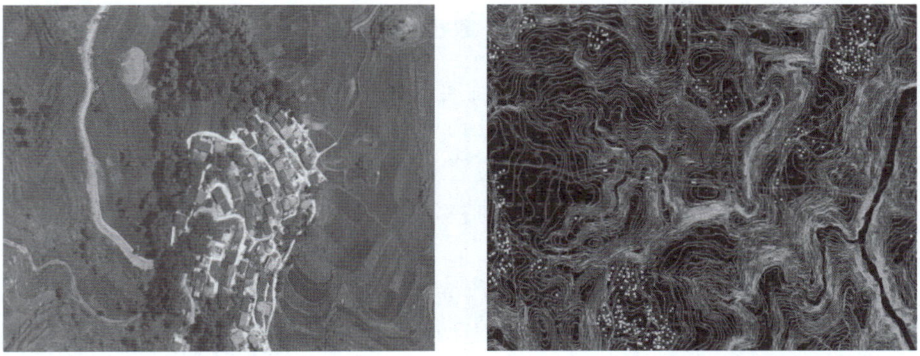

(a) 三维建模成果　　(b) DLG制图成果

图 8-24　三维建模和 DLG 制图成果

OSGB（Open Scene Graph Binary）文件是目前倾斜模型常用的文件格式，它以二进制存储，并带有嵌入式链接纹理数据（*.jpg），是“Smart3D”等倾斜摄影测量数据处理软件常用的三维模型数据文件。

OBJ 文件是一套基于工作站的、适用于三维建模和动画软件开发的一种标准 3D 模型文件格式，通常包括 .obj、.mtl、.jpg 三个子文件和纹理文件。OBJ 文件适用于 3D 软件模型间的交互，Smart3D 生成的模型按 OBJ 文件格式输出后可以导入 3ds Max 等软件进行后续处理。

二、无人机倾斜摄影测量实例

本次航测作业区域位于上海某大学，整个作业区域面积约 0.3km^2，地势平坦，作业时天气状况较好，影像成像清晰，光线均匀。数据采集成果如图 8-25 所示。

观测平台采用大疆精灵 Phantom 4 RTK 无人机，其体积较小，重量较轻，可以保证更贴近成像。同时，它集成了全新的 RTK 模块，拥有更强大的抗磁干扰能力和精准定位能力，提供实时厘米级定位数据，显著提升图像元数据的绝对精度，并支持 PPK 后处理。飞行器持续记录卫星的原始观测值、相机曝光文件等数据。

图 8-25　数据采集成果

本次设计航线高度为 80m，设计航线航向重叠率 80%、旁向重叠率 70%。共拍摄照片 4158 张，照片整体成像清晰，拍摄间隔均匀无漏片。

拍摄时，根据提前设定好的航线设计参数，提交航线任务采集测区影像数据。无人机的定位采用大疆精灵 Phantom 4 RTK 自带的差分模块，拍摄时通过网络获取千寻提供的实时差分数据，拍摄的影像位置精度较高。

在数据处理前，需要将无人机的 POS 数据提前转换为上海城市坐标，并提取姿态信息。数据处理时，将测区控制点坐标及其影像坐标、影像数据及其对应的 POS 数据输入数据处理软件中参与空三平差。空三平差后，检查控制点水平误差、垂直误差、均方根误差，应满足 1∶500 测图精度要求。

无人机航测技术的应用　　常用软件

典型任务描述

某测绘公司承接了约 $10km^2$ 的 1∶500 地形图测绘项目。测区以地形村庄和山地为主，要求提供产品为 DLG 和 DOM 两种形式的成果资料。项目前期要求使用倾斜摄影测量方式实施，后期根据实际情况采用无人机在三维激光补测山地密林区和矿区地形。要求飞行高度至少大于 100m；手簿采集的经纬度格式均为 dd. dddd。

专题实训

下面通过一个实训，了解无人机航测相关内容。

实训　无人机航测

1. 实训目的

学会无人机航测的数据采集流程，掌握关键技能点，并学会数据处理。

2. 仪器设备

配备计算机 1 台、无人机航测虚拟仿真软件 1 套。

3. 实训任务

每人完成无人机航测的流程及成果制作。

4. 实训记录

按实训步骤将截图保留：

（1）禁飞区域

（2）像控点的布设与测量

（3）无人机航飞设置与检查

（4）外业采集数据

（5）刺点

（6）成果制作过程（部分）

（7）成果截图

5. 实训总结与反馈

项目测试

班级：　　　　　　学号：　　　　　　组别：　　　　　　姓名：

简答题

1. 简述你所熟悉的无人机种类。
2. 航摄像片和地形图有什么区别？
3. 摄影测量中常用的坐标系有哪些？各坐标系的坐标原点和坐标轴如何选择？
4. 什么是共线方程？
5. 什么是摄影测量的 DOM、DSM、DEM、DLG 产品？
6. 无人机 POS 系统的作用是什么？
7. 简述地形图制图的流程。

链接执考

一、单选题

1. 以下不属于摄影测量成果的是（　　）。

A. 倾斜模型　　B. 正射影像　　C. 数字高程模型　　D. BIM 模型

2. 将航空或卫星影像逐个像元进行纠正生成正射影像的过程称为（　　）。

A. 数字影像配准　　B. 数字影像镶嵌

C. 数字影像相关　　D. 数字微分纠正

二、多选题

1. 移动测量系统可用于（　　）挂载模式。

A. 直升机　　B. 三角翼　　C. 汽车　　D. 无人机

2. 下列属于数字正射影像图制作关键步骤的有（　　）。

A. 中心投影影像数字微分纠正　　B. 遮蔽的处理

C. 镶嵌　　D. 匀光匀色

3. 1∶500 地形图测绘时，（　　）和（　　）宜在数字正射影像上采集。

A. 农田　　B. 平坦道路　　C. 房屋　　D. 高程点

4. 影响倾斜三维模型相对位置精度的原因有（　　）。

A. 控制点精度　　B. 空三精度　　C. 原始照片质量　　D. POS 数据精度

项目九　激光雷达扫描测量

思维导图

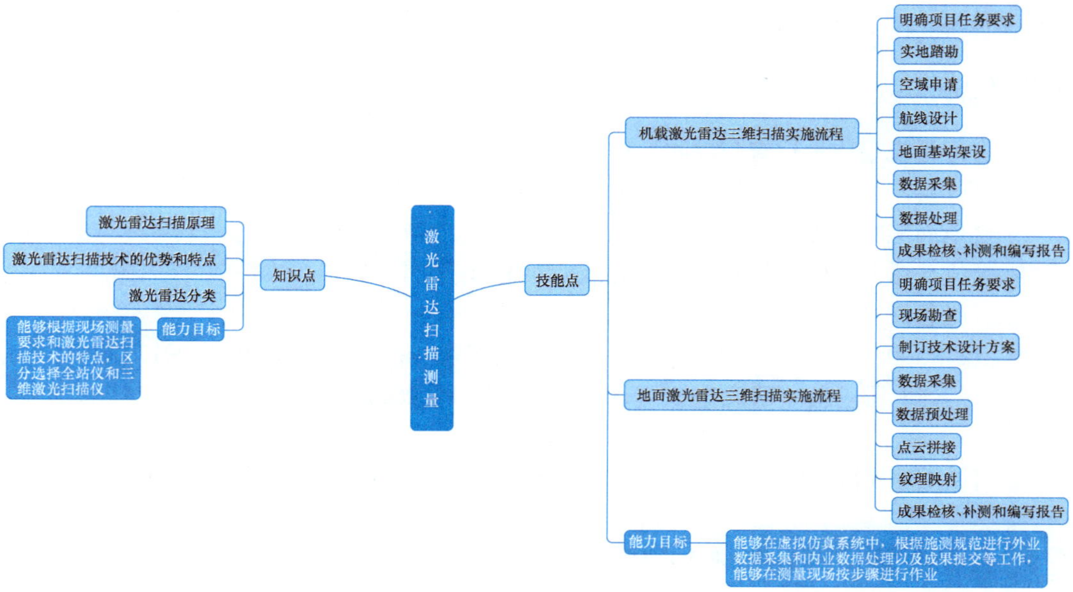

知识目标

1. 理解三维激光扫描技术的原理。
2. 熟悉地面和机载三维激光扫描的流程。
3. 了解激光雷达三维扫描技术的应用。

能力目标

1. 能够根据现场测量要求和激光雷达扫描技术的特点，区分选择全站仪和三维激光扫描仪。

2. 能够在虚拟仿真系统中，根据施测规范进行外业数据采集和内业数据处理以及成果提交等工作，能够在测量现场按步骤进行作业。

3. 能够了解激光雷达扫描技术的基本应用，可以以此为基础拓展并加深其应用。

素养目标

1. 强化对数据的敏感性和处理能力，学会从海量数据中提取有价值的信息。
2. 注重培养技术伦理意识，遵守相关法律法规和道德规范，确保技术的合理、合法和可持续应用。

3. 鼓励在激光雷达扫描测量领域进行探索和创新，培养创新意识和创新能力。

学习重点

1. 三维激光扫描的原理。
2. 地面和机载三维激光扫描的工作流程。

学习难点

地面和机载三维激光扫描的工作流程。

延伸阅读

1. 《测绘成果质量检查与验收》（GB/T 24356—2023）。
2. 《测绘产品质量评定标准》（CH 1003—95）。
3. 《地面三维激光扫描作业技术规程》（CH/Z 3017—2015）。
4. 《机载激光雷达数据获取技术规范》（CH/T 8024—2011）。
5. 《机载激光雷达数据处理技术规范》（CH/T 8023—2011）。
6. 《1：500　1：1000　1：2000 外业数字测图规程》（GB/T 14912—2017）。
7. 《基础地理信息数字成果 1：500　1：1000　1：2000 数字线划图》（CH/T 9008.1—2010）。
8. 《基础地理信息数字成果 1：500　1：1000　1：2000 数字高程模型》（CH/T 9008.2—2010）。
9. 《基础地理信息数字成果 1：500　1：1000　1：2000 数字正射影像图》（CH/T 9008.3—2010）。
10. 《国家基本比例尺地图图式　第 1 部分：1：500　1：1000　1：2000 地形图图式》（GB/T 20257.1—2017）。

案例引入

激光扫描仪，在三维测绘领域中相当于人类的眼睛，没有它，工程师在智慧城市建设、智慧矿井、隧道工程、空域探测等项目上将会变成彻头彻尾的“盲人”。据统计，2017 年国内三维重建市场规模就已突破千亿元，预计在 2025 年突破 3200 亿元。然而截至 2021 年，我国尖端激光扫描仪的研制仍然远远落后世界先进水平，最尖端的双旋轴激光扫描仪的核心技术及绝大部分的全球市场一直处于被英国和澳大利亚公司垄断的状态，中国企业大量依赖昂贵的进口设备。中国测绘领域要发展升级，必须解决这个“卡脖子”技术难题。

北京工业大学第十一届科技成果展上有一件特别之作：格镭智图——双旋轴激光扫描仪（图 9-1）。其研究团队在同步定位与建图新技术的基础上研发出具有大范围、动态扫描、超广角、开发配套软件（高附加值）和多载具适应性的国内首款双旋轴激光扫描仪，且核心器件实现了全国产化。格镭智图可以实现每秒投射 300000 点，点云模型如图 9-2 所示。相对于精度 0.3~3cm 的激光扫描，它的出现极大提高了扫描速率和地图构建速率，并实现了多地形的高效三维地图构建与实时定位。

图 9-1　格镭智图——双旋轴激光扫描仪

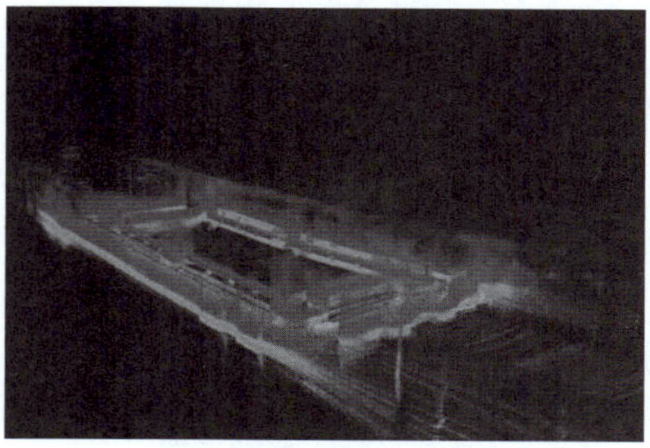

图 9-2　点云模型

引导问题 1：三维激光扫描技术和智慧城市的关系是什么？

引导问题 2：三维激光扫描技术在测绘领域有哪些优势？

引导问题 3：三维激光扫描技术有哪些测量步骤？

知识点

一、激光雷达扫描原理

三维激光扫描仪主要由一部快速准确的激光测距仪、一组可导引激光以等速度扫描的反光棱镜以及高清晰摄像机组成。激光发射器发出的激光扫描目标表面，激光在目标表面上发生漫反射，其中部分反射光线返回接收器，其扫描模式如图 9-3 所示。

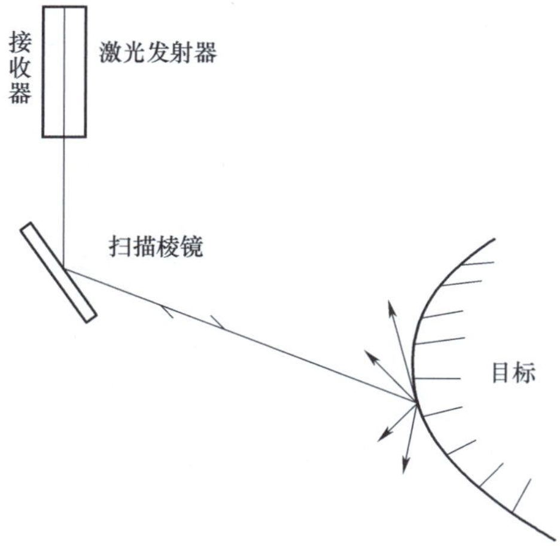

图 9-3　三维激光扫描模式

地面三维激光扫描模式

激光测距仪采用脉冲式测量，可以主动发射激光，同时接收来自自然物体的反射信号进行测距，针对每一扫描点可测得测站至扫描点的斜距，配合扫描的水平角和竖直角，可以求得每一扫描点与测站点之间的坐标差。若测站点和一个定向点的坐标为已知值，则可以求得每一扫描点的三维坐标，快速建立原型样件的三维模型。扫描得到的目标表面采样点的三维坐标的集合称为点云（Point Cloud）。

三维激光扫描仪的测量原理如图 9-4 所示。若用（x_S，y_S，h_S）表示测站点的三维坐标，（x_P，y_P，h_P）表示某个目标点的三维坐标，α 表示平面坐标方位角，τ 表示竖直角，i 表示仪器高，S 表示测站至目标的斜距，则可以按式（9-1）得到目标点的三维坐标。

$$\begin{cases} x_P = x_S + S\cos\tau\cos\alpha \\ y_P = y_S + S\cos\tau\sin\alpha \\ h_P = h_S + S\sin\tau + i \end{cases} \tag{9-1}$$

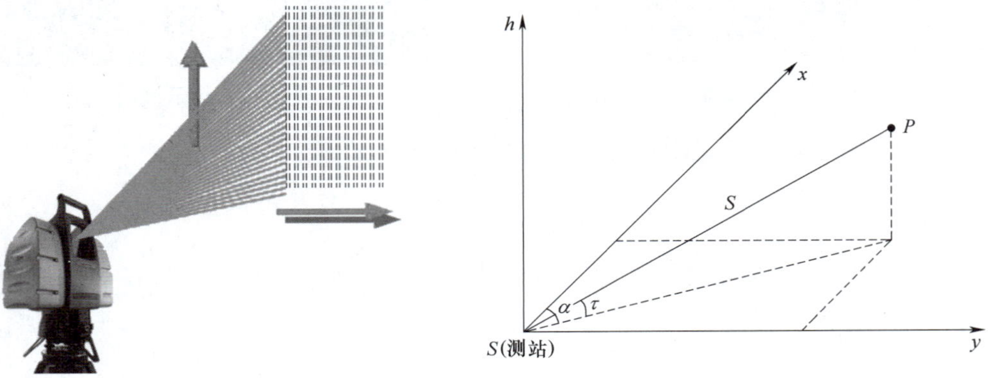

图 9-4　三维激光扫描仪的测量原理

目前，激光扫描速度可达 600000 点/秒，瞬间就可以产生大量的观测数据，即点云数据，能够提供大量的三维坐标数据。三维激光成像扫描仪是一种非接触式主动测量系统，可进行大面积高密度空间三维数据的采集。与近景摄影测量相比，它具有点位测量精度高，采集空间点的密度大、速度快，不需要控制点就可以建立建筑物模型等特点。由于激光扫描以主动式光源进行测量，可以在无光照的情况中进行观测，从而为高大建筑物和隧道内的扫描观测提供了方便。

SAL-1500 机载三维激光扫描系统

二、激光雷达扫描技术的优势和特点

1. 非接触测量

三维激光扫描技术采用非接触扫描目标的方式进行测量，无须反射棱镜，无须对扫描目标物体进行任何表面处理，直接采集物体表面的三维坐标数据，确保采集的数据完全真实可靠。该技术可以用于解决危险目标、环境（或柔性目标）及人员难以企及的情况，并且实现了从点到面的扫描模式，大幅度提高了数据采集效率，具有传统测量方式难以完成的技术优势。全站仪与三维激光扫描仪的对比如图 9-5 所示。

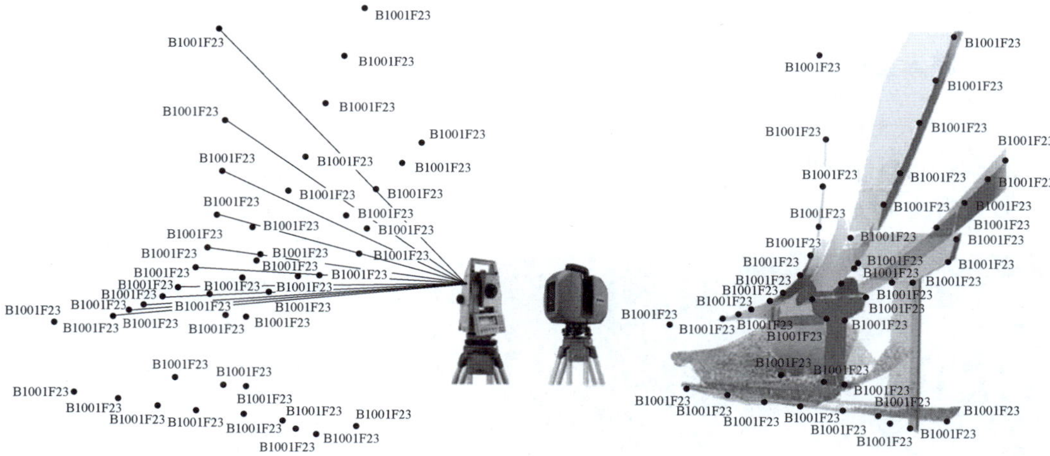

图 9-5　全站仪与三维激光扫描仪的对比

2. 数据采样率高

目前，采用脉冲激光或时间激光的三维激光扫描仪采样点速率可达每秒数十万点，其采样速率是传统测量方式难以比拟的。

3. 主动发射扫描光源

三维激光扫描技术采用主动发射扫描光源（激光），通过探测自身发射的激光回波信号获取目标物体的数据信息。在扫描过程中，可以实现不受扫描环境的时间和空间的约束。

4. 高分辨率、高精度

三维激光扫描技术可以快速获取高精度海量点云数据，可以对扫描目标进行高密度的三维数据采集，从而达到高分辨率的目的。

5. 数字化采集，兼容性好

三维激光扫描技术所采集的数据是直接获取的数字信号，具有全数字特征，易于后期处理及输出。用户界面友好的后处理软件能够与其他常用软件进行数据交换及共享。

6. 可与 GNSS 系统配合使用

三维激光扫描技术可与 GNSS 系统配合使用，从而大大扩展了三维激光扫描技术的使用范围，对信息的获取更加全面、准确。其内置数码相机的使用，增强了彩色信息的采集，使扫描获取的目标信息更加全面。GNSS 定位系统的应用，使得三维激光扫描技术的应用范围更加广泛，与工程的结合更加紧密，进一步提高了测量数据的准确性。

7. 隐蔽性好，抗干扰能力强

激光沿直线传播，其传播路径确定，具有方向性好、光束窄的特点，因此发现和截获激光信号极为困难，同时它无须像普通雷达那样具备较大的发射和接收口径。

8. 植被穿透力强

激光雷达的激光脉冲信号部分能够穿过植被，从而快速获得高精度和高空间分辨率的森林覆盖区的真实数字地表模型。

9. 所用设备结构紧凑、防护能力强，适合野外使用

目前常用的扫描设备一般具有体积小、重量轻、防水、防潮的功能，对使用条件要求

不高，环境适应能力强，适于野外使用。

三、激光雷达分类

1. 星载激光扫描技术

星载激光扫描仪也称星载激光雷达，如图 9-6 所示。它是安装在卫星等航天飞行器上的激光雷达系统，其运行轨道高且观测视野广，可以触及世界的每一个角落，对国防和科学研究具有十分重要的意义。星载激光雷达在植被垂直分布测量、海平面高度测量、云层和气溶胶垂直分布测量及特殊气候现象监测等方面发挥着重要作用。

图 9-6　星载激光雷达

迄今为止，国外已经发射了多个星载激光雷达，并证明了其独特优势主要表现在全球测绘、大气探测、地球科学以及小行星探测、月球观测、在轨服务和空间站方面。其中，美国在星载激光雷达的技术、应用和规模方面处于领先地位。美国公开报道的典型激光雷达系统有 MOLA、MLA、LOLA、GLAS、ATLAS、LIST 等。

欧洲航天局（ESA）在过去二十多年里进行了多项激光雷达实验，包括背散射光雷达 ATLID 和多普勒测风激光雷达 ALADIN。1996 年发射的 ATLID，主要用于测量云顶的高度和云层边界，利用线性扫描扩大视野，在 800km 的轨道高度覆盖整个区域。2018 年，ADM-Aeolus（大气动力学任务）从法属圭亚那的欧洲太空港基地发射，在地球上空 320km 处成功完成了为期 3 个月的任务。Aeolus 携带了一个先进的单一多普勒测风激光系统，旨在从太空中精确测量整个地球的风的模式。

我国很早就意识到了研制激光雷达系统的重要性，中国科学院遥感应用研究所、中国科学院光电研究院、中国科学院上海技术物理研究所、中国科学院上海光学精密机械研究所、北京空间机电研究所、中国电子科技集团公司第二十七研究所、武汉大学、哈尔滨工业大学等单位都开展了激光雷达技术研究。目前，国内已发射或在研的星载激光设备主要有嫦娥系列的深空激光高度计等。

2. 机载激光雷达技术

机载激光雷达（LiDAR）技术将激光测距设备、GNSS 和 INS（惯性导航系统）等设备紧密集成，以飞行平台为载体，通过对地面扫描，记录目标的姿态、位置和反射强度等信息，从而获取地表的三维信息，如图 9-7 所示。自 20 世纪 90 年代初，在德国出现首个商用 LiDAR 系统后，其研究和应用得到了极大的发展。相较于国外，国内 LiDAR 技术的研究起步大约晚了 10 年，但随着研究的深入和硬件技术的发展，LiDAR 技术在我国取得了显著的发展。

机载激光雷达集成了 GPS、IMU、激光扫描仪、数码相机等传感器，通过时间同步模块将整个系统中各传感器的时间调整一致。在飞机飞行过程中，搭载于飞机底部的激光雷达会发射脉冲信号，这些信号接触到被测物体后会反射回来，再次被激光的接收器接收。

结合激光器的高度和激光扫描角度，可以准确地计算出每一个地面光斑的三维坐标（X，Y，Z），其工作原理如图 9-8 所示。

图 9-7　机载激光雷达

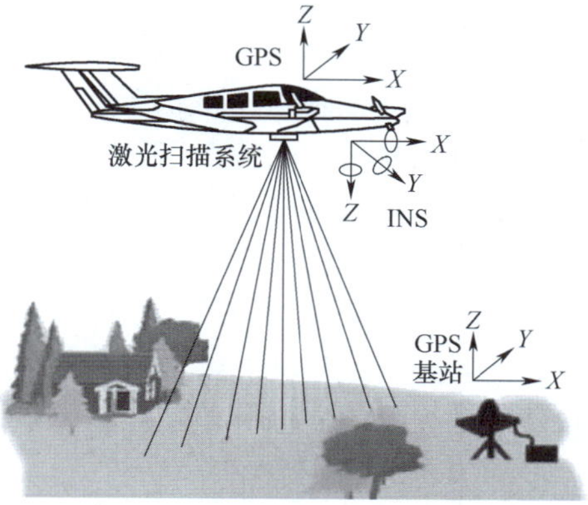

图 9-8　机载激光雷达工作原理

3. **车载激光扫描技术**

近年来，自动驾驶汽车技术不断发展，从最初为满足军事应用需求而推广的地面无人车，到全球几大汽车公司陆续投资开发面向消费者的自动驾驶汽车。自动驾驶汽车的环境感知能力，类似于汽车的视觉和听觉，是其能够快速、准确地获取驾驶环境信息并实现避障、定位、路线规划等智能行为的前提。激光雷达可以和其他传感器互为补充，有效地提高车辆对于周围环境感知的准确度，为自动驾驶的发展助力。

车载激光雷达又称车载三维激光扫描仪，如图 9-9 所示。车载激光雷达系统采用车载平台，集成了激光雷达设备、RS 系统和数码相机，通过激光扫描和数码摄影技术获取高密度的点云数据以及道路两侧的特写图像数据。车载激光雷达的系统传感器部分被集成到一个过渡板上，可以安全地安装在普通车顶架或定制的组件上。该支架可以单独调整激光传感头、数码相机、IMU 和 GNSS 天线的方向和位置，其高强度的结构确保了传感头和导航设备的相对方向和位置固定不变。车载激光雷达弥补了空中激光雷达在获取地面特征信息方面的局限性，并在越来越广的范围内获取三维空间数据。车载系统越灵活、越经济，其应用就越有吸引力。作为航空测量的补充，车载雷达系统在获取数据、建立三维城市模型方面，是实现高精度、高分辨率应用较好的方式之一。

图 9-9　车载激光雷达

车载激光雷达的工作原理是发送并接收激光束，分析激光击中物体后的折返时间，计算物体与车辆之间的相对距离，并利用过程中收集到的物体表面许多密集点的三维坐标、反射率和纹理等信息，快速重建物体的三维模型和各类图形数据。

4. 地面三维激光扫描技术

SD1500 三维激光扫描仪

地面三维激光扫描系统主要由扫描仪、控制器（计算机）和电源三部分组成，常见的地面三维激光扫描仪如图 9-10（a）所示。激光扫描仪本身包括激光测距系统和激光扫描系统两部分，同时也集成了数字成像以及仪器内部控制和校正系统等。仪器可以同步测量激光发射器发出的每个窄束激光脉冲的传播时间、横向扫描角度以及纵向扫描角度，直接获得激光点所接触的物体表面的水平方向、天顶距、斜距和反射强度，经计算和处理后得到大量的点云数据。扫描数据和影像可通过数据线或无线网络传输到电脑中。地面三维激光扫描仪可以在任何复杂的野外环境和空间进行扫描作业，直接采集各种大型、复杂、不规则、标准或非标准等实体和现实世界的三维数据，点云数据经内业处理软件，结合 AutoCAD、3ds Max 等软件可快速重构出被测物体的三维模型及线、面、体、空间等各种制图数据。

5. 背包式激光扫描技术

在众多的激光雷达扫描模式中，还有一种背包式激光扫描仪，如图 9-10（b）所示。背包式激光扫描仪是激光扫描产品系列的多传感器集成的版本，具有效率高、精度高、操作简单、扫描范围广等特点。其采集到的目标点云数据可以实时显示在手机或平板设备上，扫描完成后，可导出实时点云数据和运动轨迹；其轻巧便捷的设计可以方便地使用各种移动平台采集数据，包括步行式、骑行式和手持式激光扫描仪［图 9-10（c）］等；结合 GNSS、激光雷达和 SLAM 算法，实现室内外一体化测量；无论是否有 GNSS 信号，都能提供厘米级的数据精度；自动化程度高，开机即用，处理操作简单。

(a) 地面三维激光扫描仪　(b) 背包式激光扫描仪　(c) 手持式激光扫描仪

图 9-10　三种激光雷达扫描仪

技能点

一、机载激光雷达三维扫描实施流程

机载激光雷达三维扫描的实施流程如图 9-11 所示。

1. 明确项目任务要求

当扫描项目确定后，承包方技术负责人必须向项目发包方全面细致地了解项目的具体任务要求，这是制订项目技术设计方案的主要依据。

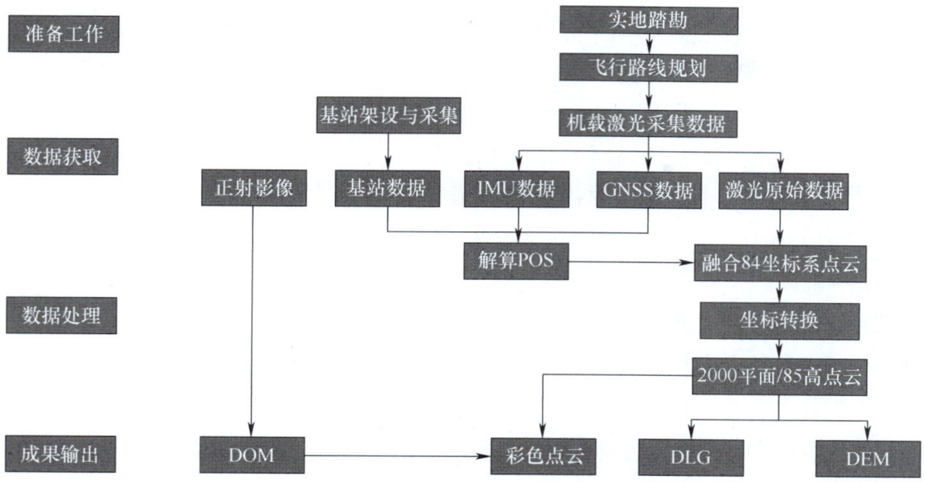

图 9-11　机载激光雷达三维扫描实施流程

2. 实地踏勘

明确项目的任务要求后，进行实地踏勘，确认现场的控制点和基站点的实地位置，做好航飞区域的确认、空域申请、航线规划等准备工作。

3. 空域申请

在执行任务前，必须按照相关规定和流程申请并办理航飞权，空域申请表大致如表 9-1 所示。

表 9-1　空域申请表

空域申请

航管处：

我单位受×××单位委托，拟使用多旋翼无人机一架，于____年____月____日至____年____月____日在×××场进行测量作业。

依据《中华人民共和国飞机基本规则》的规定，特向贵部提出飞行申请，现将有关飞行事宜明确汇报如下：

一、任务性质

无人机机载激光雷达巡查飞行

二、飞行日期

____年____月____日至____年____月____日

三、无人机类型

型号：南方 SF1650

重量：21kg（空载含电池）

轴距：1.65m±0.01m

四、飞行范围

以坐标 E:________ N:________为中心，半径________m，高度________m 以下范围。

我公司在任务执行期间，将严格遵守国家航空法规及空军航空营制规定，加强与甲方联系。以上请示妥否，请批示。

在表 9-1 中，飞行范围的确定应能覆盖整个测区。中心点坐标用 GNSS 获取后，利用中心点和最边缘的控制点计算半径，高度按实际需求进行，一般为 120~150m。

4. 航线设计

进行航摄飞行设计之前，本着安全、经济、高效、周密的原则，以项目成果数据精度要求为目标，充分分析测区的实际情况，包括测区的地形、地貌、机场位置、已有控制点的情况、气象条件等影响因素，结合激光雷达测量设备自身特点，如航高、航速、相机镜头的焦距及曝光速度、激光扫描仪的扫描角、扫描频率、功率等，同时考虑航带重叠度、激光点距影像分辨率等，选择最为合适的航摄参数，为获取高质量数据提供技术保障。航线规划如图 9-12（a）所示。

5. 地面基站架设

基站架设选点要求如下：

① GNSS 基站点沿线路走向布设，基站辐射半径为 25km，两基站间最大距离不超过 40km，以保证测区范围内的差分精度。

② 点位交通便利，便于仪器的安置及观测，标志易于保存。

③ 点位视野开阔，地平仰角 15°以上无障碍物。

④ 不宜在微波通信的过道中设点。

⑤ 测站点应远离大功率无线电辐射源（如电视台、微波站等），其距离不得少于 200m。

⑥ 与高压输电线、变电站的距离不得小于 50m。

⑦ 尽量避开大面积水域。

数据采集施测开始时，测量人员须同步配合，提前进入基站点位置架设接收机，并提前打开激光 GNSS，全程同步观测。同步观测数据用于对机载 GNSS 采集的三维坐标进行后差分，以提高最终三维点云成果的坐标精度。

保证 GNSS 各设备电量充足、脚架固定牢靠，GNSS 基站架设在已知地面控制点上，控制点须提供 WGS-84 坐标，设置好基站的各项参数，准确量取仪器高，事后计算精确的天线高。基站架设如图 9-12（b）所示。

(a) 航线规划　　(b) 基站架设

图 9-12　航线规划与基站架设

6. 数据采集

飞行控制系统根据预先设置好的激光设备的工作参数，当飞机进入预设航线时，控制红外激光发生器向扫描镜连续发射激光，通过飞机的飞行和扫描镜的运动反射，使激光束扫描地面并覆盖整个测区。通过距离计算，确定飞行平台每个采样时刻的位置和姿态后，激光反射点的位置便也确定。

7. 数据处理

对采集到的数据，如激光点云数据、数码影像数据、惯性导航仪数据、机载 GNSS 数据、地面基站 GNSS 数据等进行处理。先进行数据预处理，主要包括激光点云数据定位、定向、检校、坐标转换等步骤；再进行后处理，主要包括激光数据的分类和“4D”产品的制作。

8. 成果检核、补测和编写报告

完成外业扫描和内业数据处理后，应针对工程要求检查测量成果，测量精度达不到要求以及点云不完整的需要补测。在工程完成后，将测量方案、测量数据、成果资料等技术资料整理归档后提交给用户。

二、地面激光雷达三维扫描实施流程

1. 明确项目任务要求

与机载激光雷达三维扫描技术的要求相同，当扫描项目确定后，应了解项目的具体任务要求。

2. 现场勘查

为了保证项目技术设计的合理性并能顺利实施，全面细致地了解项目现场的环境，双方相关人员必须到扫描现场进行踏勘。

踏勘过程中应注意查看已有控制点的位置、保存情况以及使用的可能性。根据扫描对象的形态、空间分布、扫描需要的精度以及需要达到的分辨率，确定扫描站点的位置、标靶的位置等。根据扫描站点位置，考虑扫描模型的拼接方式，绘制现场草图（有条件的可用大比例尺地形图、遥感影像图等作为工作参考），并对主要扫描对象进行拍照。根据现场勘查以及照片信息找到整个扫描过程中的难点，并提出相应的解决办法。

3. 制订技术设计方案

技术设计书的主要内容应包括项目概述、测区自然地理概况、已有资料情况、引用文件及作业依据、主要技术指标和规格、仪器和软件配置、作业人员配置、安全保障措施、作业流程。

（1）扫描仪选择与参数设置

目前扫描仪的品牌型号较多，在激光波长、激光等级、数据采样率、最小点间距、模型化点定位精度、测距精度、测距范围、激光点大小、扫描视场等指标方面各有千秋，为项目实施选择仪器提供了较大的空间。一般应根据仪器成本、模型精度、应用领域等因素综合考虑。

仪器选择时，应首先考虑项目任务技术要求、现场环境等因素，再结合仪器的主要技术参数确定项目使用的仪器，多数情况下一台仪器就能够满足作业要求，但是在特殊情况下（如项目任务量较大、工期较短、扫描对象有特别要求），需要多台仪器参与扫描，甚至使用不同品牌型号的仪器。目前，不同品牌仪器的性能参数还不统一，在选择仪器前应充分了解仪器的相关标称精度情况，结合项目技术要求选择相应的参数配置，如最佳的扫描距离、每站扫描区域、分辨率等指标。参数选择的原则是能够满足用户的精度需要即可，精度过高，会造成扫描时间增加、工作效率下降、成本上升、数据处理工作量与难度增加等。

（2）测量控制点布设方案

扫描仪本身在扫描过程中会自动建立仪器坐标系统，在无特殊要求时能够满足项目需要。然而，为了将三维激光扫描数据转换到统一的坐标系统（国家、地方或者独立坐标系）下，需要使用全站仪或其他测量仪器配合观测。通过这一步骤，在点云数据拼接后就可通过公共点将所有的激光扫描数据转换到统一坐标系下，方便以后的应用。测量控制点布设应考虑现场环境、点位精度要求等，可以参考测绘相关的技术规范。

针对测量控制网的布设，一些学者已经进行了相关的试验研究，并取得了一定的经验。例如，对简单建筑物变形监测控制网的布设原则为：控制网的精度应高于建筑物建模要求的精度；控制网布设的网型合适，能够满足三维激光扫描仪完全获取建筑物数据的要求；控制网中各相邻控制点之间通视良好，要求一个控制点至少与两个控制点通视；为了提高测量精度，要求控制点与被测建筑物之间的距离保持在 50m 以内。

（3）扫描站点的布设

扫描站点的布设需要平衡好数据的完整性与数据拼接的精度，意味着应合理布设站点，尽可能获取最完整的点云数据。这不仅可以提高工作效率，还能满足毫米级点云拼接精度要求。

由于被测物体各不相同，在进行扫描站点布设时，站点数目、站点位置、站点间距的确定除了要考虑被测现场实际地形，还需要考虑不同型号扫描仪的测距和精度要求。同时，站点应尽量布设在地势平坦且稳定、四周开阔、通视条件良好的地方。

根据被测物体的现场地形特征分类布设扫描站点，先要确保满足相邻扫描站点数据的重叠度和被测物体表面数据的完整性要求，然后尽可能地满足各站点架站间距、各站点与被测物体距离、重叠部位、激光入射角等要求。

（4）标靶布设

标靶主要是为外业数据采集提供明显、易识别的公共点，在三维激光扫描数据后处理中作为公共点用于坐标转换，是定位和定向的参数标志。当外业数据采集扫描场景中难以找到合适特征点时，一般采用标靶辅助采集。常见的标靶有两种，即平面标靶和球形标靶，分别如图 9-13 和图 9-14 所示。

图 9-13　平面标靶

图 9-14　球形标靶

标靶布设是外业采集至关重要的环节，不仅要考虑其布设的合理性，而且要保证同名标靶点的通视条件。

在执行扫描任务过程中，必须考虑多种因素，如扫描仪架设位置、扫描范围内设置标靶数目、标靶放置位置及方位、所需的成果资料精度等。一般地，三个标靶为最基本的要求。标靶有时也可以用如建筑物转角等特征点或扫描机位点代替，建立水平面位置和空间方位。

4. 数据采集

（1）扫描仪的使用注意事项

三维激光扫描仪包括精密电子及光学设备，出厂前经过精密调校。因此，在运输搬运过程中，尽量轻拿轻放，减少仪器震动；尽量不要触碰扫描窗口；仪器本身虽具有一定防水、防尘能力，但要防止仪器浸入水中。在设备开始数据采集前，应对激光扫描仪的外观、通电情况进行检查和测试。

（2）安置扫描仪

按照设计方案的测站点布设计划，安置扫描仪（图 9-15）并启动。

图 9-15　安置扫描仪

（3）设置扫描参数

分辨率和质量是扫描的主要参数。分辨率用于确定扫描点的密度，分辨率越高，图像越清晰，细节细度也越高；质量用于确定扫描仪测量点的时长和点的采样时长，质量越高，噪声越少或多余点的数量越少。

（4）初步分析数据

点云数据采集根据预先设定的扫描路线布设站点，实施扫描和拍照。扫描完成后，还需要现场初步分析数据的质量是否满足要求，保证采集数据量既不缺失，也不过度冗余，尽量避免二次测量和数据处理中产生不必要的工作。

5. 数据预处理

首先，进行数据格式转换。由于不同型号三维激光扫描仪的点云数据格式各不相同，且不同型号三维激光扫描仪配套的点云数据后处理软件所能处理的数据格式也有局限，为了在不同的点云后处理软件中进行数据处理，需要进行数据格式转换，称为点云预处理，如图 9-16 所示。

三维激光内业
地形地籍

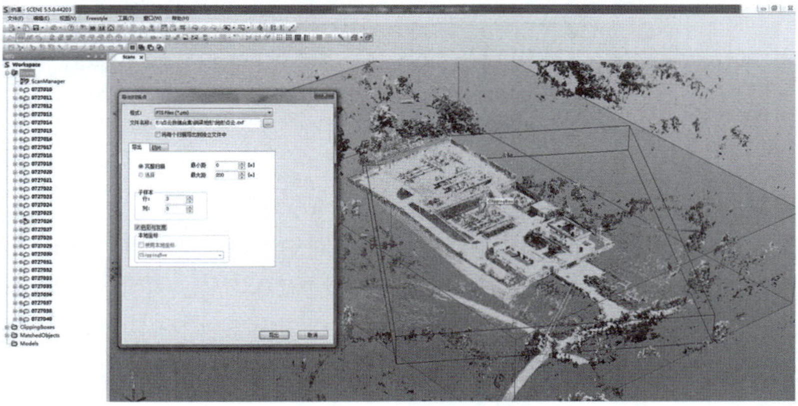

图 9-16　点云预处理

其次，进行点云去噪。噪点可理解为与被测物体描述没有任何关联且对于后续整个三维场景的重建没有任何作用的点。点云去噪是为了保持点云数据的完整性、准确性，以免影响后续点云拼接精度。

6. 点云拼接

在扫描的过程中，扫描射线的方向和位置是随机的。为了实现两个或多个站点扫描数据的拼接，常规的方法是选择共同参考点实现拼接，这种方法称为间接地理参考。选择一个特定的反射参考目标作为地面控制点，利用其高对比度特性实现扫描位置和扫描图像的匹配。在扫描过程中，常利用 RTK 测量获得每个控制点的坐标和位置，然后进行坐标转换，获得单一绝对坐标系中的坐标实体点云，称为点云拼接，如图 9-17 所示，其一系列的工作是半自动完成的。

基于几何特征的点云数据拼接，利用前后相邻的两个扫描站点重叠区域的几何特征，获取点云的拼接参数，经常被用于多站点的点云数据拼接。其精度主要取决于采样的密度和点云的质量。基于几何特征的点云数据拼接要求，需要待拼接的点云数据在三个正交方向上有足够的重叠。一般地，两站扫描数据的重叠率应尽可能为整个三维图像的 20%～30%。如果重叠率设置过低，则难以保证拼接的精度；如果重叠率设置过大，现场数据采集的工作量势必增加。

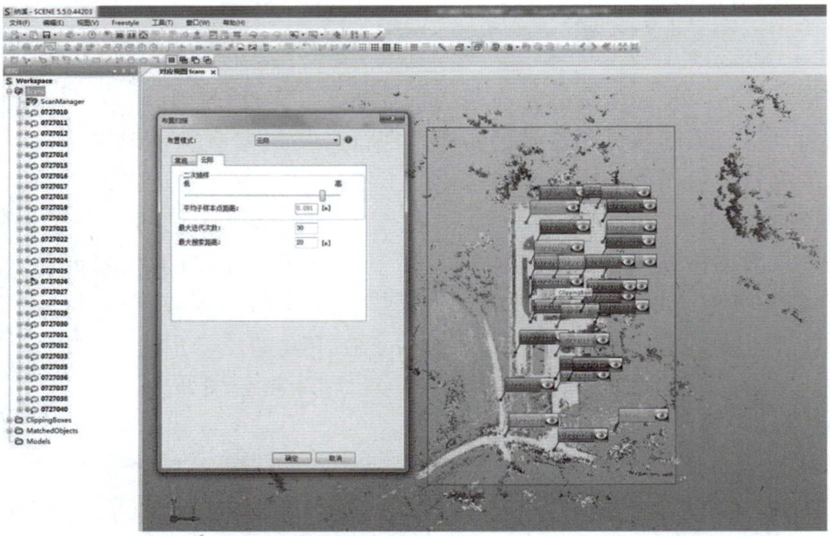

图 9-17　点云拼接

7. 纹理映射

点云数据纹理映射又称纹理贴图，是将纹理空间中纹理像素映射到点云数据上。简单来说，就是将一幅图像贴到三维物体的表面上，以增强真实感，实现对构成点云物体的所有细节、特征更真实的可视化。目前，大多数激光扫描设备都有内置相机或外置相机，能够在采集点云数据时同步记录同轴旋转的摄影数据。点云数据与纹理在很多细节的反映上具有互补的特性。

8. 成果检核、补测和编写报告

地面激光雷达三维扫描成果检核、补测和编写报告的要求与机载激光雷达三维扫描技术的要求相同。

激光雷达扫描技术的应用

典型任务描述

某测绘公司承接了约 10km² 的 1∶500 地形图测绘项目。测区以地形村庄和山地为主，要求提供产品为 DLG 和 DOM 两种形式的成果资料。项目前期要求使用倾斜摄影测量方式实施，后期根据实际情况采用无人机在三维激光补测山地密林区和矿区地形。要求飞行高度至少大于 100m；手簿采集的经纬度格式均为 dd. dddd。

专题实训

下面通过一个实训，了解机载三维激光扫描相关内容。

实训　机载三维激光扫描

1. 实训目的

学会机载三维激光扫描仪的使用，掌握机载三维激光扫描的方法，并学会数据处理。

2. 仪器设备

配备计算机 1 台、机载三维激光扫描虚拟仿真软件 1 套。

3. 实训任务

每人完成机载三维激光扫描的流程及成果制作。

4. 实训记录

按实训步骤将截图保留：

（1）设置 RTK

（2）空域申请附作业范围计算

（3）航线规划

（4）基站架设

(5) 数据预处理

(6) 成果制作过程(部分)

(7) 成果截图

5. 实训总结与反馈

项目测试

班级:　　　　　　　学号:　　　　　　　组别:　　　　　　　姓名:

简答题

1. 简述地面三维激光扫描技术的特点。
2. 线路踏勘是为了解决哪些问题?
3. 选择扫描站点时需要注意哪些事项?
4. 用地面激光扫描仪进行外业数据采集前需要进行哪些工作?
5. 机载激光雷达外业作业时基站架设的要求有哪些?
6. 机载激光雷达数据采集的原始数据有哪些?

链接执考

单选题

1. 车载移动测量在遇到红灯情况下,方法正确的是(　　)。

A. 正常速度继续行驶,作业车辆可以闯红灯

B. 缓慢行驶,降低车速,等待绿灯后正常行驶

C. 直接停车,绿灯后继续行车

D. 通过时缓慢行驶急停急刹

2. 点云强度赋色是根据激光在地物上的(　　)信息。

A. 高程　　　B. 反射强度　　　C. RGB　　　D. GPS

3. 基于点云生产等高线，可以使用（ ）图层。

A. 植被 B. 建筑 C. 地面点 D. 全部点云

4. 点云的平面高程检查点的位置宜（ ）。

A. 随机选取 B. 集中选取 C. 均匀分布 D. 没有详细规定

5. 每个扫描区域检查点应不少于（ ）个。

A. 10 B. 15 C. 20 D. 30

6. 基于三维点云的配准方法中，最常用的精确配准方法是（ ）。

A. ICP 算法 B. 最小二乘法 C. 松弛法 D. 动态规划法

习题答案

参 考 文 献

[1] 周拥军，陶肖静，寇新建. 现代土木工程测量［M］. 上海：上海交通大学出版社，2021.

[2] 周建郑. 建筑工程测量［M］. 4 版. 北京：中国建筑工业出版社，2017.

[3] 姜树辉，巨辉. 建筑工程测量实训［M］. 重庆：重庆大学出版社，2020.

[4] 潘正风，程效军，成枢，等. 数字地形测量学习题和实验［M］. 武汉：武汉大学出版社，2017.

[5] 安德锋，陈卫东，汪荣林. 建筑工程测量实训指导［M］. 2 版. 北京：北京理工大学出版社，2016.

[6] 石东，陈向阳. 建筑工程测量［M］. 3 版. 北京：北京大学出版社，2023.

[7] 杨文才，岳英龙. 建筑工程测量［M］. 北京：北京大学出版社，2023.

[8] 甘其利，陈万清，孙俊霞. 建筑工程测量及实训指导［M］. 哈尔滨：哈尔滨工程大学出版社，2024.

[9] 胡勇. 建筑工程测量［M］. 北京：教育科学出版社，2021.

[10] 陈锋，文学，雷朋涛. 建筑工程测量［M］. 武汉：华中科技大学出版社，2023.

[11] 朱健，吴献丰，卜璞. 智能工程测量［M］. 北京：中国建筑工业出版社，2023.

[12] 万刚. 无人机测绘技术及应用［M］. 北京：测绘出版社，2015.

[13] 吴献文. 无人机测绘技术基础［M］. 北京：北京交通大学出版社，2019.

[14] 段延松. 无人机测绘生产［M］. 武汉：武汉大学出版社，2019.

[15] 刘含海. 无人机航测技术与应用［M］. 北京：机械工业出版社，2020.

[16] 麻金继，梁栋栋. 三维测绘新技术［M］. 北京：科学出版社，2018.

[17] 吕翠华，杜卫钢，万保峰，等. 无人机航空摄影测量［M］. 武汉：武汉大学出版社，2022.

[18] 陈琳，刘剑锋，张磊，等. 激光点云测量［M］. 武汉：武汉大学出版社，2022.